"十四五"时期国家重点出版物出版专项规划项目

钢铁全流程超低排放关键技术

Key Ultra-low Emission Technologies in the Whole Process of Steel Production

■ 李新创 著 ■

北　京

冶金工业出版社

2022

内 容 提 要

钢铁生产流程长、污染物排放源多、阵发性强、工况复杂，实现全流程超低排放难度大。本书详细介绍了钢铁生产全流程超低排放关键技术。全书分为7章，主要介绍了国内外钢铁行业超低排放现状，探讨了钢铁行业烟气排放特征，重点研究了源头减排关键技术、末端治理控制关键技术、无组织排放智能管控治一体化技术和清洁运输关键技术，同时阐述了如何进行超低排放技术集成与管理，通过智慧环保和卓越环保绩效管理，搭建平台，智能化管控综合提升整体环保管理水平。相关技术在首钢股份迁安钢铁公司、首钢京唐钢铁、河北新武安钢铁等多家公司得到广泛应用，具有很好的应用前景和推广价值，对我国钢铁行业实现高质量发展具有重要意义。

本书数据详实，图表丰富，案例充分，具有可操作性。本书可供从事钢铁工业节能环保生产和应用的决策、管理、生产技术人员，科研设计单位工程技术人员参考，也可作为冶金高校节能环保相关专业师生的参考教材。

图书在版编目 (CIP) 数据

钢铁全流程超低排放关键技术/李新创著 . —北京：冶金工业出版社，2022. 3

ISBN 978-7-5024-8716-4

Ⅰ. ①钢… Ⅱ. ①李… Ⅲ. ①钢铁冶金—烟气排放—污染控制—研究 Ⅳ. ①X757

中国版本图书馆 CIP 数据核字 (2021) 第 005434 号

钢铁全流程超低排放关键技术

出版发行	冶金工业出版社	电 话	(010) 64027926
地 址	北京市东城区嵩祝院北巷 39 号	邮 编	100009
网 址	www. mip1953. com	电子信箱	service@ mip1953. com

责任编辑 李培禄 美术编辑 彭子赫 版式设计 孙跃红
责任校对 郑 娟 责任印制 李玉山
三河市双峰印刷装订有限公司印刷
2022 年 3 月第 1 版，2022 年 3 月第 1 次印刷
710mm×1000mm 1/16；20 印张；325 千字；306 页
定价 98.00 元

投稿电话 (010)64027932 投稿信箱 tougao@cnmip.com.cn
营销中心电话 (010)64044283
冶金工业出版社天猫旗舰店 yjgycbs.tmall.com
(本书如有印装质量问题，本社营销中心负责退换)

序　言

"绿水青山就是金山银山"是习近平总书记提出的保障社会经济与生态环境协调发展的科学论断。作为我国国民经济支柱型产业的钢铁行业，是关系国计民生的基础性行业，更要树立和践行"绿水青山就是金山银山"的理念，坚持节约资源和保护环境的基本国策。《关于推进实施钢铁行业超低排放的意见》和《钢铁企业超低排放评估监测技术指南》等文件明确了"推动实施钢铁行业超低排放改造和超低排放评估"的必要性和紧迫性。我国钢铁企业环保治理存在盲目性，缺乏系统性和科学性，因此，科学推动钢铁行业全流程超低排放改造是钢铁工业实现转型升级高质量发展的必经之路。

作为第一个提出钢铁行业全流程超低排放的国家，如何为企业选择技术成熟、业绩可靠、稳定达标的环保治理工艺，是决定我国钢铁企业能否达到全流程超低排放的关键。本书通过国内外钢铁行业污染物治理现状分析和钢铁行业源头减排、有组织提标改造、无组织智能化管控、清洁运输结构调整以及卓越环保绩效管理等内容，全方位、多角度、深层次地介绍了钢铁行业全流程超低排放关键技术，为政府和钢铁企业提供了一部理论与工程实践相结合，既有政策指导意义又有实践指导意义的专著。

李新创先生长期从事钢铁行业重大专题和战略决策研究，是拥有数十年钢铁工业领域工作经历的资深专家，作为国家发改委、工信部、生态环境部等多部委智库的专家组成员和国家"十四五"规划专家组成员，全程参与了国家钢铁产业"八五"至"十四五"发展规划、钢铁产业调整和振兴规划、钢铁产业发展和产业技术装备政策、钢铁产业节能减排和钢铁企业超低排放等相关政策和标准的制定，为国家出台和解读钢铁行业发展政策提供理论和技术支撑。

　　作为国家大气重污染成因与治理攻关项目冶金课题的负责人，李新创先生带领研究团队针对钢铁行业超低排放开展了攻关研究，为打赢蓝天保卫战提供了重要的技术支撑，以本书作者为第一完成人的《迁钢钢铁生产全流程超低排放关键技术研究及集成创新》项目荣获冶金科学技术奖一等奖，这也是本书具有较强专业性、实用性、创新性和高质量编著的坚实基础。

中国工程院院士

2021 年 9 月 16 日

前　言

近年来，国家陆续出台多项政策，持续推动大气环境质量改善。由于钢铁业颗粒物、SO_2、NO_x 排放量居工业首位，因此推动钢铁业超低排放是打赢蓝天保卫战的关键。由于钢铁生产流程长、污染物排放源多、阵发性强、工况复杂，实现全流程超低排放难度巨大，全球尚无全流程超低排放的成功案例，为确保打赢蓝天保卫战，钢铁生产全流程超低排放关键技术亟需取得突破。

冶金工业规划研究院作为政府机构的参谋部、行业发展的引领者、企业规划的智囊团，承担了众多冶金行业有关政策重要课题研究，几千项国内外企业规划咨询项目。目前，低碳绿色发展是钢铁工业实现转型升级高质量发展的关键，必须高质量推进超低排放改造。研究团队在对全流程污染物排放特征研究的基础上，按照源头预防、过程管控和末端治理的思路，开展了重点排放源稳定超低排放技术、全流程系统集成超低排放技术、无组织排放管控治一体化技术等方面的研究。本人作为主要负责人，主持并参与以上各项技术研究和项目实施。这些钢铁行业超低排放关键技术在首钢股份公司迁安钢铁公司、首钢京唐钢铁、河北新武安钢铁等多家公司得到推广应用，社会和环境效益显著，为生态环境部等五部委出台《关于推进实施钢铁行业超低排放的意见》提供了技术支撑，随着钢铁行业超低排放稳步推进，研究成果具有很好的应用前景和推广价值，对我国钢铁行业实现高质量发展和高水平保护具有重要意义。

本书正是基于以上研究成果，结合本人多年的钢铁冶金大气污染防治实践经验和技术，对钢铁全流程超低排放改造关键技术进行了系统的梳理和总结。全书分为 7 章，主要介绍了国内外钢铁行业超低排放现状，探讨了钢铁行业烟气排放特征，重点研究了源头减排关键技术、末端治理控制关键技术、无组织排放智能管控治一体化技术和清洁运输关键技术，同时阐述了如何进行超低排放技术集成与管理，通过智慧环保和卓越环保绩效管理，搭建平台，智能化管控综合提升整体环保管理水平。

本书力求系统全面地反映该领域的最新进展，探讨大气污染防治，特别是超低排放技术领域的发展动向，努力做到理论与实际相结合，在探讨每项关键技术时，尽量运用翔实的数据、最新的成果、丰富的图表进行深入浅出的叙述，同时，各项技术都会列举大量生产应用案例和应用效果，具有直观性和可操作性，有助于广大钢铁冶金企业科研人员进行相关研究和生产，便于搭建系统平台和进行集成管理，提升超低排放改造效果，促进绿色发展。

在本书的撰写过程中，离不开各位领导、同事和所有朋友的关爱、支持和帮助，在此表示诚挚感谢！特别感谢中国工程院贺克斌院士在百忙之中能够拨冗为本书撰写序言，中国工程院干勇院士、北京首钢股份有限公司刘建辉总经理颇有价值的建议，对钢铁行业绿色发展提出高屋建瓴的指导；感谢北京首钢股份有限公司张建、程华、杨金保、郝殿国、焦月生、齐杰斌、周广成、牟文宇、郭子杰、杨志宇、张玉宝、刘志强、李双全、万力凝、刘金明、李旭龙，柏美迪康环境科技（上海）股份有限公司徐潜、张晓青、王富江，首钢集团有限公司邱冬英、范正赟、赵志星，北京首钢国际工程技术有限公司甄令、陶有志，北京北科环境工程有限公司陆钢、冷廷双的大力帮助；同时要感谢冶金规划院范铁军、姜晓东、周翔、刘涛、彭锋、管志杰、邰学、李冰、高升、樊鹏的鼎力支持，感谢刘坤坤、卢熙宁、刘东辉、潘登、金晖、刘文权、李晓、白永强、张盟、缪骏、郝阳、邓浩华、周园园、陈程、刘琦、赵佳、鹿宁、张玮玮、曲家庆、马东旭、安成钢、李文远、卢宇迪、戴章艳、谢迪、刘彦虎、高金、王轶凡、张明、李梅等同事的辛苦付出。

　　本人在编撰过程深感学识不足，谨希冀通过多年从事钢铁工业的经验能为钢铁产业高质量发展提供些许借鉴，以不辜负众多领导、专家对我的关爱和帮助，我将心存感恩，砥砺前行。真诚希望广大读者提出批评指导意见，以便继续积极探索研究，不断提高。

李新创

冶金工业规划研究院党委书记、总工程师
俄罗斯自然科学院外籍院士

2021 年 10 月 15 日

目　录

1 国内外钢铁行业超低排放现状

2019 年 4 月，生态环境部等五部委联合印发了《关于推进实施钢铁行业超低排放的意见》（环大气〔2019〕35 号，以下简称《意见》），鼓励钢铁企业分阶段分区域完成全厂超低排放改造。超低排放限值比我国钢铁行业现行排放标准加严了 80% 以上，也大幅严于欧美日韩等发达国家和地区的排放标准。国外钢铁行业虽然并未从国家层面发布、执行超低排放标准，但是部分国家其标准要求以及企业污染物控制水平较高，对我国更好地实施超低排放改造具有借鉴意义。《意见》印发后，钢铁企业积极响应政策要求，实施超低排放改造，目前已取得一定成果，特别是在烧结、焦化等污染排放量大的工序，研发出了多种成熟治理工艺。未来，国家对于钢铁行业超低排放改造的评估验收及监督管理体系将进一步完善，同时，随着技术的进步，超低排放治理难点将逐步被攻克，从而助力更多的先进企业陆续实现全流程超低排放。

1.1 国内现状

1.1.1 政策现状

由于我国钢铁行业发展粗放，产能过剩矛盾突出，且能耗、物耗高，污染物排放量大，是影响环境空气质量的重点行业之一。同时，钢铁行业的污染物排放旧标准在多方面已不适应新形势下的环境保护要求，不能充分反映污染治理的水平。因此，自 2012 年 10 月 1 日起，我国出台了钢铁行业系列标准，包括《钢铁烧结、球团工业大气污染物排放标准》（GB 28662—2012）、《炼焦化学工业污染物排放标准》（GB 16171—2012）、《炼铁工业大气污染物排放标准》（GB 28663—2012）、《炼钢工业大气污染物排放标准》（GB 28664—2012）、《轧钢工业大气污染物排放标准》（GB 28665—2012）。分别代替了《炼焦炉大气污染物排放标准》（GB 16171—1996），以及 1996 年发布的《工业炉窑大气污染物排放标准》和《大气污染物综合排放标准》。新标准覆盖钢铁生产全过程、按工序细化，污染因子设置更加全面，同时污染物排放标准也更加严格。

2013 年，全国多地雾霾频发，且有愈演愈烈的趋势，空气质量问题备受关注。为此，国家出台了《大气污染防治行动计划》（即"大气十条"），到

2017 年"大气十条"圆满收官，74 个重点《炼焦炉大气污染物排放标准》（GB 16171—1996），以及 1996 年发布的《工业炉窑大气污染物排放标准》和《大气污染物综合排放标准》城市 $PM_{2.5}$ 年均浓度下降 $25\mu g/m^3$。根据中国工程院的评估结果，火电行业超低排放改造是贡献最大的单项措施，有力地支撑了"大气十条"目标的顺利完成。同时，生态环境部《关于执行大气污染物特别排放限值的公告》（公告 2013 年第 14 号）要求重点控制区，包括京津冀、长三角、珠三角等"三区十群"19 个省（区、市）47 个地级及以上城市六大重点行业执行大气污染物特别排放限值。其中现有钢铁企业自2015 年 1 月 1 日起执行，其排放指标全面、大幅收严，堪比欧美发达国家排放限值，而在中国钢铁工业协会统计的重点钢铁企业中，据不完全统计有近 4成钢铁企业在重点防控区内。钢铁行业特排限值的执行亦推动了"大气十条"的圆满收官。

2017 年，习近平总书记在十九大报告中提出打好防范化解重大风险、精准脱贫、污染防治三大攻坚战，全面建成小康社会。其中打赢蓝天保卫战是污染防治攻坚战的重中之重。为持续推动大气环境质量改善，国家出台了《打赢蓝天保卫战三年行动计划》。由于我国粗钢产量达 8.32 亿吨，占全球总产量的 50% 左右，且主要集中在大气污染严重的京津冀、长三角、汾渭平原等重点区域，钢铁行业颗粒物、SO_2、NO_x 排放量分别占工业排放总量的30.1%、13.7%、15.7%，位于工业首位，因此被作为打赢蓝天保卫战的关键领域之一，明确要求钢铁行业实施超低排放改造，2018 年、2019 年连续两年政府工作报告也提出推动实施钢铁行业超低排放改造。

2019 年 4 月，生态环境部等五部委联合印发了《关于推进实施钢铁行业超低排放的意见》（环大气〔2019〕35 号），鼓励钢铁企业分阶段分区域完成全厂超低排放改造，提出到 2020 年年底前，重点区域钢铁企业超低排放改造取得明显进展，力争 60% 左右产能完成改造；到 2025 年年底前，重点区域钢铁企业超低排放改造基本完成，全国力争 80% 以上产能完成改造。《意见》力争通过史上最严排放限值要求的提出，从有组织源头减排、工艺过程优化控制、治理设施提标升级、无组织精准管控与交通运输结构调整等多方面同时发力，实现行业环保水平的大幅提升。中国钢铁工业已处在由大到强、绿色转型的历史节点，以超低排放改造为契机，实现企业污染物排放的大幅压减。

为进一步做好钢铁行业超低排放评估监测工作，统一超低认定程序和方法，生态环境部组织编制并发布了《关于做好钢铁行业超低排放评估监测工作的通知》（环办大气函〔2019〕922 号），夯实《关于推进实施钢铁行业超低排放的意见》（环大气〔2019〕35 号）要求，政策要求市级及以上生态环境部门应加强对企业的指导和服务，利用 CEMS、视频监控、门禁系统、空气微站、卫星遥感等方式，加强对企业超低排放的事中事后监管，开展动态管理，对不能稳定达标企业，视情况取消相关优惠政策，解决地方验收评价标准不一的混乱情况。而《钢铁企业超低排放改造实施指南》（征求意见稿）的发布又为企业实施超低排放改造路径提供了技术方案与案例考察的选择依据，避免重复投资。

此外，随着 2016 年我国排污许可证制度改革、2017 年开始秋冬季重点区域钢铁行业错峰生产推行等政策的实施，对钢铁行业环保提升、污染减排方面提出了更高的要求。2019 年 7 月生态环境部正式发布《关于加强重污染天气应对夯实应急减排措施的指导意见》，提出依据环保绩效将企业分为 A（全面达到超低）、B、C 级，A 级企业少限或不限，C 级企业多限。《重污染天气重点行业应急减排措施制定技术指南》（2020 年修订版）又将企业重新划分为 A、B、B⁻、C、D 级，各级之间减排措施拉开差距，形成良币驱逐劣币的公平竞争环境，再次将钢铁行业环保改造推向了高潮。

1.1.2 超低排放要求

根据《关于推进实施钢铁行业超低排放的意见》（环大气［2019］35号），钢铁行业超低排放主要目标及要求如下。

1.1.2.1 主要目标

全国新建（含搬迁）钢铁项目原则上要达到超低排放水平，推动现有钢铁企业超低排放改造，到 2020 年年底前，重点区域钢铁企业超低排放改造取得明显进展，力争 60%左右产能完成改造，有序推进其他地区钢铁企业超低排放改造工作；到 2025 年年底前，重点区域钢铁企业超低排放改造基本完成，全国力争 80%以上产能完成改造。

1.1.2.2 指标要求

（1）有组织排放控制指标。烧结机机头、球团焙烧烟气颗粒物、二氧化硫、氮氧化物排放浓度小时均值分别不高于 $10mg/m^3$、$35mg/m^3$、$50mg/m^3$；其他主要污染源颗粒物、二氧化硫、氮氧化物排放浓度小时均值原则上分别不高于 $10mg/m^3$、$50mg/m^3$、$200mg/m^3$，具体指标限值见表 1-1。达到超低排放的钢铁企业每月至少 95%以上时段小时均值排放浓度满足上述要求。

由表 1-1 我国钢铁企业超低排放指标限值中给出指标可见，全工序有组织排放超低限值较国内现行标准收严33%~83%，对标欧美国家现行标准，我国超低限值除个别节点颗粒物排放浓度相当外，绝大部分指标均优于国外同类标准。

表 1-1　我国钢铁企业超低排放指标限值

生产工序	生产设施	基准氧含量/%	污染物超低排放指标限值（标态）/mg·m⁻³		
			颗粒物	SO₂	NO_x
烧结（球团）	烧结机机头、球团竖炉	16	10	35	50
	链箅机—回转窑、带式球团焙烧机	18	10	35	50
	烧结机机尾、其他生产设备	—	10	—	—
炼焦	焦炉烟囱	8	10	30	150
	装煤、推焦	—	10	—	—
	干法熄焦	—	10	50	—
炼铁	热风炉		10	50	200
	高炉出铁场、高炉矿槽		10	—	—
炼钢	铁水预处理、转炉（二次烟气）、电炉、石灰窑、白云石窑	—	10	—	—
轧钢	热处理炉	8	10	50	200
自备电厂	燃气锅炉	3	5	35	50
	燃煤锅炉	6	10	35	50
	燃气轮机组	15	5	35	50
	燃油锅炉	3	10	35	50

（2）无组织排放控制措施。全面加强物料储存、输送及生产工艺过程无组织排放控制，在保障生产安全的前提下，采取密闭、封闭等有效措施，有效提高废气收集率，产尘点及车间不得有可见烟粉尘外逸。

1）物料储存。石灰、除尘灰、脱硫灰、粉煤灰等粉状物料，应采用料仓、储罐等方式密闭储存。铁精矿、煤、焦炭、烧结矿、球团矿、石灰石、白云石、铁合金、钢渣、脱硫石膏等块状或黏湿物料，应采用密闭料仓或封闭料棚等方式储存。其他干渣堆存应采用喷淋（雾）等抑尘措施。

2）物料输送。石灰、除尘灰、脱硫灰、粉煤灰等粉状物料，应采用管状带式输送机、气力输送设备、罐车等方式密闭输送。铁精矿、煤、焦炭、烧结矿、球团矿、石灰石、白云石、铁合金、高炉渣、钢渣、脱硫石膏等块状或黏湿物料，应采用管状带式输送机等方式密闭输送，或采用皮带通廊等方式封闭输送；确需汽车运输的，应使用封闭车厢或苫盖严密，装卸车时应采取加湿等抑尘措施。物料输送落料点等应配备集气罩和除尘设施，或采取喷雾等抑尘措施。料场出口应设置车轮和车身清洗设施。厂区道路应硬化，并采取清扫、洒水等措施，保持清洁。

3）生产工艺过程。烧结、球团、炼铁、焦化等工序的物料破碎、筛分、混合等设备应设置密闭罩，并配备除尘设施。烧结机、烧结矿环冷机、球团焙烧设备，高炉炉顶上料、矿槽、高炉出铁场，混铁炉、炼钢铁水预处理、转炉、电炉、精炼炉，石灰窑、白云石窑等产尘点应全面加强集气能力建设，确保无可见烟粉尘外逸。高炉出铁场平台应封闭或半封闭，铁沟、渣沟应加盖封闭；炼钢车间应封闭，设置屋顶罩并配备除尘设施。焦炉机侧炉口应设置集气罩，对废气进行收集处理。高炉炉顶料罐均压放散废气应采取回收或净化措施。废钢切割应在封闭空间内进行，设置集气罩，并配备除尘设施。轧钢涂层机组应封闭，并设置废气收集处理设施。

焦炉应采用干熄焦工艺。炼焦煤气净化系统冷鼓各类贮槽（罐）及其他区域焦油、苯等贮槽（罐）的有机废气应接入压力平衡系统或收集净化处理，酚氰废水预处理设施（调节池、气浮池、隔油池）应加盖并配备废气收集处理设施，开展设备和管线泄漏检测与修复（LDAR）工作。

（3）大宗物料产品清洁运输要求。进出钢铁企业的铁精矿、煤炭、焦炭等大宗物料和产品采用铁路、水路、管道或管状带式输送机等清洁方式运输比例不低于80%；达不到的，汽车运输部分应全部采用新能源汽车或达到国六排放标准的汽车（2021年年底前可采用国五排放标准的汽车）。

1.1.2.3 评估监测要求

根据《关于做好钢铁行业超低排放评估监测工作的通知》（环办大气函〔2019〕922号）要求，钢铁企业完成超低排放改造并连续稳定运行一个月后，可自行或委托有资质的监测机构和有能力的技术机构对有组织排放、无组织排放和大宗物料产品运输情况开展评估监测。企业或接受委托的机构应编制评估监测报告，给出明确的评估监测结论和建议。经评估监测达到超低排放要求的，企业将评估监测报告报所属地（市）级生态环境部门。

评估监测程序详见图1-1。

1.1.2.4 后续监管要求

根据《关于做好钢铁行业超低排放评估监测工作的通知》（环办大气函〔2019〕922号）要求，地方各级生态环境部门将经评估监测认为达到超低排放的企业纳入动态管理名单，实行差别化管理。加强事中事后监管，通过调

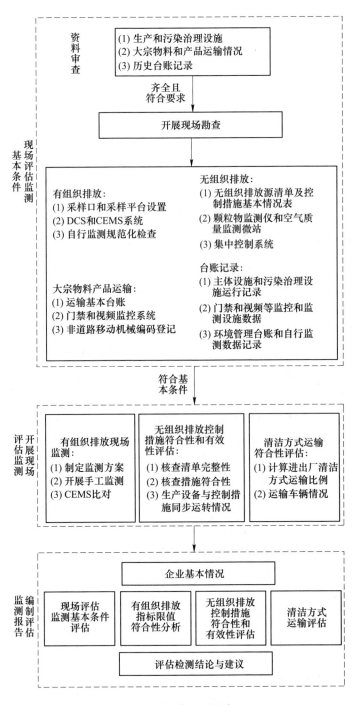

图 1-1　评估监测程序

阅 CEMS、视频监控、门禁系统、空气微站、卫星遥感等数据记录，组织开展超低排放企业"双随机"检查。对不能稳定达到超低排放的企业，及时调整出动态管理名单，取消相应优惠政策；对存在违法排污行为的企业，依法予以处罚；对存在弄虚作假行为的钢铁企业和相关评估监测机构，加大联合惩戒力度。同时，鼓励行业协会发挥桥梁纽带作用，指导企业开展超低排放改造和评估监测工作，在协会网站上公示各企业超低排放改造和评估监测进展情况，推动行业高标准实施超低排放改造。

1.1.3 技术现状

1.1.3.1 超低排放技术

针对《关于推进实施钢铁行业超低排放的意见》（环大气［2019］35 号）要求，目前，部分钢铁企业已开始全厂超低排放改造，从技术上来说，主要包括以下几方面：

（1）从源头物料洁净化方面减排。例如：为解决高炉煤气下游用户 SO_2 排放超标的问题，由于高炉煤气精脱硫技术尚不成熟，而若采用末端治理技术脱硫，势必会造成投资大、日常运行管理难度大及脱硫副产物难以处理等问题，因此，目前部分先进企业通过控制高炉入炉喷吹煤和焦炭总 S 含量、同时配套建设高炉煤气喷碱塔脱硫系统等途径确保了下游用户满足超低排放要求；另外，通过进行低氮燃烧改造，达到煤气用户轧钢加热炉等 NO_x 实现超低排放。

（2）采用工艺过程优化进行减排。例如：河北重点地区均要求企业进行烧结机烟气循环，循环率达 30% 左右，从而减少了烟气排放量，降低了末端治理的投资和运行费用，同时对 CO 也有明显的减排效果；针对现有高炉料罐煤气放散的问题，先进企业开展了全量回收高炉均压煤气的成套工艺技术研究，实现了高炉料罐均压放散煤气的 100% 回收，同时减少了粉尘的排放。

（3）有组织排放末端治理提标改造。在超低政策发布之前，我国自主研发的高效除尘、分级脱硫、中低温脱硝[1-3]等关键减排技术已取得重大突破，同时火电行业已经成功实施超低排放改造，对推动钢铁行业超低排放改造提供了有利条件。

在烧结机机头烟气治理方面，早在 2010 年，太钢 450m² 烧结机在国内首次采用了活性焦（炭）吸附工艺，随后日照钢铁、宝钢等国内钢铁企业纷纷实施了烧结机活性焦（碳）改造，颗粒物、二氧化硫已经具备超低排放达标能力，只是由于建设时间较早，氮氧化物设计去除效率较低，实际出口浓度在 $100mg/m^3$ 左右。随着工艺的发展及环境要求的日益严格，全行业烧结机头烟气氮氧化物高效脱除技术随着标准的提出已成功积累了多项案例，2017 年年底投运的邯钢烧结机活性焦（炭）吸附工艺，实际排放浓度稳定达到 $50mg/m^3$。目前，首钢、武钢、新兴铸管等大型国有企业，唐山九江线材、邯郸永洋钢铁、普阳钢铁、烘熔钢铁等民营企业的活性焦（炭）治理设施均正在建设或已经建成。宝钢股份、裕华钢铁、中天钢铁等以 SCR 工艺为主与邯郸钢铁、首钢迁钢等以活性炭/焦工艺为主的治理设施均能稳定达到超低排放限值要求。

在颗粒物治理方面，目前全国钢铁企业基本在各生产和治理污染排放工序中配套建设了完善的除尘系统，例如，在烧结过程中要配置机头烟气除尘、机尾成品除尘等；在焦化过程中配置煤灰除尘、筛焦除尘、干熄焦除尘系统；高炉工序配有出铁场除尘、矿槽除尘等；炼钢工序配有转炉一次、二次除尘、精炼炉除尘及环境除尘等。在目前实施超低排放的企业中，除少数无法应用布袋除尘器的排污节点，大部分除尘器均宜采用对颗粒物截留效果更加、阻损更小的高效覆膜袋式除尘器，在选择合理的技术运行参数后，除尘效率可达到 99% 以上，颗粒物排放浓度可控制在 $10mg/m^3$ 以下，具备了达到超低排放的能力。

（4）无组织管控治一体化技术改造。近年来钢铁企业无组织治理水平进展迅速，唐山、邯郸等重点地区基本淘汰了原料系统的防风抑尘网，改为更为先进的封闭料场，大幅减少了无组织的排放。但原料场仅是钢铁企业无组织排放的一部分，钢铁行业无组织排放颗粒物占比超过 50%，而且排放源点多、线长、面广，阵发性强，治理难度大，长期以来一直没有受到重视且没有较好的治理、管理措施。

为攻克该难题，行业内大量科研院所、工程技术公司和钢铁企业等相关单位均开展了相关研究和工程应用。目前，已有部分重点区域企业开创了无组织治理的先河，实施了更高水平的无组织管控治一体化智能系统。即通过原料库封闭与煤筒仓技术与受卸料、供给料过程如汽车受料槽、火车翻车机、铲车上料、皮带转运点等易产尘点位采用抽风除尘或抑尘的方式优化作业环境，辅以喷淋或干雾抑尘确保原料系统储运粉尘排放得到有效控制。通过大数据、机器视觉、源解析、扩散模拟、污染源清单、智能反馈等技术，开展全厂无组织尘源点的清单化管理，将治理设施与生产设施、监测数据的联动，对无组织治理设施工作状态和运行效果进行实时跟踪，实现无组织治理向有组织治理转变，提高除尘效率的同时强化了无组织治理的管控力度。

（5）清洁物流运输改造及监测监控。物流运输方面，在《国务院关于印发打赢蓝天保卫战三年行动计划的通知》（国发〔2018〕22号）中已经对钢铁行业在内的物流运输提出了深层次的要求，各重点地区也正在积极落实相关要求，例如唐山市已经与中国铁路北京局集团开展合作以加强唐山地区铁路集疏港运输、改善周边空气质量；邯郸市国有钢铁企业早已建成铁路专线，多家民营企业也正在开展铁路运输专线的建设。

目前钢铁企业在监测监控方面实施的改造主要集中在CEMS的超低精度改造、视频监控、无组织排放监控等，但对于控制系统DCS的改造尚不成熟，且视频监控、门禁系统等的功能尚不能满足现行环保管理新要求。

1.1.3.2 行业应用现状

对钢铁企业实施"超低排放"技术改造情况进行调研总结，目前，在有组织治理技术方面，重点因子脱硫主要包括干法、半干法及湿法工艺，脱硝主要包括催化还原法、活性焦及氧化法工艺，除尘主要包括电除尘、袋除尘及湿法除尘等；无组织治理方面，原料场主要采取的抑尘措施包括防风抑尘网、全封闭料棚、筒仓等。其他易产尘点位采用抽风除尘或抑尘的方式优化作业环境。而抑尘技术可简单分为传统喷淋抑尘及干雾抑尘、源头控制起尘技术等。其有组织、无组织超低排放治理技术目前的应用情况分别见表1-2、表1-3。

表1-2　钢铁行业有组织排放治理技术应用现状

序号	类别	工艺类型		应用现状	先进性
1	脱硫	石灰石/石灰-石膏法	湿法	应用广泛，其中唐山45.7%，邯郸67%，安阳82%以上，石家庄15%	先进
2		镁法脱硫		应用较少，其中唐山无，石家庄25%	先进
3		氨法脱硫		应用较少，其中唐山无	一般
4		旋转喷雾干燥法	半干法	应用较多，重点区相对较少	一般
5		循环硫化床		应用较多，重点区相对较少，其中石家庄60%，邯郸2%	一般
6		活性炭	干法	应用较少，其中唐山11.8%，邯郸31%，安阳约10%	国际先进

序号	类别	工艺类型		应用现状	先进性
1	脱硝（配置率较低）	氧化法	氧化法	应用较少，其中唐山 41.%，邯郸无	一般
2		中高温 SCR	还原法	应用较多，其中唐山 46.5%，邯郸 70.6%	国际先进
3		中低温 SCR			先进
4		活性炭		应用较少，其中唐山 11.8%，邯郸 31%	国际先进
1	除尘	传统袋式	过滤式除尘	应用广泛，适用于大部分生产工序	一般
2		覆膜滤料袋式		重点区（唐山、邯郸、安阳、临汾）基本已更换为覆膜，适用于大部分生产工序	先进
3		滤筒		应用较少，仅部分先进企业，适用于大部分生产工序	国际先进
4		塑烧板		应用较少，适用于轧机等含水率较高的烟气	先进
5		电袋复合		应用较多，适用于静电除尘器增效改造	先进
6		工频电源静电	电除尘	应用广泛	一般
7		软稳高频电源静电		应用广泛，适用于烧结机头、竖炉焙烧等烟气	先进
8		湿电		应用较少，仅重点区烧结、球团湿法脱硫后使用	国际先进
9		转炉一次干法		应用较少，仅部分先进企业	国际先进
10		湿法（水浴等）	湿式除尘	应用极少，仅部分烧结混料处使用	一般
11		转炉一次湿法		应用广泛	先进

表 1-3　钢铁行业无组织排放治理技术应用情况

序号	类别	工艺类型	先进性	应用情况
1	料场堆存	防风抑尘网	一般	环保要求相对较低区域的企业采用
2		全封闭料场	国际先进	重点区域大部分企业采用
3		筒仓	国际先进	先进企业应用较多，如沙钢焦化厂、山西焦化集团等
1	抑尘	传统喷淋抑尘	一般	国内大部分企业采用
2		干雾抑尘	先进	邯郸地区已普遍采用，如新兴铸管、裕华、普阳等
3		生物纳膜等	国际先进	

1.1.4　改造进展及问题

自 2018 年《钢铁企业超低排放改造工作方案（征求意见稿）》公布以来，全国钢铁企业陆续开始实施超低排放改造工作，重点地区例如唐山、邯郸等地区钢铁企业随即开始了关键工艺的选取，确定了脱硫脱硝、除尘提标改造的技术路线。随着《关于推进实施钢铁行业超低排放的意见》（环大气〔2019〕35 号）的正式发布，全国钢铁企业超低排放改造正式启动，截至 2020 年 7 月，重点地区钢铁企业基本均已实施了烧结脱硝、除尘提标改造等重点项目，非重点地区企业也基本确定了改造技术路线，有大量企业已经实施了相关重点改造项目。

虽然目前钢铁企业在超低排放改造方面具备极大的积极性，且完成了大量整改项目，但是由于对政策的理解以及"历史欠账"等因素，目前企业改造进度整体较慢，存在改造方向不明确、改造内容不全面的现象。除首钢迁钢外，现阶段尚无企业全面完成超低排放改造，预计年底能够全面完成超低排放改造的企业有 5~10 家。目前钢铁企业超低排放改造各方面进展及问题具体体现在以下几方面。

1.1.4.1　有组织改造进展——末端治理全面普及、源头治理改造缓慢

如上文所述，目前钢铁企业在有组织方面的超低排放改造进展有目共睹，全部企业均已开始或完成技术选取，多数企业也已经完成提标改造项目建设。因此烧结脱硝、烧结机尾除尘、高炉出铁场及矿槽除尘、转炉二次除尘等关键环节目前企业基本改造完成。但是对比《意见》的具体要求，可以看出目前企业仅在上述末端治理环节改造进度较快，在源头治理方面进展较为缓慢。

《意见》中明确提出"加强源头控制，高炉煤气、焦炉煤气应实施精脱硫，高炉热风炉、轧钢热处理炉应采用低氮燃烧技术"，但是目前行业尚未有一家企业建成稳定运行且效果良好的高炉煤气精脱硫设施，仅山西立恒钢铁完成了首套工程的建设，但是其运行效果并未得到行业广泛认可，天津荣程、邯郸普阳钢铁等企业精脱硫装置处于在建阶段，还有部分企业仅建立了脱除硫化氢的脱酸设备，行业内精脱硫技术推进进展整体较慢，预计全年无法有能够稳定运行、全面脱除有机硫、无机硫的高炉煤气精脱硫设备建成。轧钢热处理炉低氮燃烧设备也存在普及不足的现象，企业轧钢热处理炉普遍未安装在线监测设备，手工监测一般也选取工况稳定阶段，因此其超标现象企业未能给予重视，因此仍有至少超过 50% 的热处理炉未安装低氮燃烧装置。

1.1.4.2　无组织改造进展——无组织改造缺乏系统化整治

目前行业中普遍存在未正视文件要求，过于乐观判断了自身环保水平的现象，认为投资上亿元完成烧结机头脱硝、有组织满足限值要求就能够符合《通知》中的认定要求，从而忽视了无组织的系统治理。从冶金工业规划研究院针对40余家钢铁企业基本条件评估的结论来看，除首钢迁钢外，目前行业内基本不具备全面完成每一处无组织排放整改的钢铁企业。一般钢铁企业无组织排放点位在1000~4000个之间，不符合《意见》要求的一般均达到1/4~3/4，主要问题在于各产尘点未配备除尘设备或封闭不严，除此之外料场仅实施封闭未配备配套治理措施也是主要问题之一。

虽然各企业目前无组织改造进度均无法满足《意见》要求，但是无组织治理问题较有组织改造而言工期短、投资少，企业改造速度较快。2020年年底重点地区内有10余家企业完成无组织超低排放改造，满足《意见》中配套治理措施的要求。

1.1.4.3　物流运输改造进展——企业普遍客观条件不足

对于清洁运输方面，目前属于超低排放改造中进度最慢的环节。除去已经成为超低排放企业的首钢迁钢，目前行业中仅有首钢京唐等既有铁路运输又有水运，且产品附加值较高的企业满足80%的清洁运输条件。其他绝大多数企业无法在短时间内完成铁路专用线、专用码头的建设，或虽然具备清洁运输条件，但是由于产品为销售半径较小的棒线材产品，而无法满足相关比例。结合目前《重污染天气重点行业移动源应急管理技术指南》的发布，其中提出"两年内有铁路专用线建设计划并符合比例要求的，可视为符合清洁方式比例"，企业在今年完成改造的积极性进一步下降。

车辆运输方面，由于目前电动及国六重卡存在市场及运输能力的问题，企业无法大量采购，行业内企业普遍程观望态度，部分企业通过购置部分国五汽车满足短期要求。

因此，由于物流运输方面企业存在较大"先天不足"，且改造进展涉及多个部门，不以企业意志为转移，因此进展较慢。预计年底全国仅首钢京唐等少数几家企业能够满足清洁运输80%的比例要求，其他企业或通过更换车辆完成清洁运输改造。

1.1.4.4　监测监控——企业重视程度不足，改造难度较大

对于监测监控环节，目前企业主要存在以下三类问题，导致尚无企业能

够符合相关超低改造要求。

一是监测平台、孔位及在线监测设备不符合相关要求。根据《钢铁企业超低排放评估监测技术指南》（以下简称《指南》）的要求，监测平台、孔位及在线监测设备应满足其附1的相关要求，根据现阶段情况，钢铁企业普遍有百余根排气筒，监测平台、孔位满足要求的一般仅为1/3~2/3；在线监测设备一般也有20~40套，仅有少数点位能够满足在线相关要求，部分企业在线监测设备甚至出现全部无法满足要求的情况。

二是DCS控制系统未建立。目前钢铁企业主要存在问题在于：（1）采用PLC而非DCS；（2）无法自证"守法"，相关记录运行参数中任意参数曲线无法组合至同一个界面中查看；（3）相关生产过程主要参数功能缺失，所有废气治理设施的控制系统仅部分环保设施能够实现记录企业环保设施运行参数状况，无法记录相关生产过程主要参数。

三是未建立全厂无组织排放治理设施集中控制系统及相关配套微站、TSP设备。无法记录《指南》中规定的"所有无组织排放源附近监测、监控和治理设施运行情况以及空气质量监测微站监测数据"，导致无组织治理普遍存在"头痛医头，脚痛医脚，缺乏系统设计"的现象，缺少对全部污染点位的整体监控治理。

综上所述，钢铁企业在监测监控方面进展缓慢，且改造难度较大，截至目前尚无企业严格按照超低要求完成相关改造，预计年底仅极少数企业能够完成改造。

1.1.4.5 第三方评估情况

《关于做好钢铁企业超低排放评估监测工作的通知》（环办大气函〔2019〕922号）发布伊始，重点地区大部分企业便开始了监测评估工作，目前重点地区中唐山市、邯郸市、天津市、济南市等地钢铁企业均已完成评估监测过程中的基本条件评估，正在对照评估情况有针对性地开展整改工作。但是，在这部分企业中仅有少部分能够于年内完成相应改造，进入最终评估监测阶段，其余企业需要长时间改造，才能满足超低排放相应具体要求。

与此同时，行业内有一部分企业未按照《钢铁企业超低排放评估监测技术指南》规定的程序开展评估监测，存在未开展基本条件评估、未进行无组织评估、未对监测监控设备进行评估、直接得出满足钢铁超低排放评定条件结论等问题，严重影响了其他企业改造的积极性，破坏行业公平。

1.1.5 发展趋势

1.1.5.1 政策发展趋势

生态环境部制定了《关于做好钢铁企业超低排放评估监测工作的通知》（环大气［2019］922号），同时要求钢协网站进行公示，公示名单接受社会监督，进行动态更新。超低排放改造的推进不仅使得钢铁行业排放标准进一步收严而且治理方向也更加明确，既包括了有组织、无组织的治理，又包括了运输方式的清洁化改造。因此，对企业的环保管理水平也提出了更高的要求。"十四五"期间，既是重点区域钢铁企业超低排放的收尾阶段，又是其他区域钢铁企业推行超低排放改造的重要阶段。同时，行业排放标准亦将同步修订，与超低排放衔接，依法管理。

此外，环保督查将逐步走向规范化、常态化和制度化，一是督察的目标更具体、严格；二是督察更加精准化、规范化，各项政策制定和执行环环相扣，形成协同效应，而大数据、云计算、移动互联网、无人机等信息化手段的运用，也会促使执法手段更加精细化和便捷化。同时，针对钢铁超低排放污染治理的关键领域，中央还会进行"点穴式""机动式"专项督察。因此，企业的环保问题将会全面暴露，对企业环保治理工作提出了更高的挑战。

因此，国家对于钢铁行业超低排放改造的评估验收及监督管理体系将进一步完善。

1.1.5.2 行业发展趋势

目前，由于实现"超低排放"改造难度大、评估监测技术要求严格、企业管理水平未同步提升等原因，截至目前，全国实现全流程超低排放的只有首钢迁钢1家。预计2020年开始，将有更多的环保绩效水平处于国际领先水平的企业向A类与B类企业发起冲击，形成行业中力争上游的高质量绿色发展新阶段，体现生态环境部分类分级、差异化科学管控所带来的正向政策激励。

1.1.5.3 技术发展趋势

近几年来，随着部分钢铁企业开展超低排放改造，钢铁行业各工序主要污染排放源的超低排放技术有了较大的发展，开发了"选择性烟气循环技术"[4]"半干法脱硫耦合中低温SCR脱硝技术""活性炭法一体化技术"[5~11]"臭氧氧化硫硝协同吸收技术""高炉炉料结构优化的硫硝源头减排技术"等新型技术，涵盖了烧结、球团、焦炉、高炉等多个工序，为钢铁行业超低排放改造提供强有力的技术支撑。

但是，钢铁行业尚有部分排污环节存在治理难点，阻碍了钢铁企业全面达到超低排放的要求，这其中包括高炉煤气脱硫、钢渣热闷含湿烟气治理、物料运输等无组织粉尘排放环节。而随着超低排放的持续推进，通过对目前各企业实际发现的难点环节开展专项研究，上述技术难点亦将逐步攻克，从而形成钢铁行业可行的超低排放技术路线。

1.2 国外现状

国外钢铁行业虽然并未从国家层面发布、执行超低排放标准，但是部分国家其标准要求以及企业污染物控制水平较高，对我国更好地实施超低排放改造具有借鉴意义。

颗粒物控制方面，以德国为代表的欧盟国家对颗粒物提出了较高的控制要求，要求治理设施均必须建立在最佳可行技术（BAT, Best Available Techniques）基础之上，通过采用 BAT 中覆膜滤袋及折叠式滤筒除尘等高效除尘器，颗粒物满足 $10mg/m^3$ 的要求。

日本对于二氧化硫以及氮氧化物取得了较高的水平，例如烧结机烟气循环治理在日本具有较高的比例，对于降低污染物排放总量起到了重要的作用，烧结机机头活性焦、加热炉低氮燃烧技术也处于先进水平，虽然日本国家层面排放标准未达到超低要求，但是各治理技术经实际检验具备了超低排放的达标能力，对我国重点治理技术的改造提供了借鉴、指导。

1.2.1 标准制定情况

将国内钢铁行业现行执行标准、超低排放标准与国外标准对比，具体如下。

1.2.1.1 烧结球团

将烧结、球团工序大气污染排放标准现有、新建企业排放限值、特排限值及超低排放限值，同欧美环保先进国家进行对比，可以明显看出：

颗粒物新建及特别排放浓度与美国排放标准基本持平，优于法国，但是距离欧洲国家例如德国、奥地利仍有着较为明显的差距；二氧化硫新建及特别排放浓度除了未达到美国现有排放水平外，已优于其他国家的许可排放浓度限值要求，超低排放标准远优于其他国家；氮氧化物排放标准方面，我国新建企业及特别排放标准基本等同或优于法国、奥地利等国家，距离德国有一定差距，超低排放标准远优于其他国家。整体来说，新建及特别排放标准设置上与欧美国家对比差距较小，超低排放标准明显优于其他国家排放指标要求，对比情况见表 1-4。

表 1-4　国外同类标准与国内标准对比情况（标态）

污染因子	德国	美国	法国	奥地利	中国			
					现有 2012 年 10 月 1 日~ 2014 年 12 月 31 日	新建 2012 年 10 月 1 日起　现有 2015 年 1 月 1 日起	重点区域特别排放限值	超低排放限值
颗粒物	10	60	100	10	80	50	40	10
SO_2	500	90	300	350	600	200	180	35
NO_x	100	—	500	350	500	300	300	50
二噁英/ng-TEQ·m^{-3}	0.4	—	—	0.1	1.0	0.5	0.5	
氟化物	3（以HF 计）	—	—	—	6.0	4.0	4.0	—

1.2.1.2　焦化

（1）欧盟国家。1983 年德国制定了焦化厂排放标准，1986 年德国政府修订标准后，制定了"大气净化法"，加严了对污染物排放的要求，欧盟标准规定了焦炉烟囱废气、装煤、湿熄焦、干熄焦废气污染物排放限值，欧盟炼焦工业管控因子与 GB 16171—2012 新建企业排放限值、特别排放限值及国内超低排放限值对比情况见表 1-5。可以明显看出：焦炉烟囱 GB 16171—2012 排放限值及超低排放限值基本严于欧盟标准，装煤、干熄焦颗粒物新建及特别排放限值松于欧盟标准，超低排放标准颗粒限值基本严于欧盟标准。

表 1-5　与欧盟炼焦废气排放标准对比（标态）　　　（mg/m^3）

工艺	排放	欧盟标准		GB 16171—2012		超低排放限值	对比结果
		排放限值	说明	新建企业排放限值	特别排放限值		
焦炉烟囱废气	SO_x	<200~500（同 SO_2）	取决于加热煤气的种类	50	30	30	GB 16171—2012 新建企业排放限值和特别排放限值、超低排放限值均严于欧盟标准

工艺	排放	欧盟标准		GB 16171—2012		超低排放限值	对比结果
		排放限值	说明	新建企业排放限值	特别排放限值		
焦炉烟囱废气	NO_x	<350~500（同 NO_2）	适用于新建焦化厂	500	150	150	GB 16171—2012 新建企业排放限值松于欧盟标准，但特别排放值、超低排放限值严于欧盟标准
	NO_x	500~650（同 NO_2）	适用于原有焦化厂，要有基本的 NO_x 处理技术	500	150	150	GB 16171—2012 新建企业排放限值、特别排放限值及超低排放限值均严于欧盟标准
焦炉煤气脱硫	H_2S	300~1000	应用吸收工艺	—	—	—	—
	H_2S	<10	用于湿式氧化工艺	—	—	—	—
装煤	颗粒物	25（德国装煤 10，德国出焦 5）		50	30	10	GB 16171—2012 新建企业排放限值和特别排放限值均松于欧盟标准，超低排放标准严于欧盟标准
湿熄焦	颗粒物	20		—	—	—	—
干熄焦	颗粒物	20		50	30	10	GB 16171—2012 新建企业排放限值和特别排放限值均松于欧盟标准，超低排放标准严于欧盟标准
	SO_2			100	80	50	

（2）亚洲国家。日本标准规定了精煤破碎、焦炭破碎、筛分、转运废气颗粒物，焦炉烟囱废气 NO_x，冷鼓、库区焦油各类贮槽废气挥发性有机物，苯贮槽废气苯及挥发性有机物排放限值；印度标准规定了精煤破碎、焦炭破碎、筛分转运废气颗粒物，装煤废气颗粒物、苯并［a］芘，焦炉烟囱废气颗粒物、SO_2、NO_x，干法熄焦废气颗粒物，冷鼓、库区焦油各类贮槽废气苯并［a］芘排放值。日本、印度标准中焦化行业管控的废气污染因子总体少于 GB 16171—2012，如干熄焦废气 SO_2、装煤和推焦废气 SO_2 等。日本、印度标

准与 GB 16171—2012 新建企业排放限值、特别排放限值及超低排放限值对比情况见表 1-6。可以明显看出：焦炉烟囱 GB 16171—2012 排放限值及超低排放限值基本严于日本、印度标准，装煤颗粒物新建及特别排放限值松于印度标准，超低排放限值严于印度标准，干熄焦颗粒物新建企业排放限值与印度标准一致，特别排放限值、超低排放限值严于印度标准。

表 1-6　日本、印度炼焦废气排放标准对比（标态）　　　（mg/m³）

污染物排放环节	污染物名称	日本	印度	GB 16171—2012 新建企业排放限值	GB 16171—2012 特别排放限值	超低排放限值	对比结果
精煤破碎、焦炭破碎、筛分转运	颗粒物	30~200（特别排放）	50	30	15	—	GB 16171—2012 新建企业排放限值和特别排放限值均严于日本、印度标准
装煤过程	颗粒物		25	50	30	10	GB 16171—2012 新建企业排放限值和特别排放限值均松于印度标准，超低排放限值严于印度标准
	SO_2			100	70	—	—
	苯并[a]芘/$\mu g \cdot m^{-3}$		2.0	0.3	0.3	—	GB 16171—2012 新建企业排放限值和特别排放限值均严于印度标准
推焦过程	颗粒物			50	30	10	—
	SO_2			50	30		
焦炉烟囱废气	颗粒物		50	30	15	10	GB 16171—2012 新建企业排放限值、特别排放及超低排放限值均严于印度标准
	SO_2		800	50	30	30	GB 16171—2012 新建企业排放限值、特别排放及超低排放限值均严于印度标准

续表1-6

污染物排放环节	污染物名称	日本	印度	GB 16171—2012		超低排放限值	对比结果
				新建企业排放限值	特别排放限值		
焦炉烟囱废气	NO_x	123~820（新建企业）	500	500	150	150	GB 16171—2012新建企业排放限值（机焦、半焦(兰炭)炉）与印度标准一致，特别排放限值、超低排放限值严于印度标准 GB 16171—2012特别排放限值、超低排放限值整体严于日本标准
干法熄焦	颗粒物	50	50	50	30	10	GB 16171—2012新建企业排放限值与印度标准一致，特别排放限值、超低排放限值严于印度标准
	SO_2			100	80	50	—
粗苯管式炉、半焦（兰炭）烘干和氨分解炉等燃用焦炉煤气的设施	颗粒物			30	15	—	—
	SO_2			50	30	—	—
	NO_x			200	150	—	—
冷鼓、库区焦油各类贮槽	苯并［a］芘/$\mu g \cdot m^{-3}$		2.0	0.3	0.3	—	GB 16171—2012新建企业排放限值和特别排放限值均严于印度标准
	酚类			80	50	—	
	HCN			1.0	1.0	—	
	非甲烷总烃	214~32143（VOCs）		80	50	—	
	NH_3			30	10	—	
	H_2S			3.0	1.0	—	

污染物排放环节	污染物名称	日本	印度	GB 16171—2012 新建企业排放限值	GB 16171—2012 特别排放限值	超低排放限值	对比结果
苯贮槽	苯	100~1500		6	6	—	GB 16171—2012 新建企业排放限值和特别排放限值均严于日本标准
	非甲烷总烃	214~32143（VOCs）		80	50	—	—
硫铵结晶干燥	颗粒物			80	50	—	—
	NH₃			30	10	—	—
脱硫再生塔	NH₃			30	10	—	—
	H₂S			3	1	—	—

1.2.1.3 炼铁

（1）烟（粉）尘排放标准比较。将炼铁工序大气污染排放标准现有、新建企业颗粒物排放限值、特排限值及超低排放限值，同欧美环保先进国家进行对比（表 1-7），可以明显看出：

现行标准中特别排放限值较现有或新建企业排放限值加严幅度较大，但未执行特别排放限值要求的区域，与欧洲、美国等国外标准相比还是有一定差距，超低排放标准已基本优于或等同于国外标准。

表 1-7　烟（粉）尘标准对比（标态）　　　　（mg/m³）

生产设施及污染源		2015 年 1 月 1 日前	2015 年 1 月 1 日后	特别排放限值	超低排放限值	美国	德国	英国	日本
高炉出铁场	现有企业	50	25	15	10	22.9	20	20	30（参照锅炉）
	新建企业	25	25	15	10	6.9	20	20	30（参照锅炉）
加热炉	现有企业	50	20	15	10	—	10	10	100（参照加热炉）
	新建企业	20	20	15	10	—	10	10	100（参照加热炉）

续表1-7

生产设施 及污染源		2015年 1月1日前	2015年 1月1日后	特别排 放限值	超低排 放限值	美国	德国	英国	日本
原料、 煤粉系统	现有企业	50	25	10	—	18.32	20	20	30（参 照锅炉）
	新建企业	25	25	10	—	11.45	20	20	30（参 照锅炉）
标准制订年份		2012				2019	1999	2002	1999	2005

（2）热风炉 SO_2、NO_x 排放标准比较。将炼铁工序热风炉 SO_2、NO_x 排放标准现有、新建企业颗粒物排放限值、特排限值及超低排放限值，同欧美环保先进国家进行对比（表1-8），可以明显看出：

现行标准中 SO_2、NO_x 现有企业、新建企业、特别排放限值均相同，其中 SO_2 排放限值远低于欧盟水平，NO_x 排放限值指标接近国际先进水平，但距离日本有一定差距，SO_2 超低排放标准远低于欧盟水平，NO_x 超低排放标准与日本标准接近。

表1-8 热风炉 SO_2、NO_x 标准对比（标态） （mg/m^3）

污染控制项目及污染源		现行标准	超低排放 标准	美国	德国	英国	日本
SO_2	现有企业、 新建企业	100	50	—	—	250	$250m^3/h$
NO_x	现有企业、 新建企业	300	200	—	—	350	$(100\sim170)$ $\times10^{-6}$
标准制订年份		2019		—	—	1999	2005

1.2.1.4 炼钢

将炼钢工序大气污染排放标准现有、新建企业排放限值、特排限值及超低排放限值，同欧美环保先进国家进行对比（表1-9），可以明显看出：

颗粒物新建及特别排放限值较国外标准相对宽松，尚有一定的收严空间，除一次烟气外的超低排放标准已优于其他国家；二噁英排放限值与国外标准持平。

表 1-9   与国外同类标准排放限值对比（标态）   （mg/m³）

| 污染物 | 生产工序或设施 | GB 28664—2012 | | 超低排放限值 | 美国 | 德国 | 日本 |
		新建企业	特别排放限值				
颗粒物	转炉（一次烟气）	50	50	—	22.9	50（现有）20（新建）	
	转炉（二次烟气）	20	15	10	11.9	20	—
	电炉	20	15	10	11.45	5（新建）	20
二噁英类/ng-TEQ·m⁻³	电炉	0.5	0.5		0.5（英国）	0.5	0.5

1.2.1.5 轧钢

将轧钢工序大气污染排放标准现有、新建企业排放限值、特排限值及超低排放限值，同欧美环保先进国家进行对比（表 1-10），可以明显看出：

颗粒物新建及特别排放限值基本与国外排放标准持平；二氧化硫、氮氧化物新建及特别排放限值严于国外排放标准，超低排放标准又进一步收严。

表 1-10   与国外轧钢废气排放限值对比表（标态）   （mg/m³）

| 污染源 | 污染物 | 新建企业排放限值 | 特别排放限值 | 超低排放限值 | 国外排放限值 | |
					德国	日本
轧钢各除尘系统	颗粒物	20	15	—	20	20
轧钢热处理炉	SO₂	150	150	50	≤350	—
	NOₓ	300	300	200	≤350	—

1.2.2 污染治理情况

1.2.2.1 烧结球团

根据文献研究，日本、德国、美国等率先采用烧结。球团污染治理设施的国外企业，与我国现行大气污染防治技术应用种类与市场占比大体相近。其中，湿法脱硫技术主要包括石灰石/石灰-石膏法、氧化镁法、氨-硫铵法等，应用占比达 70%以上，可实现烧结机头烟气与球团焙烧烟气二氧化硫的达标排放；另外，半干法脱硫技术主要包括 CFB 循环流化床法、SDA 旋转喷雾法、MEROS 法等，市场份额在 20%左右，活性焦（炭）干法脱硫脱硝一体化工艺市场份额在10%左右。除了末端治理技术外，部分国外企业也应用了烧结烟气循环技术，降低烟气中氮氧化物产生浓度的同时，也从源头减少二噁英的产生。

1.2.2.2 焦化

（1）焦炉烟气。美国和欧盟等发达国家的焦化企业，大多在钢铁企业内，多采用高焦混合煤气为燃料，并采用废气循环和分段加热等低氮燃烧技术控制焦炉污染物排放。欧盟焦化厂SO_2排放浓度为$111 \sim 157mg/m^3$、NO_x排放浓度为$322 \sim 414mg/m^3$。

据了解，美国、欧盟等发达国家并未对焦炉烟囱废气进行末端治理，20世纪70~90年代，日本千叶焦化厂、冲绳焦化厂和横滨Tsurumi煤气厂曾投产过SCR脱硝装置，后因焦炉停产而停运。

（2）熄焦。就熄焦方式在全球的应用情况而言，目前日本、韩国几乎全部使用干熄焦，日本对干熄焦废气SO_2无控制要求。欧洲协会委员会曾在其利用最好技术的文件中明确指出：在欧盟内干法熄焦装备不能满足经济的运行要求。在德国主要采用稳定熄焦方式（变水量湿熄焦），美国采用湿熄焦。德国TALuft（2002）中规定SO_2排放浓度为$350mg/m^3$；世界银行《联合炼钢厂环境、健康与安全指南》（2001）中规定SO_2排放浓度为$500mg/m^3$。在国外没有专门的干熄焦脱硫装置。

1.2.2.3 炼铁

根据德国钢铁协会对下属炼铁企业的评估[12]，其高炉煤气经过清洗后，气体的含尘量达到年平均小于20mg/L，单日测定值小于50mg/L，高炉煤气全部被用来加热热风炉和均热炉。由热风炉排出的气体总量为$50 \times 10^4 m^3/h$。烟囱的高度和布局影响废气中NO_x和CO的含量，中等烟囱高度在80m左右。一些热风炉采用了预热煤气和空气，可以减少高发热值气体的加入量。出铁场的主铁沟和渣、铁沟全部用盖板覆盖，防止热量的辐射和烟尘的外冒。在出铁口和铁罐处配有除尘装置，从烟囱排出的气体要经过布袋和静电除尘，净化后气体中灰尘为$1 \sim 15mg/m^3$。高炉原料系统包括原料场、供料系统、筛分装置和返料设备。由抽气管将粉尘吸出然后通过除尘器除尘，使工位上气体的含尘量小于$10mg/m^3$。

1.2.2.4 炼钢

目前，国外转炉一次烟气除尘技术主要分为以"LT"为代表的干法除尘系统和以新"OG"为代表的湿法除尘系统。

20世纪60年代初，日本研发了传统的OG湿法除尘系统，工艺模式为常说的"两文三脱"，后历经多代改进；1982年，鲁奇（Lurgi）与蒂森（Thyssen）共同研发了LT干法除尘系统，核心技术是干式蒸发冷却塔＋静电除尘器。

1.2.2.5　轧钢

据相关文献可知，国外轧钢企业主要采用源头控制的方式来减少轧钢热处理炉烟气中污染物的产生和排放。源头控制技术包括采用清洁的燃料和低氮燃烧两种，其中采用清洁的燃料基本以净化后的焦炉煤气、高炉煤气、转炉煤气以及天然气为主；低氮燃烧技术包括富氧燃烧技术、稀释氧燃烧技术和蓄热式高温空气燃烧技术等，如安赛乐米塔尔北美公司采用稀释燃烧技术后，轧钢加热炉 NO_x 排放量减少了25%。

参 考 文 献

[1] Wang Y X, Oord R, Daniel Ven Denberg, et al. Oxygen vacancies in reduced rh/and pt/ceria for highly selective and reactive reduction of NO into N_2 in excess of O_2 [J]. Chemcatchem, 2017 (9): 2935~2938.

[2] Xue H D, Li G L, Liu P, et al. Review of catalysts for selective catalytic reduction (SCR) of NO_x [J]. Advanced Materials Research, 2012 (550~553): 119~123.

[3] Zhang L, Wen X, Lei Z, et al. Study on the mechanism of a manganese-based catalyst for catalytic, NO_x flue gas denitration [J]. Aip Advances, 2018, 8 (4): 045004.

[4] 霍晶晶. 烧结烟气循环工艺综述及在唐山中厚板材有限公司烧结机中的生产实践[J]. 冶金管理, 2020, 13: 36~37.

[5] Lilja Nielsen, Mark J Biggs, William Skinner, et al. The effects of bactivated carbon surface features on the reactive adsorption of carbamazepine and sulfamethoxazole [J]. Carbon, 2014, 80: 419~432.

[6] Yang F H, Yang R T. Ab initio molecular orbital study of the mechanism of SO_2 oxidation catalyzed by carbon [J]. Carbon, 2003 (41): 2149~2158.

[7] Zhang K, He Y, Wang Z H, et al. Multi- stage semi-coke activation for the removal of SO_2 and NO [J]. Fuel, 2017 (210): 738~747.

[8] Fang N J, Guo J X, Shu S, et al. Influence of textures, oxygencontaining functional groups and metal species on SO_2 and NO removal over Ce-Mn/NAC [J]. Fuel, 2017 (202): 328~337.

［9］ Li Y R, Guo Y Y, Zhu T Y, et al. Adsorption and desorption of SO$_2$, NO and chlorobenzene on activated carbon ［J］. Environmental Sciences, 2016（43）: 128~135.

［10］ Jia Q P, Aik C L. Effects of pyrolysis conditions on the physical characteristics of oil-palm-shell activated carbons used in aqueous phase phenol adsorption ［J］. Analytical and Applied Pyrolysis, 2008（83）: 175~179.

［11］ 宋欣钰, 宁国庆. 烟气脱硫脱硝活性炭的研究进展 ［J］. 山东化工, 2017, 46(7): 71~75.

［12］ 吴铿, 等. 国外和首钢炼铁过程环保现状及改进 ［J］. 钢铁, 2004, 39（2）.

2 钢铁行业烟气排放特征

2.1 有组织排放

2.1.1 烧结工序

2.1.1.1 生产工艺流程及产排污节点

烧结工序颗粒物和SO_2、NO_x排放总量占据整个钢铁冶炼过程的绝大部分比重，也是有组织废气污染物产排污的最主要环节。烧结燃料破碎、原燃料配料、混合整个原料准备阶段，烧结台车上混合料点火焙烧过程中，以及烧结过程结束后，烧结矿冷却、破碎、筛分、转运过程中都会产生大量的烟粉尘；同时，由于烧结所使用的铁矿石原料以及煤粉、焦粉等燃料中含硫，因此在高温焙烧时，会产生SO_2和NO_x、二噁英等污染物。烧结典型工艺流程及排污点如图2-1所示。

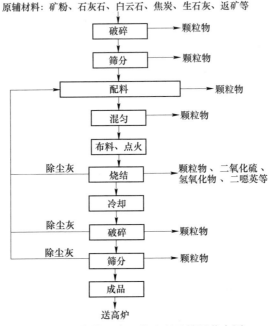

图 2-1　烧结工序工艺流程及排污节点图

2.1.1.2 污染物排放特征

烧结工序粉尘主要来自烧结机头抽风箱外排烟气和机尾卸出的烧结矿在破碎、筛分时产生的粉尘，主要为铁氧化物、SiO_2、Al_2O_3、CaO 和 MgO 等；烧结烟气中粉尘粒径在 5μm 以下的微细颗粒占到粉尘总量的 32% 以上，绝大多数为大于 $10^{11}\Omega \cdot cm$ 高比电阻粉尘。根据相关取样分析资料，烧结机头烟尘中粒径 10μm 以下颗粒占比约 51%，2.5μm 以下颗粒占比约 44%；烧结机尾及其他烟尘中粒径 10μm 以下颗粒占比约 8%，2.5μm 以下颗粒占比约 6%。烧结工序粉尘特性见表 2-1。

表 2-1　烧结工序粉尘特性

生产流程	产尘点	密度/g·cm⁻³	质量粒径分布/%			化学成分/%				游离 SiO_2/%
			>10μm	5~10μm	<10μm	TFe	SiO_2	CaO	MgO	
烧结	机头（冷矿）	3.47	85.6	6.0	8.4	56.3	7.0	10.9	3.5	—
	整粒（环境除尘）	4.95	60	10	30	46.9	5.6	14.4	3.5	—
	整粒（筛子除尘）	4.78	67	14	19	46.9	5.6	14.4	3.5	—

烧结烟气中的 SO_2 主要来源于铁矿石和固体燃料（如煤粉等）。铁矿石中的硫通常以硫化物（FeS_2、$CuFeS_2$ 等）、硫酸盐（$BaSO_4$、$CaSO_4$、$MgSO_4$ 等）的形式存在，燃料煤中的硫多以有机硫的形式存在，硫化物和有机硫分解后很快和 O_2 反应而氧化为 SO_2，而硫酸盐在分解反应中释放出 SO_2。每生产 1t 烧结矿需要燃料煤 35~55kg，铁矿石的含硫量因产地的不同变化幅度高达数十倍。适当地选择、配入低硫的原料，可有效减少 SO_2 排放量。因铁矿石来源不同，烧结生产过程中硫的输入不等，每生产 1t 烧结矿产生 SO_2 一般在 0.8~3.0kg。

烧结过程产生的 NO_x 主要包括 NO 和 NO_2，90% 以上为 NO，5%~10% 为 NO_2，还有微量 N_2O。NO_x 来源主要有两部分：一是烧结点火阶段，二是固体燃料燃烧和高温反应阶段。NO_x 产生途径主要有 3 种：在燃烧条件下，空气中的 N_2 和 O_2 反应生成热力型 NO_x；燃烧过程中，空气中的 N_2 和燃料中的碳氢基团反应生成的 HCN、CN 等 NO 前驱物又被进一步氧化成为 NO_x，为快速型 NO_x；燃料中的氮在燃烧过程中被氧化成为燃料型 NO_x。低于 1500℃ 时，热力型 NO_x 的生成量很少；高于 1500℃ 时，随着反应温度升高，其生成速率按指数规律增加，生成量明显升高，已有研究表明，烧结过程产生的 NO_x 有 80%~90% 来源于燃料中的氮为燃料型 NO_x，热力型和快速型 NO_x 生成量很少。烧结燃烧温度较燃煤电站锅炉低，为 1200~1400℃，这是烧结烟气 NO_x

浓度低于燃煤电站烟气的主要原因。燃料中氮的热分解温度低于煤粉燃烧温度，在600～800℃时生成燃料型NO_x。NO_x生成量受到燃料氮含量、氮的存在形态、燃料粒度、空气过剩系数、烧结混合料中金属氧化物等成分的影响。生产1t烧结矿产生NO_x0.4～0.65kg，烧结烟气中NO_x的浓度一般在200～300mg/m³。

　　二噁英的产生主要有3种途径。（1）前驱体合成：二噁英的前驱体，如氯酚、氯苯、多氯联苯等，通过氯化反应、缩合反应、氧化反应等生成二噁英。（2）从头合成：在250～450℃范围，大分子碳（残碳）与飞灰基质中的有机氯或无机氯经金属离子（铜、铁等）催化反应生成二噁英。燃烧不充分时，烟气中会产生过多的未燃尽物质，在气体冷却阶段并存在氯源的条件下，遇到合适的触媒，高温燃烧中已经分解的二噁英将会重新生成。（3）热分解反应生成：含有苯环结构的高分子化合物经加热发生分解而生成二噁英，芳香族物质和多氯联苯在高温下分解可生成大量二噁英。二噁英的生成必须具备4个基本条件：含苯环结构的化合物（热分解产生、碳氢化合物合成或者不完全燃烧生成等）、氯源、催化剂和合适的生成温度，350℃左右为最佳生成温度。烧结具备从头合成反应的大部分条件：存在氯源，氯来源于回收的废铁、炉渣及铁矿中的有机氯成分；碳来源于焦炭、木质素等，是燃烧过程的产物；含有大量可作为催化剂的铜、铁等过渡金属离子；有充足的氧存在；烧结料床中存在250～450℃的温度带。从头合成是烧结过程中二噁英生成的重要途径之一，且生成的二噁英中PCDFs的比例较高。在烧结料层中，焦粉、煤等含碳成分和含铁原料中的含氯载体，在250～450℃和氧化性气氛中，在铜、铁等的催化作用下，在干燥预热带形成二噁英。二噁英在接近烧透点附近的烧结料层中开始浓缩、挥发和凝结，直到烧结物料温度上升至足够高而无法继续凝结后，随废气一同逸散。中国目前公布的钢铁行业二噁英类污染物排放数值，是根据联合国环境规划署提供的《辨别和量化二噁英及呋喃排放标准工具包》确定的。该工具包规定，没有大量循环利用含油废弃物，控制较好的烧结厂大气排放因子为5gTEQ/Mt烧结矿，飞灰残渣排放因子为0.003gTEQ/Mt烧结矿。由于二噁英测试过程较为复杂，中国烧结机烟气二噁英排放浓度的实测报道较少。

2.1.2　球团工序

2.1.2.1　生产工艺流程及产排污节点

　　球团生产的产排污状况与烧结基本类似，主要包括链算机预热、回转窑焙烧或竖炉焙烧产生大量含尘及SO_2、NO_x的废气，配料及成品运输等过程中产生大量含尘废气等。球团典型工艺流程及排污节点如图2-2所示。

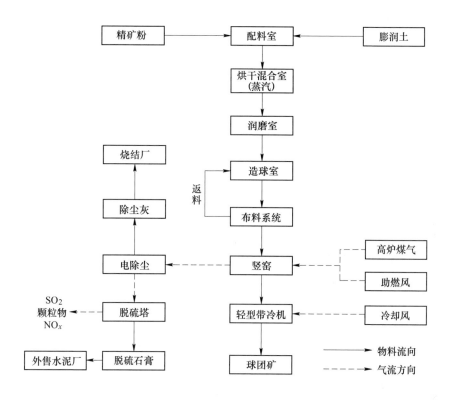

图 2-2 球团工序工艺流程及排污节点图

2.1.2.2 污染物排放特征

球团工序粉尘主要来自焙烧烟气外排烟气和卸出的成品球团矿在筛分时产生的粉尘，主要为铁氧化物、SiO_2、Al_2O_3、CaO 和 MgO 等，球团工序粉尘特性见表 2-2。

表 2-2　球团工序粉尘特性

生产流程	产尘点	密度 /g·cm⁻³	质量粒径分布/%			化学成分/%				游离 SiO_2 /%
			>10μm	5~10μm	<10μm	TFe	SiO_2	CaO	MgO	
球团	球团焙烧	—	48.1	43	8.9	54.7	7.9	1.8	0.5	—

球团焙烧烟气中的 SO_2、NO_x、颗粒物等主要污染物来源类似于烧结过程，不过二噁英的形成条件相较烧结工序较为困难，因此球团工序中二噁英产生量相较烧结工序总量与排放浓度偏低。

2.1.3 焦化工序

2.1.3.1 生产工艺流程及产排污节点

焦化车间的产排污节点主要是对原料煤进行粉碎、转运过程中产生煤尘；炼焦时焦炉向大气排放的污染物包括颗粒物、苯并［a］芘、H_2S、NH_3 及 SO_2、NO_x 等，主要为焦炉炉体的连续性少量泄漏，以及装煤、推焦、熄焦时的阵发性排放；焦炉加热时，以采用脱硫后的焦炉煤气或焦炉煤气与高炉煤气的混合煤气为燃料，燃烧后从焦炉烟囱中排放的废气含 SO_2、焦尘、NO_x；筛焦楼、焦炭运输卸料过程，炉前焦库的焦炭在筛分、转运过程中产生的焦尘。此外，焦炉煤气净化各类设备的放散管、排气口等，排放的污染物主要为原料中的挥发性物质、燃烧废气等有害物质。主要污染物为 NH_3、H_2S、SO_2、NO_x 及有机污染物等。以常规机焦炉为例，典型焦化工序生产工艺及排污节点如图 2-3 所示。

2.1.3.2 污染物排放特征

（1）装煤过程污染物排放特征。装煤包括从煤塔取煤和由装煤车往炭化室内装煤。装煤过程中，装入炭化室的煤料置换出大量荒煤气，装炉开始时空气中的氧还和入炉的细煤粒不完全燃烧生成碳黑，而形成黑烟装炉煤和高温炉墙接触、升温，产生大量水蒸气和荒煤气及扬起的洗煤粉。主要大气污染物为 CO、粉尘及大量有机气体等。一些研究估计，装煤烟尘排放量约占焦炉烟尘排放量的 60%。

（2）出焦过程污染物排放特征。出焦工序主要是炭化室炉门打开后散发出残余煤气及由于空气进入使部分焦炭和可燃气燃烧及出焦时焦炭从导焦槽落到熄焦车中产生的大量粉尘。主要大气污染物为 CO、粉尘、硫化物及有机气体等。经统计推焦过程产生的烟尘占焦炉排放量的 10%，推焦时每吨焦炭散发的烟尘产生量约为 0.4kg。

（3）熄焦过程污染物排放。湿熄焦：向熄焦塔内红焦淋水时，产生大量含有污染物的饱和水蒸气经熄焦塔顶部排出，损失大量显热，主要大气污染物是 CO、酚、硫化物、氰化物和几十种有机化合物，其对环境的污染占整个炼焦环境污染的 1/3。湿法熄焦可设置挡板和过滤网，捕集绝大部分粉尘。

干熄焦：干熄焦则利用惰性气体吸收密闭系统中红焦的热量，携带热量的惰性气体与废热锅炉进行热交换产生水蒸气后，再循环回来对红焦进行冷却。干熄焦产生的主要大气污染物是粉尘、CO 及有机化合物等。

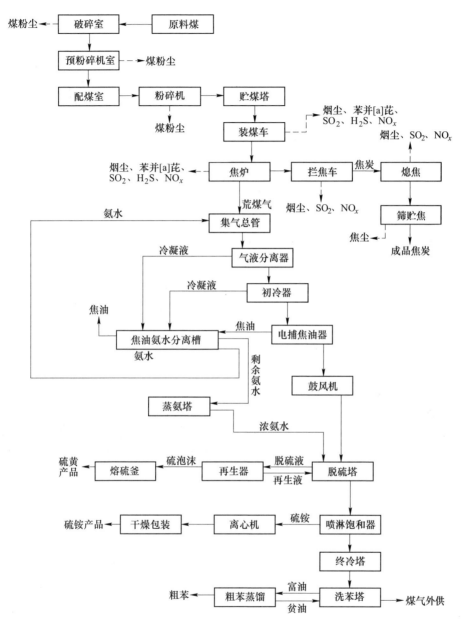

图 2-3 典型焦化（常规机焦炉）生产工艺流程及排污节点

（4）焦炉燃烧废气。焦炉在生产过程中以焦炉煤气为燃料，燃烧后废气由烟囱排出。主要大气污染物为烟尘、SO_2、NO_x 等。如果煤气不完全燃烧也会产生大量有机气体。

（5）煤气净化系统。煤气净化工序主要包括处理各贮槽、设备放散管、管式加热炉等大气污染物以及脱硫和硫氨干燥尾气。排放的污染物主要是 SO_2、CO、H_2S、HCN、NH_3、NO_x、有机废气等。

烟粉尘是焦化工序最主要的污染物之一，其烟尘污染源主要分布于炉顶、机焦两侧和熄焦，全部烟尘还应包括加热系统燃烧废气、焦炉烟尘发生于装煤、炼焦、推焦、熄焦、筛贮焦及焦转运等过程中。其中粉尘主要以煤尘、焦尘为主，而由于焦化工序产生的气体污染物中苯类、酚类等多环和杂环芳烃较多，因此在细微的焦尘和煤尘上都有吸附这些危害性大的有机污染物的可能，化学成分复杂；调查结果表明，该工序中 80% 以上为粒径小于 $10\mu m$ 的细颗粒物。炼焦工艺烟粉尘排放特性如表 2-3 所示。

表 2-3   炼焦工序粉尘特性

生产流程	产尘点	密度 /g·cm⁻³	质量粒径分布/%			化学成分/%				游离 SiO₂ /%
			>10μm	5~10μm	<10μm	TFe	SiO₂	CaO	MgO	
炼焦	备煤	1.4~1.5	77.4	5.8	16.8	—	19.66	1.58	0.89	2.2
	炉顶	2.2	82.4	2.9	14.7	—	12.14	1.97	0.91	1.94
	焦楼	2.08	87.2	0.1	12.7	—	5.03	1.14	2.18	4.09

焦煤烟气以焦煤煤气、高炉煤气或混合煤气为燃料，独立焦化企业多以焦炉煤气为燃料。煤在干馏过程中，15%~35% 的硫转入荒煤气中，95% 以上的以 H_2S 形式存在，其余为有机硫。焦炉燃烧废气中产生的 SO_2 多来自于煤气中的 H_2S 及有机硫，现行煤气净化技术对有机硫的去除效果极其有限。根据相关研究对全国近 150 家焦炉的实测数据可知，烟气中 SO_2 浓度在 15~127mg/m³ 之间。

有研究表明，焦炉燃烧过程中生成的氮氧化物 95% 为温度热力型的 NO_x。然而实际生产表明焦炉烟囱废气排放氮氧化物浓度与所燃用煤气仍有紧密关系，选用焦炉煤气加热时达 600mg/m³ 左右，选择高炉煤气等贫煤气加热时则低于 600mg/m³。

2.1.4   炼铁工序

2.1.4.1   生产工艺流程及产排污节点

炼铁工序产排污环节主要集中在以下几个方面：高炉出铁时会在开、堵铁口时，以及出铁口、铁沟、渣沟、撇渣器、摆动流嘴、铁水罐等部位产生烟尘；高炉矿槽的槽上设有胶带卸料机，矿槽下设有给料机、烧结矿筛、焦炭筛、称量漏斗和胶带运输机等，各设备生产时在卸料、给料点等处有粉尘；高炉炉料采用胶带机上料方式，生产时炉顶胶带机头卸料时产生粉尘；高炉喷吹煤粉制备系统生产时有含煤粉的废气产生；高炉热风炉以高炉煤气为主要燃料，燃烧废气中含有少量烟尘、SO_2 和 NO_x；高炉冶炼过程中炉内有大量含尘和 CO 的高炉煤气产生，高炉煤气在净化后作为钢铁生产重要的燃料使用。炼铁生产工艺流程及排污节点如图 2-4 所示。

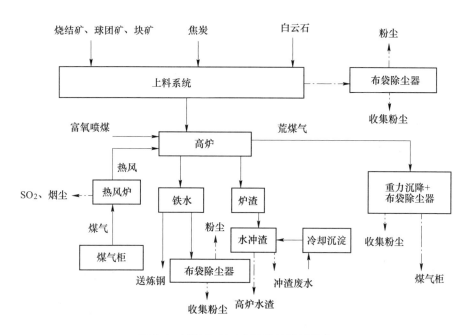

图 2-4 炼铁生产工艺流程及排污节点

2.1.4.2 污染物排放特征

炼铁工序各产尘点主要集中在以下部位：

第一，高炉矿槽槽上和槽下输送烧结矿、焦炭、块矿等产生的含尘烟气。

第二，高炉出铁时铁口、铁沟、渣沟与放铁时产生的大量烟尘。烟气的特点是高温喷射而出，瞬间烟气量大，但出铁场时间存在自身周期，因此属于间断产尘点。

第三，高炉热风炉废气烟尘是由于燃烧的煤气一般为净化后的高炉煤气和转炉煤气，因此，热风炉废气中含尘浓度较低，含尘量在 $10mg/m^3$ 左右。

第四，高炉喷煤系统产生粉尘的主要部位在球磨机、布袋除尘器、螺旋泵、皮带转运站、输送管路、控制阀门及均压放散等处。具有易燃易爆，尘浓度高的特点，尘浓度 50~60g/m³。

炼铁工序各主要产尘节点粉尘特性如表 2-4 所示。

表 2-4　炼铁工序粉尘特性

生产流程	产尘点	真密度 /g·cm⁻³	质量粒径分布/%			化学成分/%				游离 SiO₂ /%
			>10μm	5~10μm	<10μm	TFe	SiO₂	CaO	MgO	
炼铁	高炉	3.31	88.9	0.8	10.3	48.4	12.8	5.8	2.5	11.46
	矿槽	3.89	97.7	1.0	1.3	48.37	12.77	5.84	2.46	11.46
	出铁场	3.72	87.9	8.1	4.0	55.27	2.46	7.90	3.29	3.67
	沟下	3.80	97.1	2.0	0.9	51.93	11.00	12.60	2.66	9.1

炼铁系统排放的 SO_2、NO_x 主要来源为热风炉燃烧废气，热风炉一般以净化后的高炉煤气或转炉煤气为燃料。受原燃料影响，高炉煤气中有机硫与 H_2S 含量普遍在 100mg/m³ 以上，转炉煤气中不含 S，因此燃烧废气中 SO_2 浓度无法达到 50mg/m³ 以内，一般均在 100mg/m³ 以上，NO_x 浓度在 100~150mg/m³ 之间，若采用低氮燃烧技术，NO_x 浓度可降至 100mg/m³ 以下。

2.1.5　炼钢工序

2.1.5.1　生产工艺流程及产排污节点

炼钢生产工艺流程及排污节点见图 2-5。炼钢车间铁水预处理，生石灰等原辅料输送、转炉兑铁水、加废钢、出钢过程，以及精炼炉冶炼都会产生含尘烟气。采用电炉炼钢工艺的，在加废钢、冶炼、出钢过程也产生含尘烟气。转炉在吹炼时产生大量含 CO、粉尘的高温烟气，其中 CO 含量较高的部分烟气可作为转炉煤气净化后予以回收利用。

2.1.5.2　污染物排放特征

炼钢工序主要可以分为转炉炼钢及电炉炼钢两类不同的技术路线。

（1）转炉炼钢产尘。转炉炼钢工序最主要的产尘点包括：混铁炉（倒罐站）、铁水预处理、转炉、精炼炉等。混铁炉（倒罐站）烟粉尘主要来自铁水兑入、倒出作业过程中的高温含尘烟气；铁水预处理烟粉尘主要来自铁水脱硫、扒渣等预处理作业中的高温含尘烟气；转炉烟粉尘主要来自转炉吹炼过程，以及兑铁水、加入废钢、加入辅料、出渣、出钢过程产生的含尘废气；精炼烟粉尘污染主要来自 LF、VD、RH 等精炼炉等冶炼过程中的含尘废气。此外，转炉炼钢车间连铸中间罐倾翻和修砌、连铸结晶器浇注及添加保护渣、火焰清理机作业过程、二冷段铸坯冷却过程，以及原辅料输送、地下料仓、

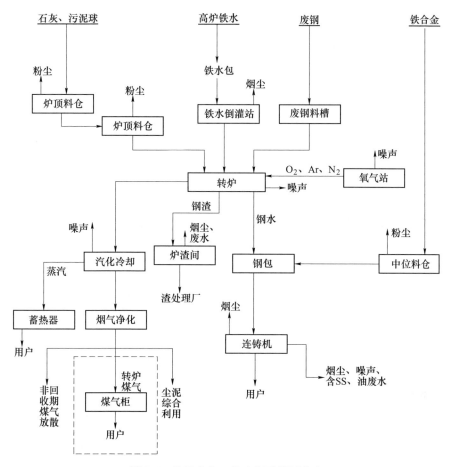

图 2-5 炼钢生产工艺流程及排污节点

上料系统，中间罐和钢包烘烤，钢渣处理过程也是烟粉尘产生源。烟气中含尘浓度高、粒度细，因含大量 CO，因此毒性大，烟温高也为尾端治理工艺增加了复杂性。

（2）电炉冶炼产尘。电炉冶炼一般分为熔化期、氧化期和还原期。熔化期主要是炉料中的油脂类可燃物质的燃烧和金属物质在高温时气化而产生的黑褐色烟气；氧化期强化脱碳，由于吹氧或加矿石而产生大量赤褐色浓烟；还原期为去除钢中的氧和硫，调整化学成分而投入炭粉等造渣材料，产生白色和黑色烟气。在上述三个冶炼期中，氧化期产生的烟气量最大，含尘浓度和烟气温度最高。特殊的对于具备炉外精炼装置的高功率和超高功率电炉则无还原期。

炼钢工序各主要产尘节点粉尘特性如表 2-5 所示。

表 2-5　炼钢工序粉尘特性

生产流程	产尘点	真密度 /g·cm⁻³	质量粒径分布/%			化学成分/%				游离 SiO₂ /%
			>10μm	5~10μm	<10μm	TFe	SiO₂	CaO	MgO	
炼钢	混铁炉	3.86	93.7	2.9	3.4	46.3	9.16	—	—	微量
	转炉(顶吹)	5.0	95.4	2.4	2.2	65.0	4.82	2.92	0.81	微量
	转炉(侧吹)	3.76	84.7	1.4	13.9	41.35	3.80	22.88	1.91	微量
	电炉	3.28	80.5	3.3	16.2	27.3	3.36	9.84	21.85	微量

2.1.6　轧钢工序

2.1.6.1　生产工艺流程及产排污节点

轧钢工艺主要包括热轧及冷轧两类工序（图 2-6、图 2-7）。

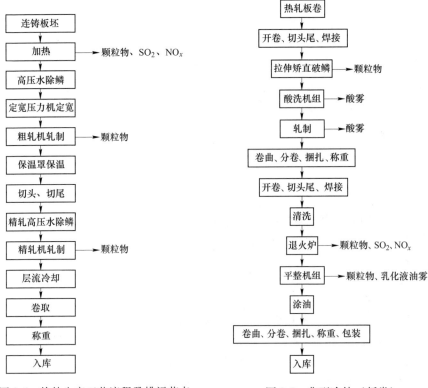

图 2-6　热轧生产工艺流程及排污节点　　　图 2-7　典型冷轧（板卷）生产工艺流程及排污节点

热轧工序废气污染物主要分为两部分：一是加热炉以高、焦、转炉混合煤气为燃料，燃烧后产生含少量 SO_2、NO_x 等污染物的烟气；二是轧机在轧制过程中产生的粉尘。

冷轧拉伸矫直、焊接、各机组平整机平整等过程产生粉尘；酸轧机组酸洗槽、废酸再生装置产生酸雾；连续退火机组、热镀锌机组、电镀锌机组等清洗段产生碱雾；冷轧机组轧制产生乳化液油雾；各退火炉燃煤气产生含 SO_2、NO_x 及少量尘的烟气。

2.1.6.2 污染物排放特征

轧钢工序产生的污染物主要包括烟尘、SO_2、NO_x、油雾等。结合 2015 年我国重点钢铁企业各工序主要污染物排放量统计数据来看，轧钢工序排放的颗粒物占总排放量的 2.27%，SO_2 占总排放量的 3.22%，NO_x 占总排放量的 4.87%。

目前，在有炼铁、焦化、炼钢等工序的长流程钢铁联合企业中，轧钢加热炉所使用的燃料都是回收的焦炉煤气、高炉煤气、转炉煤气、混合煤气等，煤气在回收中已经过处理。因此轧钢工序加热炉排放的烟粉尘浓度均较低。其中由于高炉、焦炉煤气中有机硫与无机硫的带入，往往会使 SO_2 排放浓度在 $100mg/m^3$ 左右，若想达到超低排放限值要求，需要对高炉、焦炉煤气进行脱硫净化；NO_x 一般在 $200mg/m^3$ 以下，若采用蓄热燃烧技术及低氮燃烧技术则可以进一步降低氮氧化物排放浓度。目前所有的轧钢加热炉烟气都是通过高烟囱排放。

轧钢工序主要的生产原料是已经成型的钢坯或钢材，没有散状原料，因此产尘点相对较少，产尘量也较小。主要产尘点集中在加热炉、热处理炉等排放的含尘烟气，以及轧机在轧制过程中由于轧辊与钢坯挤压、摩擦过程中，钢坯表面的氧化铁粉末随着高温水蒸气向外部扩散的含尘烟气。

轧钢主要产尘工序粉尘排放特性如表 2-6 所示。

表 2-6　轧钢工序粉尘特性

生产流程	产尘点	真密度/g·cm⁻³	质量粒径分布/%			化学成分/%				游离 SiO₂/%
			>10μm	5~10μm	<10μm	TFe	SiO₂	CaO	MgO	
轧钢	初轧	5.865	87.4	0.7	11.9	69.1	2.58	0.86	0.62	1.17
	型钢	5.76	83.7	2.9	13.4	65.13	3.54	1.75	1.81	12.0
	钢板	4.41	85	2.5	12.5	59.68	5.85	3.13	1.77	1.0
	钢管	5.76	82.4	3.1	14.5	57.8	5.28	2.75	1.48	11.9

2.1.7　公辅工序

石灰石转运过程中产生粉尘；回转窑煅烧过程中产生含尘、NO_x 的废气；高温石灰在窑头冷却过程中产生粉尘；成品石灰在输送、破碎、筛分、入库及装车等过程中产生的粉尘。

钢渣处理热焖、渣钢切割时产生少量粉尘；废钢加工在废钢装卸、切割时产生少量粉尘。

自备电厂燃气轮机组及燃气锅炉等产生含 SO_2、NO_x 和少量烟尘的废气。

2.2　无组织排放

总体来说，钢铁行业无组织排放呈现出以下特点：

（1）无组织排放点众多量大，排放的时间和空间都存在不确定性。钢铁生产各工艺流程中炼焦、烧结、球团、炼铁、炼钢等环节都有大量的矿石、辅料以及燃料的投入使用，针对这些散料的装卸、存储、破碎、筛分、转运、投料等操作都会带来大量的粒径不均的无组织粉尘排放。初步估算，目前钢铁企业无组织排放颗粒物甚至超过有组织排放量。表 2-7 为调研统计的 8 家钢铁企业无组织排放点数量。

表 2-7　8 家钢铁企业无组织排放点数量

厂家名称	生产量/万吨·年$^{-1}$	厂区面积/km^2	无组织排放点数量/个	每平方公里数量/个
A 有限公司	494	1.44	1096	761
B 有限公司	105	0.66	446	676
C 有限公司	207	1.1	704	640
D 有限公司	180	0.7	410	586
E 有限公司	238	1.19	654	550
F 有限公司	467	3.1	1571	507
G 有限公司（国营）	537	1.56	741	475
H 公司（国营）	1008.5	7.26	1976	272

（2）排放形式多样。大型钢铁厂散料堆场大而多，形成大规模的无组织面源扬尘排放；厂内转运距离长，形成错综复杂的无组织线源扬尘排放；装卸、破碎、筛分、投料、落料作业频繁，形成无规则的无组织点源扬尘排放。无组织粉尘的面源、线源、点源排放形式相互交错，毫无规则。

（3）排放成分复杂。大型钢铁厂无组织排放受其复杂的生产工艺影响，排放物成分复杂。原材料包括矿石、矿粉、燃煤、石灰石等，进厂卸料过程中会产生大量的大颗粒扬尘，主要成分为 TSP 和 PM_{10}；散料运输线路和堆场料棚内的排放也以 TSP 和 PM_{10} 为主；而一些除尘器的卸灰口排放的扬尘成分则包含有更多的 $PM_{2.5}$；焦化、冷轧等环节都伴生有一定的 VOCs 排放。不同的污染物成分混合在一起，形成了成分复杂的无组织排放污染物。

（4）排放空间低，对厂区及周边环境影响大。钢铁行业无组织排放主要集中在地面和室内，排放后易形成低空污染物聚集区，不易扩散。对厂区正常生产和周边环境造成较大影响。

各工序无组织排放环节及排放特征具体如下。

2.2.1　原料工序

2.2.1.1　运输

钢铁工业是大进大出的资源密集型产业，钢铁企业每生产 1t 钢，各种原辅燃料、产品、副产品等外部运输量将高达 5t。钢铁企业原辅材料及产品的运输主要包括厂内运输及厂外运输两部分。运输过程中产生的主要污染物为扬尘及运输车辆排放的一氧化碳、氮氧化物、碳氢化合物等。

钢铁企业外部物流方式主要包括铁路运输、公路运输、水路运输和皮带运输等。其中，公路运输由于具有灵活方便的特点，京津冀及周边地区大多数企业，特别是中小企业大都以公路运输为主。但公路运输产生的扬尘，重载货运卡车排放的尾气都会对环境造成污染。以唐山市为例，按唐山市粗钢产量 1.2 亿吨，外部运输量则为 6 亿吨。参照运输扬尘计算公式，重型载货柴油汽车每年会产生道路扬尘 37.4 万吨，产生排放颗粒物 4000t、氮氧化物 3.2 万吨，以及数量可观的一氧化碳、碳氢化合物等其他污染物。

钢铁企业内部物流的主要方式包括铁路运输、公路运输、皮带运输等。运输过程中污染物产排情况与厂外运输类似。

2.2.1.2　原料场

原料场作为钢铁生产的重要组成部分，承担着烧结、球团、石灰、炼铁等用户生产所需的各类散状原燃料的装卸、贮存、加工和输送任务。各类原燃料在二级以上风力作用下极易干燥，在装卸、输送、露天堆存造成的粉尘已成为生产、运输、贮存过程中无组织排放的主要污染源，其具有尘源点多、粉尘浓度高、治理面积大等特点。

原料场根据工艺流程可分为受卸设施、储料场设施、原料处理设施（包括破碎、筛分、混匀等）、原料输送设施。其中受卸设施、原料处理、输送设施扬尘污染现象主要表现在原料转运过程中的集中扬尘，而对于储料场设施中扬尘污染主要由原料在堆、取料作业过程中以及原料在料场堆存期间受风力影响造成。由于风力作用，原料场附近大气含尘量高达 $100mg/m^3$，原料场堆存原料每年损失可达总储量的 0.5% ~ 2%。

料堆扬尘主要分为两大类：一类是料堆场表面的静态起尘；另一类是在堆、取料等过程中的动态起尘。前者主要与物料表面含水率、环境风速等关系密切，后者主要与作业落差，装卸强度等有关。对于储料场内堆、取料作业中，物料受自身物理特性（物料粒度、含水率等）影响依据转运落差以及天气、风速等作用，在冲击地面或料堆时均会造成细小颗粒漂移飞散产生扬尘。特别是 $10\mu m$ 及 $10\mu m$ 以下的颗粒最具危害。通常，原料场扬尘中粒径 $10\mu m$ 以上颗粒约占总质量的 96%，约有 4% 的粒径在 $10\mu m$ 以下。

2.2.2　焦化工序

2.2.2.1　生产工艺流程及产排污节点

焦化车间工艺流程及产排污节点如图 2-8 所示。

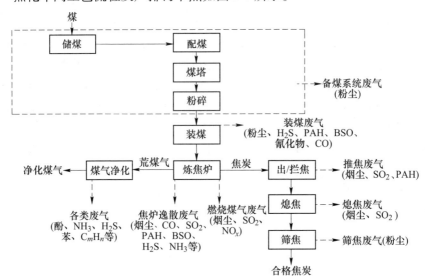

图 2-8　焦化工艺主要大气污染物排放节点

2.2.2.2　无组织排放废气来源

焦化工序最主要的产尘点主要包括：备煤系统、装煤系统、推焦系统、熄焦系统、筛贮焦系统等，其主要产尘点污染源类型及排放特征详见表 2-8。

表 2-8 焦化工序废气产污环节及污染物种类

工序	产污环节名称	污染物种类	源型	排放特征
备煤	精煤破碎、筛分及转运	颗粒物	有组织、无组织	间歇
	精煤堆存、装卸	颗粒物	无组织	间歇
炼焦	焦炉烟囱（含焦炉烟气尾部脱硫、脱硝设施排放口）	颗粒物、SO_2、NO_x	有组织	连续
	焦炉本体的装煤孔盖、炉门、上升管盖等处泄漏	颗粒物、SO_2、CO、PAH、BSO、H_2S、NH_3 等	无组织	间歇
	装煤（含装煤孔逸散）	颗粒物、H_2S、PAH、BSO、氰化物、CO、苯并[a]芘、SO_2	有组织、无组织	间歇
	推焦（含推焦车、拦焦车等处逸散）	颗粒物、SO_2、PAH	有组织、无组织	间歇
熄焦	湿法熄焦时，熄焦塔产生的废气	颗粒物、SO_2	无组织	间歇
	干法熄焦顶、排焦口、风机放散管等处产生废气	颗粒物、SO_2	有组织	间歇
筛焦	焦炭破碎、筛分及转运	颗粒物	有组织、无组织	间歇
	焦炭贮存	颗粒物	无组织	间歇
煤气净化	管式加热炉、半焦烘干和氨分解炉等燃用焦炉煤气的设施	颗粒物、SO_2、NO_x	有组织	连续
	冷鼓、库区焦油各类贮槽	苯并[a]芘、HCN、酚类、非甲烷总烃、氨、硫化氢	有组织、无组织	连续
	苯贮槽	苯、非甲烷总烃	有组织、无组织	连续
	脱硫再生塔	H_2S、NH_3	有组织	连续
	硫铵结晶干燥	颗粒物、NH_3	有组织	间歇

由表 2-8 可以看出，焦化工序废气的无组织排放主要集中在以下 4 个方面，相比其他工序来说，最主要的区别就是涉及 VOCs 的排放。而在焦化工序，除备煤外，其他各生产过程均有 VOCs 废气的排放。

（1）精煤破碎、焦炭破碎、筛分及转运过程的无组织排放，主要为精煤及焦炭堆存、装卸过程中产生的扬尘及破碎、筛分及转运过程未被除尘系统收集而逸散的烟尘。其中，精煤破碎、筛分及转运过程无组织排放烟气特征为常温、含尘量大，湿熄焦焦炭破碎、筛分及转运过程无组织排放烟气为常温、含尘量相对较低，干熄焦焦炭破碎、筛分及转运过程无组织排放烟气特征为含尘量大。

（2）炼焦过程的无组织排放。装煤烟气的无组织排放，主要为装煤车在装煤时从装煤口逸散的烟气。装煤过程中，煤料进入炭化室排出大量荒煤气，装炉时空气中的氧和入炉的细煤粒不完全燃烧形成含碳黑烟，装炉湿煤与高温炉墙接触、升温，产生大量水气和荒煤气。据估算，装煤过程烟尘排放量约占焦炉烟尘排放量的 60%[1]。

推焦过程的无组织排放，最主要的是碳化室炉门打开后散发出残余煤气和出焦时焦炭从导焦槽落到熄焦车中产生的大量粉尘[2]；此外，推焦过程无组织逸散还包括推焦时上升管打开与碳化室相通，热浮力带着焦粉逸散，以及拦焦车导焦栅与炉门框结合处，铁对铁的密封不好，推焦过程中热浮力带着焦粉从缝隙中逸散以及焦炭进入熄焦车焦罐中发生的烟气。

焦炉炉体烟气的连续性无组织排放，包括机、焦两侧炉门摘门和对门过程中，炉门砖上的焦油渣高温遇空气燃烧不完全产生烟气，以及炉门刀边变形穿孔造成密封不严所造成的烟气逸散。

（3）熄焦过程的无组织排放，主要为湿法熄焦过程中，熄焦水喷洒在炽热的焦炭上产生大量的水蒸气，水蒸气中所含的酚、硫化物、氰化物、一氧化碳和几十种有机化合物与熄焦塔两端敞口吸入的大量空气形成混合气流，夹带大量水滴和焦粉从塔顶逸出，从而形成废气无组织排放。由于大多数焦化企业为降低污水处理成本，将焦化污水经过污水处理设施稍加处理后就用于熄焦，因此，污水中的有害有机物随熄焦蒸汽蒸发进入自然环境，提高了熄焦塔有机废气排放浓度。其中，熄焦蒸汽主要污染物有粉尘、SO_2、NO_2、BP、BSO、H_2S、CO、HCN 和酚、氰化物、硫化氢和氨等。用循环水熄焦企业的熄焦塔通常情况下每吨焦炭在熄焦过程中会产生约 1000g 的焦粉被熄焦蒸汽带走，经过熄焦塔内单层折流板式除尘装置，85% 的焦粉沉积于熄焦塔内，其余焦粉随蒸汽排入自然环境中，有 120~150g 的焦粉被熄焦蒸汽带入环境中。熄焦过程每吨焦炭需要蒸发水量 0.5t，水蒸气中含有害气体分别为：SO_2 151.23g、CO 4264.68g、烟尘 2.31g、CH_4 2.21g、$NMHC_S$ 0.28g、氨氮 4750g、挥发酚 595g、氰化氢 482g、苯并 [a] 芘 75μg，这些化学物质形成了 $PM_{2.5}$ 一次污染物颗粒。根据有关部门监测，每立方米熄焦废气 $PM_{2.5}$ 颗粒含量 0.515mg，占熄焦废气颗粒物排放总量的 63.5%[3]。

（4）煤气净化系统的无组织排放。化产回收和焦油加工是产生 VOCs 最多的工段，尤其是在回收车间更为严重。回收区域涉及范围广，大致分为氨硫、粗苯、鼓风冷凝、洗涤、精脱硫、储备站、油库等工段，其中粗苯、鼓风冷凝、洗涤、油库都有槽体。粗苯段槽体有粗苯储槽、地下放空槽、贫油储槽、回流槽、粗苯中间槽、水封槽、冷凝液槽、油水分离器、控制分离器；冷鼓段槽体有焦油分离器、机械化氨水澄清槽、剩余氨水槽、焦油槽、废液槽、鼓风机水封槽、电捕水封槽、上下段冷凝液槽、初冷器水封槽、循环氨水槽；洗涤段槽体有泡沫槽、再生塔、喷淋液水封槽、水封槽、蒸氨废水槽、低位槽、熔硫釜退液冷却盒、熔硫釜、溶液循环槽、溶液事故槽、喷淋式饱和器满流槽、水封槽、结晶槽、地下放空槽、母液槽；油库槽体有粗苯储槽、焦油储槽、洗油储罐、地下放空槽和洗油卸车槽。槽体间采用管路连通，且密闭性较好，因此，各种槽体的气体排放口成为化产工段 VOCs 废气的主要排放节点[4]。

2.2.2.3　无组织排放特征

（1）阵发性。通常情况下，机械炼焦过程装煤、推焦每间隔 6~12min 1 次，每次作业时间为 1~3min，由于焦炉装煤、推焦过程频次高、时间短、污染物排放量大，因此无组织排放废气具有阵发性的特点。

（2）偶发性。焦炉荒煤气废气排放量大，废气中烟尘和有害物质浓度高，放散具有偶发性特点。

（3）连续性。焦炉炉体的连续性逸散，炉门、装煤孔盖、上升管盖和桥管连接（承插口）等处的泄漏，以及散落在焦炉炉顶的煤受热分解产生的烟气，均呈现连续性逸散的特点。

（4）成分差异大。不同工段无组织排放的组分种类、气体排放量、排放特征均存在差异。

（5）组分复杂。焦化工序无组织排放组分包括芳香烃、氯代烃、烷烃、酚类、含氧类、氢气、氨气、含硫化合物、氰化物、无机气体及水蒸气等。

（6）异味重。氨水、焦油、萘、酚、氰化物和硫化氢具有刺激性气味。

（7）VOCs 价值低。除罐区 VOCs 组分单一、浓度高外，其他 VOCs 废气均浓度低、组分繁多，不具有回收价值。

2.2.3　烧结球团工序

2.2.3.1　生产工艺流程及产排污节点

烧结、球团工序颗粒物和 SO_2、NO_x 排放总量占据整个钢铁冶炼过程的绝大部分比重，也是气体污染物产排污的最主要环节。烧结燃料破碎、原燃料配料、混合整个原料准备阶段，烧结台车上混合料点火焙烧过程中，以及烧结过程结束后，烧结矿冷却、破碎、筛分、转运过程中都会产生大量烟粉尘；

同时，由于烧结所使用的铁矿石原料以及煤粉、焦粉等燃料中含硫，因此在高温焙烧时，会产生 SO_2 和 NO_x、二噁英等污染物。球团生产的产排污状况与烧结基本类似，主要包括配料及成品运输等过程中产生大量含尘废气等。烧结、球团典型工艺流程及排污节点参见图2-1、图2-2。

2.2.3.2　无组织排放废气来源

烧结球团工序最主要的产尘点主要包括：原料准备、配料混合、烧结（焙烧）、破碎冷却、成品整粒等，其主要产尘点污染源类型及排放特征详见表2-9。

表 2-9　烧结球团工序废气产污环节及污染物种类

工序	产污环节名称	污染物种类	源型	排放特征
原料准备	原料输送、破碎、筛分、干燥、煤粉制备	颗粒物	有组织、无组织	连续
配料混合	原燃料配料、混合（造球）	颗粒物	有组织、无组织	连续
烧结（焙烧）	烧结（球团）生产设备	颗粒物、SO_2、NO_x、CO、CO_2、Hg、水蒸气、氯化物、氟化物、二噁英、重金属等	有组织	连续
破碎冷却	破碎、冷却	颗粒物	有组织、无组织	连续
成品整粒	破碎、筛分	颗粒物	有组织、无组织	连续

由表2-9可以看出，烧结球团工序废气的无组织排放主要集中在以下3个方面：

一是原料准备过程的无组织排放（图2-9），主要为原燃料输送、破碎、

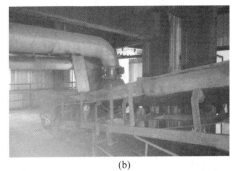

(a)　　　　　　　　　　　　　　(b)

图 2-9　原料准备过程的无组织排放

（a）破碎机；（b）皮带转接

筛分及干燥等过程未被除尘系统收集而逸散的烟尘。其中，物料经过四辊破碎机破碎，破碎使得物料干燥的内部成为新的表面，导致表面含水率降低，大量起尘；物料流在下落过程中产生诱导气流与冲击气流，产生无组织粉尘，尤其是干燥物料受料点。

　　二是配料混合过程的无组织排放（图 2-10），主要为原燃料混合、配料等过程未被除尘系统收集而逸散的烟尘。其中，混料机做圆周运动，造成混料机内部空气压缩扰动，气流外涌携带大量的粉尘，且混合机前后配料皮带水蒸气携带无组织粉尘散发。

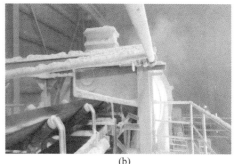

(a)　　　　　　　　　　　　　　　(b)

图 2-10　配料混合过程的无组织排放
（a）移动配料皮带；（b）混料机

　　三是成品转运过程的无组织排放（图 2-11），主要为成品破碎、冷却、筛分或烘干、润磨等过程未被除尘系统收集而逸散的烟尘。

(a)　　　　　　　　　　　　　　　(b)

(c)   (d)

图 2-11 成品转运过程的无组织排放
（a）烘干机入口；（b）烘干机出口；（c）润磨机入口；（d）润磨机出口

2.2.3.3 无组织排放特征

（1）产尘点多、排放量大。烧结、球团工序是钢铁工业的主要排污源。结合 2015 年我国重点钢铁企业各工序主要污染物排放量统计数据来看，烧结、球团排放的颗粒物占总排放量的 47.87%，由于产尘点多，其未被收集而逸散的无组织排放量也相对较大。以某企业（粗钢 450 万吨，共 4 个烧结车间）为例，其中一个烧结车间每年约产生 267t 无组织粉尘，其无组织粉尘点及产生量具体见表 2-10。

表 2-10 某企业烧结车间无组织粉尘点及产生量

项目	无组织粉尘点	数量	平均浓度（按测量和估算）/mg·m⁻³	无组织产生量/t·a⁻¹
白灰线	车辆进、出场	1	—	—
	装载车给料	1	24	15.768
	颚破机入口	1	26	2.04984
	1 号转运	2	37	9.7236
	立轴反击破入/出口	2	83.4	13.150512
	白灰仓进料	3	85	33.507
煤破碎线	装载车给料	1	8	5.256
	1 号转运	2	6	1.5768
	圆形筛	1	12	0.94608
	筛下落料	2	15	3.942
	破碎机入/出料口	6	6.7	4.225824

续表 2-10

项目	无组织粉尘点	数量	平均浓度（按测量和估算）/mg·m⁻³	无组织产生量/t·a⁻¹
煤破碎线	皮带转运点	2	45	11.826
	煤仓进料	3	30	9.4608
铁粉	装载车给料	7	5	22.995
	1号转运点	8	3	3.1536
	梭车皮带受料	1	4	0.5256
	铁粉仓进料	4	8	3.36384
热返粉/高炉返粉	装载车给料	4	132	69.3792
	转运点	4	12	5.04576
杂料	汽运车给料	1	126	16.5564
烧结配料线	配1皮带转运	16	9	18.9216
	配2皮带转运点	5	6	3.942
	混1皮带转运点	2	6.4	1.68192
	混2皮带转运点	4	3.6	1.89216
	混4皮带转运点	2	9	2.3652
	混5皮带转运点	2	7.2	1.89216
	梭车皮带转运点	2	13	3.4164

（2）部分含湿量大。烧结混料、球团烘干、润磨过程中无组织排放水分含量高、湿度大。

2.2.4 炼铁工序

2.2.4.1 生产工艺流程及产排污节点

炼铁工序产排污环节主要集中在以下方面（参见图 2-4）：高炉出铁时会在开、堵铁口时，以及出铁口、铁沟、渣沟、撇渣器、摆动流嘴、铁水罐等部位产生烟尘；高炉矿槽的槽上设有胶带卸料机，矿槽下设有给料机、烧结矿筛、焦炭筛、称量漏斗和胶带运输机等，各设备生产时在卸料、给料点等处有粉尘；高炉炉料采用胶带机上料方式，生产时炉顶胶带机头卸料时产生粉尘；高炉喷吹煤粉制备系统生产时有含煤粉的废气产生；高炉热风炉以高炉煤气为主要燃料，燃烧废气中含有少量烟尘、SO_2 和 NO_x；高炉冶炼过程中炉内有大量含尘和 CO 的高炉煤气产生，高炉煤气在净化后作为钢铁生产重要的燃料使用。

2.2.4.2 无组织排放废气来源

炼铁工序最主要的产尘点主要包括：原料准备、配料混合、烧结（焙烧）、破碎冷却、成品整粒等，其主要产尘点污染源类型及排放特征详见表2-11。

表 2-11 炼铁工序废气产污环节及污染物种类

工序	产污环节名称	污染物种类	源型	排放特征
上料	料仓、槽上、槽下的胶带机落料点和振动筛等处	颗粒物	有组织、无组织	间歇
出铁	出铁场	颗粒物	有组织、无组织	间歇
送风	热风炉燃煤气	颗粒物、SO_2、NO_x	有组织	连续
喷煤制粉	高炉煤粉制备	颗粒物	有组织	连续
高炉渣	冲渣	颗粒物	无组织	连续
炉体及各工段	破碎、筛分	颗粒物、CO	有组织、无组织	连续

炼铁工序无组织排放重点为原料系统、煤粉系统以及出铁场等环节。

（1）物料输送、装卸系统。厂内烧结矿、球团矿、块矿、煤、焦炭等大宗物料的输送过程，焦粉、煤粉等粉料的车辆运输过程，以及汽车、火车、皮带输送机等卸料过程易产生粉尘无组织排放。除尘灰的卸灰及运输过程也易产生无组织排放。其中，储矿槽槽上和槽下分别具有储存烧结矿、焦炭、杂矿，以及振动给料、胶带转运功能，槽上扬尘主要来自于分料皮带机机头和布料车皮带机受料点的扬尘，布料车向贮矿仓卸料时，小车头轮处会因为转运卸料产生大量扬尘，布料车向贮矿仓卸料时，由于落差较大，产生的剧烈扬尘。槽下扬尘主要来自槽下震动给料机在筛料时，称重仓和给料机筛面的扬尘，震动给料机向各个输送皮带落料时产生的扬尘，碎矿返矿皮带输送机机头处的扬尘，成品矿向料坑贮矿仓卸料时的扬尘，以及料坑内向上料小车装料时的扬尘。这部分粉尘具有阵发性、扩散性和瞬间产尘量大的特点，浓度在 $3\sim5g/m^3$（图 2-12）。

（2）出铁场系统。高炉出铁时在出铁口区的主撇渣器、铁水摆动流嘴、渣沟、铁水沟等处均产生大量烟尘。出铁口由于收集系统效果不好可能导致烟尘逸散，另外，出铁场铁沟、渣沟密封不好亦造成一定的无组织排放（图2-13）。

（3）高炉渣水淬冷。高炉渣采用水淬冷却后，高温炉渣使得大量水蒸发，携带粉尘，造成无组织排放（图 2-14）。

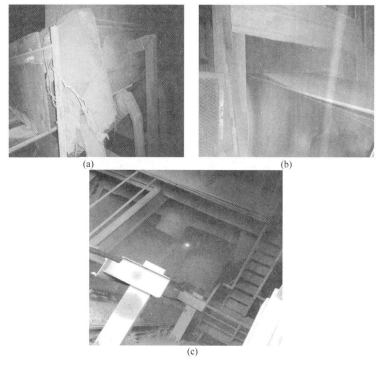

图 2-12　物料输送、装卸系统无组织排放

（a）皮带受料点；（b）皮带落料点；（c）牛车上料

图 2-13　出铁场系统无组织排放

（a）出铁口；（b）铁沟

图 2-14　高炉渣水淬冷无组织排放

（4）煤气放散。一是煤气均压放散。高炉正常运行过程中，每次进行炉内装料前，炉顶料罐都必须对称量料罐进行充压操作，使料罐内压力和炉顶压力平衡，下密封阀方可开启，然后将物料装入炉内。装料结束后须将称量料罐内高压煤气对空放散，上密封阀方可开启，将料罐内物料装入高炉。放散的煤气如果不经回收会以无组织的形式排放。二是高炉焖炉后，出于安全的角度，必须要将高炉煤气排净。然而焖炉后高炉煤气由于需要进行休风，因此缺少鼓风，高炉煤气无法经过净化系统治理，而是必须进行放散操作，这样一来，大量未经净化的煤气将会被直接排放到大气，此时高炉煤气的含尘量一般能够达到 $10\sim50g/m^3$。同时这些煤气中含 CO $23\%\sim24\%$、CO_2 $16\%\sim23\%$，人在含有 CO 浓度 $500mg/m^3$ 的环境中只要 20min 就有中毒死亡危险，有剧毒的高炉煤气是毒害人类的重武器，这些 CO 排入大气中虽得到稀释但仍危害人类健康，比 CO_2 温室气体危害要严重得多。

2.2.4.3　无组织排放特征

（1）产尘点多、排放量大。由于产尘点多，其未被收集而逸散的无组织排放量也相对较大。以某企业（粗钢 450 万吨，共 6 个高炉车间）为例，其中一个高炉车间每年约产生 358t 无组织粉尘，其无组织粉尘点及产生量具体见表 2-12。

（2）阵发性强。炼铁过程中，整个加料过程基本是连续的，炉况顺行的话不停地加料，但焦炭、球团、烧结矿等原料是间歇加入的。同时，出铁时间存在自身周期，出铁过程也是间歇的，导致其无组织排放也具有间歇性或阵发性。此外，出铁场烟气的特点是高温喷射而出，瞬间烟气量大。

表 2-12 某企业高炉车间无组织粉尘点及产生量

项目	无组织粉尘点	数量	平均浓度 /mg·m⁻³	无组织产生量 /t·a⁻¹
场内道路		1	—	0
大棚	车辆进、出厂	2	—	0
	焦炭卸车	1	15	39.42
	装载车给料	6	12	47.304
	仓下皮带受料点	8	35	36.792
转运站 1	落料点	1	6	0.7884
	受料点	2	11	2.8908
转运站 2	落料点	4	7	3.6792
	受料点	4	11	5.7816
转运站 3	落料点	12	7	11.0376
	受料点	12	11	17.3448
槽上布料小车	烧结、球团	16	10	42.048
	焦炭	8	30	63.072
槽下落料	振动筛	16	1.2	2.52288
	筛下受料点	32	1	4.2048
	皮带机头落料	16	0.6	1.26144
转运站 3	落料点	4	3	1.5768
	受料点	4	5	2.628
高炉上料	小车装车	2	35	9.198
高炉渣场	—	2	50	65.7

（3）涉及 CO 排放。煤气均压放散、高炉焖炉等过程均涉及高炉煤气的排放，煤气中 CO 排入大气中虽得到稀释但仍危害人类健康，比 CO_2 温室气体危害要严重得多。

2.2.5 炼钢工序

2.2.5.1 生产工艺流程及产排污节点

炼钢车间铁水预处理，生石灰等原辅料输送、转炉兑铁水、加废钢、出钢过程，以及精炼炉冶炼都会产生含尘烟气。采用电炉炼钢工艺的，在加废钢、冶炼、出钢过程也产生含尘烟气。转炉在吹炼时产生大量含 CO、粉尘的高温烟气，其中 CO 含量较高的部分烟气可作为转炉煤气净化后予以回收利用（参见图 2-5）。

2.2.5.2 无组织排放废气来源

炼钢工序最主要的产尘点主要包括：原料准备、配料混合、烧结（焙烧）、破碎冷却、成品整粒等，其主要产尘点污染源类型及排放特征详见表 2-13。

表 2-13 炼钢工序废气产污环节及污染物种类

工序	产污环节名称	污染物种类	源型	排放特征
上料	物料输送、上料过程	颗粒物	有组织、无组织	间歇
铁水预处理	铁水倒罐、前扒渣、后扒渣、清罐、预处理过程等	颗粒物	有组织、无组织	间歇
转炉炼钢	吹氧冶炼（一次烟气）	CO、颗粒物、氟化物（主要成分为 CaF_2）	有组织	间歇
	兑铁水、加废钢、加辅料、出渣、出钢等（二次烟气）	颗粒物	有组织、无组织	间歇
电炉炼钢	吹氧冶炼（一次烟气）	颗粒物、CO、NO_x、氟化物（主要成分为 CaF_2）、二噁英、铅、锌等	有组织	间歇
	加废钢、加辅料、兑铁水、出渣、出钢等（二次烟气）		有组织、无组织	间歇
精炼	钢包精炼炉（LF）、真空循环脱气装置（RH）、真空脱气处理装置（VD）、真空吹氧脱碳装置（VOD）等设施的精炼过程	颗粒物、CO、氟化物（主要成分为 CaF_2）	有组织、无组织	间歇
连铸	中间罐倾翻和修砌、连铸结晶器浇铸及添加保护渣、火焰清理机作业、连铸切割机作业、二冷段铸坯冷却等	颗粒物	有组织、无组织	连续
其他	原辅料输送、地下料仓、上料系统等	颗粒物	有组织、无组织	间歇
	钢包热修、中间罐和钢包烘烤	SO_2、NO_x	无组织	间歇
	钢渣处理	颗粒物	无组织	间歇

炼钢工序无组织排放重点为铁水预处理、炼钢、精炼、连铸系统等环节。

（1）原料系统。石灰石、白云石、合金等原辅料的输送、地下料仓、上料系统易产生粉尘无组织排放。另外，石灰窑原料系统筛分、输送、转运过程未被除尘系统收集而导致烟尘逸散，造成无组织排放（图 2-15）。

图 2-15 石灰窑皮带受料点

（2）铁水预处理。铁水倒罐、前扒渣、后扒渣、清罐、预处理过程一般配有除尘系统，但由于除尘系统设计不合理、收集效果欠佳时往往导致烟尘逸散从而产生无组织排放。其中，混铁炉（倒罐站）烟粉尘主要来自铁水兑入、倒出作业过程中的高温含尘烟气；铁水预处理烟粉尘主要来自铁水脱硫、扒渣等预处理作业中的高温含尘烟气。

（3）炼钢。在兑铁水、加废钢、加辅料、出渣、出钢等过程产生大量烟尘（二次烟气），一般配有除尘系统，但在铁水罐移动过程中，或由于操作节奏不合理等原因会导致烟尘外逸，从而产生无组织排放（图 2-16）。

（4）精炼、连铸。LF、VD、RH 等精炼炉冶炼过程一般配有除尘系统，但由于除尘系统设计不合理、收集效果欠佳时往往导致烟尘逸散从而产生无组织排放。另外，钢水浇铸过程产生烟气、连铸过程产生少量含湿烟气，多数企业未配套收尘装置导致无组织排放（图 2-17）。

（5）其他。转炉炼钢车间连铸中间罐倾翻和修砌、连铸结晶器浇注及添加保护渣、火焰清理机作业过程、二冷段铸坯冷却过程，以及中间罐和钢包烘烤过程中会产生烟气，多数企业未配套收尘装置导致无组织排放。钢渣处理多数采用热泼工艺会产生大量含尘水蒸气，不易收集从而造成无组织排放，在破碎、磁选等过程亦会产生少量无组织排放。此外，石灰窑工段成品破碎、

图 2-16　炼钢系统无组织排放
（a），（c）吹炼；（b），（d）兑铁水

装车等过程也易产生粉尘无组织排放（图 2-18）。

2.2.5.3　无组织排放特征

（1）阵发性。由于冶炼具有周期性，因此，其污染的排放也具有阵发性。

（2）源点散、难收集、难处理。炼钢工序除了转炉冶炼、精炼炉冶炼等过程产生的烟气外，尚有许多小的排放源易被忽略，如连铸火焰切割、钢包热修、中间包倾翻、钢包烘烤、钢渣处理等。而这些尘源点收尘装置

(a)　　　　　　　　　　　　　　　　　　　(b)

(c)

图 2-17　精炼、连铸过程无组织排放

（a）精炼；（b）大包回转台（浇铸）；（c）连铸火焰切割

设计难度大，成为行业的治理难点。例如，连铸机大包浇铸涉及回转台360°不间断地旋转交替使用浇钢位，此过程涉及天车频繁上下吊运钢包作业，同时，现场存在高温、钢包交替使用节奏快、现场空间狭小等问题导致治理难度大。

炼钢烟气普遍含尘浓度高、粒度细，同时因含大量 CO，因此毒性大，烟温高也为尾端治理工艺增加了复杂性。

图 2-18　其他生产过程无组织排放

（a）钢包热修；（b）中间包倾翻；（c）钢渣热泼；（d）石灰卸料

2.2.6　轧钢工序

2.2.6.1　生产工艺流程及产排污节点

轧钢工艺主要包括热轧及冷轧两类工序（参见图 2-6、图 2-7）。

热轧工序废气污染物主要分为两部分：一是加热炉以高、焦、转炉混合煤气为燃料，燃烧后产生含少量 SO_2、NO_x 等污染物的烟气；二是轧机在轧制过程中产生的粉尘。

冷轧拉伸矫直、焊接、各机组平整机平整等过程产生粉尘；酸轧机组酸洗槽、废酸再生装置产生酸雾；连续退火机组、热镀锌机组、电镀锌机组等清洗段产生碱雾；冷轧机组轧制产生乳化液油雾；各退火炉燃煤气产生含 SO_2、NO_x 及少量尘的烟气。

2.2.6.2 无组织排放废气来源

轧钢工序最主要的产尘点主要包括：热处理炉、轧机、精整等，其主要产尘点污染源类型及排放特征详见表 2-14。

表 2-14 轧钢工序废气产污环节及污染物种类

工序	产污环节名称	污染物种类	源型	排放特征
热轧	热处理炉烟气	颗粒物	有组织	连续
	粗轧、精轧	颗粒物	有组织、无组织	连续
冷轧	拉矫、精整、抛丸、修磨、焊接等	颗粒物	有组织、无组织	连续
	轧机	油雾	有组织	连续
	废酸再生	颗粒物、氯化氢、硝酸雾、氟化物	有组织、无组织	连续
	酸洗	氯化氢、硫酸雾、硝酸雾、氟化物	有组织、无组织	连续
	脱脂	碱雾	有组织、无组织	连续
涂镀	涂镀	铬酸雾	有组织	连续
	彩涂	苯、甲苯、二甲苯、非甲烷总烃	有组织、无组织	连续

轧钢工序无组织排放重点为铁水预处理、炼钢、精炼、连铸系统等环节。

（1）轧机。轧机在轧制过程中由于轧辊与钢坯挤压、摩擦过程中，钢坯表面的氧化铁粉末随着高温水蒸气向外部扩散的含尘烟气，由于部分轧机未配套污染治理设施，颗粒物以无组织形式排放。

（2）精整。拉矫、精整、抛丸、修磨、焊接等过程产生少量含尘烟气，未被除尘系统收集而导致烟尘逸散，造成无组织排放。

（3）酸洗、废酸再生。酸洗、废酸再生过程产生硫酸雾、硝酸雾、氟化物等，未被净化设施收集而导致气体逸散，造成无组织排放。

（4）彩涂。彩涂钢板生产加工过程会有大量挥发性有机物（VOCs），少量未被净化设施收集而导致气体逸散，造成无组织排放。

2.2.6.3 无组织排放特征

轧钢工序无组织排放量相对较少，其废气特点为高含水量或含油量。

参 考 文 献

［1］刘驰，李洁，马勇光．机械炼焦过程中废气的无组织排放研究［J］．能源与环境，
2017（6）：8~9.

［2］商铁成，裴贤丰．焦化污染物排放及治理技术［M］．北京：中国石化出版社，
2016：79.

［3］衡宝林．熄焦过程大气污染物排放对 $PM_{2.5}$ 的影响［R］.

［4］胡江亮，等．焦化行业 VOCs 排放特征与控制技术研究进展［J］．洁净煤技术，2019，
25（6）：24~31.

3 源头减排关键技术

3.1 原料场源头减排技术

3.1.1 工艺概况

原料场是钢铁企业生产中不可缺少的重要工序,是与现代物流、节能减排、绿色发展密不可分的,是钢铁企业与社会物流衔接的转载接口,主要负责烧结、球团、炼铁、焦化、石灰、电厂等用户生产所需的含铁原料、熔剂类原料、煤炭类原料等大宗散料的受卸、贮存、加工、配送。原料场以加工生产精料为核心内容,采用先进、高效、连续的卸、堆、取、运、加工工艺和设备及全面的集中自动控制系统,通过对物料的集中处理和管理,向用户提供合格稳定的原料,为保证钢铁厂连续正常生产、提高钢铁产品质量和数量、降低生产成本、节能减排、改善工厂生产环境提供条件。

原料场的设置受原料运输方式、原料品种质量、企业地理位置、环境约束条件以及生产工序组成等多变因素的影响,相近的钢铁生产规模,相同的主体工序配置,其原料场的工艺设施、生产规模、工序组合、装备配置、减排措施等均不相同。

常规流程的原料场工序组成主要包括受卸、料场、整粒、混匀、供返料以及控制、环保等设施,每个设施组成一个生产系统或作业区,其工艺及装备概况如下:

(1)与社会物流衔接的受卸设施。受卸设施主要包括铁路、汽车和码头受卸。铁路受卸接卸铁路运输原料,采用抓斗起重机、链斗卸车机、螺旋卸车机和翻车机等设备卸车。汽车受卸接卸汽车运输原料,采用自卸汽车直接卸料方式,或固定车厢卸车台卸料方式,需配套建设汽车受料槽。码头受卸接卸水路运输原料,采用抓斗卸船机、链斗或斗轮卸船机卸船。

(2)保证必要库存量的料场设施。料场设施是原料受卸和加工的缓冲料场,其主要作用是堆料和取料。料场型式及设备选用与来料方式、卸车方式等有关。主要包括堆取料机条型料场,采用堆料机、取料机、堆取料机等设备作业;半门架取料机型料场,采用高架卸料车、半门架取料机等设备作业;全门架堆取料机型料场,采用堆取一体化的全门架堆取料机作业;堆取料机圆型料场，采用堆取一体化的圆型堆取料机作业；筒仓型料场，采用顶部卸料车、布料装置及仓下给料设备进行输入、输出作业；抓斗桥式起重机型料场，采用抓斗桥式起重机作业；抓斗门式起重机或装卸桥型料场，采用抓斗门式起重机或装卸桥作业。无固定作业设备、机械化程度低的原料堆场，其作业方式多以人工作业和简单机械作业为主，采用装载机、挖掘机、推土机等作业设备。

（3）对进厂原料进行处理的整粒设施。整粒设施的设置，是根据各用户生产要求的原料粒度和含粉率，利用破碎机、粉碎机、振动筛等进行加工，控制原料粒度上、下限及含粉率，使其适合于各用户要求。随着日益趋严的环保政策，多数企业已不在原料场设置破碎设施，而是采购合格原料进厂，整粒设施仅承担块矿、焦炭等原燃料的筛分功能。

（4）调整原料成分的混匀设施。混匀设施是精料工作的重要环节，通过配料、平铺、切取工艺，将烧结使用的各种含铁原料（或包括熔剂的全料混匀）按设定配比在配料槽配好后，由混匀堆料机在料场均匀铺料造堆，需要时由混匀取料机垂直切取送到用户，混匀取料设备以双斗轮混匀取料机为常见设备，也有少数采用滚筒混匀取料机和全门架刮板取料机。

（5）向各工序输送原料的供返料设施。供返料设施包括料场内部各系统间的物料输送、料场向各用户车间的物料输送和各用户间物料输送，原料输送采用以普通带式输送机为主的连续运输方式。近年来，受国家和行业环保减排约束，以及企业场地条件限制，越来越多的企业采用管状带式输送机的输送方式。

（6）装备自动控制和智能集控设施。原料场采用以实时跟踪、同步传递、料堆堆位、库存管理、堆取运远程控制等为核心的集中控制管理装备，实施机械化、自动化、信息化、无人化、数字化。工序信息实时交换，为原料采购信息系统和资源管理系统提供可靠的物流信息。作业设备堆取运全程无人干预，实现自动堆料、自动换堆、自动取料、皮带无人值守等功能。

（7）减小对周边环境影响的环保设施。散状原料在堆、取料和贮存过程中产生的扬尘量与多种因素有关，如粒径分布、含水量、空气湿度、风速、料流量、落差等。料场环保设施及措施主要包括卸料点、加工点和转运点的干雾抑尘、密闭除尘；输送物料在线加湿、料堆表面水雾抑尘、地面清扫洒水、车辆自动冲洗；挡风抑尘墙、全封闭料场、密闭储料仓等，减少原料接卸、储运过程扬尘对周围环境的影响。

3.1.2　发展趋势

我国钢铁企业原料场工序在历经早期设置简易分散、管理落后，中期实施精料方针、集中管理的基础上，已步入快速发展时期，成为集成先进、高效、绿色、智能装备和技术，以担负物流高效运作和节能减排降耗为核心功能的工序。目前多数钢铁企业原料场已形成一定规模，具备较为完整的生产工艺流程，基本实现了管理集中化、装备机械化、控制自动化，少数钢铁企业的原料场已实施或正在实施智能化改造，其工艺、技术、装备、环保、智能水平达到甚至超过国际先进水平。但从整个钢铁行业看，仍存在一定数量处于落后水平的零散简易、管理粗放的原料堆场。

钢铁企业原料场作为原料集散、精料加工和物流管理中心，是为铁前系统提供精料的重要工序，是源头控制粉尘污染的重要环节，是推进企业精细化管理的重要组成。据不完全统计，"十三五"末期我国钢铁企业原料场约半数以上达到国内先进及以上水平，采用大型、高效、连续、先进的机械化作业设备，混匀矿产品质量优异，储料采用全封闭料仓、料棚，扬尘点采用湿法、微雾、干雾抑尘和布袋除尘等措施；约 25.0% 达到国内一般水平，采用连续化、机械化作业设备，混匀矿质量良好，储料设置封闭料仓、料棚或挡风抑尘墙，扬尘点采用湿法降尘和布袋除尘等措施。因一些规模较小的钢铁企业，以及部分民营企业对原料场技术的认知程度、重视程度、资金投入等方面存在的不足和限制，采用简易堆场形式的落后水平原料场仍占一定比例，但已不足四分之一。

随着国家和行业对节能环保日益严格的要求，企业对生产运行成本的精细化管理，以及原燃料、土地、人力等外部环境和资源的约束，原料场的环境污染、运行成本问题日益突出，难以满足资源节约、环境友好和绿色发展的要求，因此，建设具有自动化、信息化、无人化、数字化等功能的智能环保料场将是发展的必然趋势。

3.1.3 封闭储存技术

3.1.3.1 技术介绍

散状原料的装卸、输送、露天堆存造成的扬尘污染已成为工业生产、交通运输、贮存过程中无组织排放的主要污染源，钢铁企业原料场具有占地面积大、尘源点多、粉尘浓度高、各类粉尘混杂等特点。由于原料场占地面积大，原燃料采用露天堆放方式，极易造成大面积扬尘，给岗位职工的身心健康造成一定程度的影响，给周围环境造成严重污染，同时也导致原料的大量风蚀、雨损，给企业带来一定程度的经济损失。

我国钢铁企业的原料场多采用传统的露天堆存方式，辅以表面覆盖、喷淋洒水、防尘网等方式减少物料扬尘和损耗，环境污染和生产成本问题较为突出，部分中小规模钢铁企业虽采用矿仓或者简易室内储料库等储存方式，具有良好的环保降耗效果，但操作的机械化和自动化水平较低。随着国家、行业对环保减排降耗的要求日趋严格，企业追求生产成本的精细化管理，以及原燃料、土地、人力等外部环境和资源的约束，钢铁企业迫切需要新型环保料场替代露天料场。

原料环保封闭储存技术是将钢铁企业烧结、球团、炼铁、焦化、石灰、炼钢、电厂等用户使用的散状原燃料进行环保封闭储存。该项技术与传统的原料露天储存技术相比，具有技术先进、性能优良、环保减排、节能降耗、节约占地、稳定生产、降低成本等突出优点。

原料环保封闭储存技术适应钢铁行业原燃料品种多、用量大、用户多等特点，设有多种系列类型，适应性广，可根据不同的地理位置、原料品种、地质条件、环境特点、运输条件以及技术经济比较，为企业量身定做，选择合适的工艺结构，满足用户技术改造、环保提升和重组新建等不同需要。

常见的环保型封闭储料场工艺布置结构主要有条型无隔断料场、条型有隔断料场、圆型料场、密闭筒仓或方仓等。

（1）条型无隔断封闭料场。条型无隔断料场常称为 B 型料场，是在普通条型露天料场的基础上增加封闭厂房，选用的工艺设备包括悬臂式、门式、桥式、滚筒式等不同形式堆取设备和胶带机设备，设备成熟可靠，检修较为方便，封闭式厂房的布置可根据实际需要进行单跨、双跨或者多跨连续布置。条型无隔断料场广泛用于钢铁、焦化、港口等行业，对于多品种、多批次物料适应性强，在钢铁行业中可用于煤、矿、焦炭、副原料、混匀矿等各种散料的储存。

（2）条型有隔断封闭料场。条型有隔断料场常称为 C 型料场，是在料条中间加设挡墙，将料堆沿横向和纵向进行分格堆存，物料由顶部通过胶带机输入，经卸料车卸料和堆料作业，采用门式、半门式、桥式刮板取料机或抓斗桥式起重机进行取料作业，该形式封闭料场大大提高料堆高度，堆存能力较大，相同条件下，单位面积储料能力是无隔断料场的 1.5~2.5 倍，同样储量要求下可减少 40%~60% 的用地面积[1]。条型有隔断料场广泛应用于水泥、建材、化工、港口等行业，近年，根据钢铁行业原料的实际特性，通过对工艺和设备进行研发后，逐步在钢铁行业得到验证和使用，除混匀矿外，可用于矿、煤、副原料等多种散料的储存。其工艺布置紧凑和超大储料能力的优点，除适用于新建钢铁企业以外，特别适用于现有钢铁企业产能提升和环保改造项目。

（3）圆型封闭料场。圆型封闭料场常称为 D 型料场，物料由顶部通过胶带机输入，利用圆型堆取料机进行堆料作业，由刮板取料机取料后经下部胶带机输出。圆型堆取料机为堆取一体化设备，堆取作业可同时进行。取料机可采用门式、悬臂式或者桥式刮板取料机。圆型封闭料场直径一般在 80~120m 之间，具有占地面积省、堆存能力大的特点，单位面积储料能力可达到条型无隔断封闭料场的 1.5~3 倍[1]，若料场内分堆，则将明显降低料场储料能力和经济性。料场选用的设备配置较复杂，存在易磨损等问题，投资较高。圆型封闭料场最初广泛应用于电厂、水泥、化工等行业，通常用于堆存同一种物料，如需在同一料场内分别堆存不同品种物料，可适当布置隔墙用于料堆分堆，用于储煤时面积不能超过 12000m² [1]。圆型封闭料场近几年逐渐在钢铁企业中得以应用，适用于物料品种较为单一的矿、煤、混匀矿等散料的储存，相对于多品种、多批次物料适应性较差，对原料种类繁多且对物料品种划分严格的钢铁企业具有一定的局限性。

（4）筒仓。筒仓通常布置为多个筒仓并列的仓群形式，常称为 E 型料场，物料由顶部通过胶带机输入，经卸料车和布料装置将物料卸入筒仓内堆存，物料通过仓下部给料设备及输出胶带机输出，可同时实现物料的储存和配料功能。筒仓高度达 60m 左右，空间堆料高度可超过 40m，是向空间高度发展来提高储料能力的最佳形式，单位面积储料能力可达到条型无隔断封闭料场的 5~8 倍[1]。筒仓土建工程量较大，施工要求高，投资较高，存在不易防护的煤自燃问题，不宜于燃料的长期储存。筒仓兼具储存和配料功能，广泛应用于钢铁、焦化、水泥、建材等行业。由于每个筒仓的储量是一定的，对适应物料品种的灵活性较差。物料从仓顶卸下高空跌落会增加块状物料的粉碎率，不易贮存块状物料，目前多用于煤的贮存，尤其在钢铁企业焦化厂使用非常广泛，用于焦煤储存和配料。近几年，矩形钢板仓因在相同用地及高度条件下贮存量大于筒仓且投资较省，被钢铁企业广泛采用，多用于贮存焦炭、烧结矿、块矿和球团等原料。

3.1.3.2 工程案例

传统的露天原料储存技术在用地面积、物流运输、原料损耗、粉尘污染、运营成本等方面为企业资源节约、环境友好和持续发展带来一定困难和瓶颈。露天料场在大风、暴雨天气会导致料堆表面扬尘和雨水冲击带来空气粉尘污染、地面污染和物料损耗，据有关资料显示，露天料场原料年损耗量为 0.2%~0.5% [2]；露天料场在北方寒冷地区冬季因料堆冻结影响生产，大量冬储增加原料库存带来资金占用；露天料场受外部气候环境影响，物料特性的波动对下游生产质量和成本产生直接影响等。据分析计算，每吨焦煤水分下降 1%可降低炼焦过程中的耗热量相当于 3.3m³ 混合煤气（标态）的发热量，焦炭水分每增加 1%，高炉综合焦比将升高 1~3kg，烧结无烟煤或焦粉水分每增加 1%，烧结固体燃料消耗将升高 1%~3%[3]。

原料环保封闭储存技术，有效降低周边环境空气粉尘量，可减少料场区域扬尘 90%~95%；提高场地利用率，在相同储料能力的条件下，可节省占地 40%~60%；储料不受室外环境影响，无需采用表面覆盖措施，具有防风、防雨、防冻功能，有效减少物料因风力和雨水带来的风损和雨损，并减少厂区及其周围路面雨雪天气带来的路面污染，物料损耗量可减少 70%~95%；料堆表面洒水量减少 80%以上，物料含水率减少 4%~6%[3]。原料环保封闭储存技术解决传统露天料场在环保、物料损耗、生产保障和生产运行成本等方面存在的不足，是适应环境要求，实现源头削减污染，最大限度地减少粉尘排放和物料损失的重要技术环节，具有良好的环保效果和显著的经济、社会效益。

近几年，钢铁行业内已开展全面深入的环保原料储存技术的研发，一系列兼具环保、降耗、机械化和自动化水平先进等特点的原料环保储存技术在国内外一些钢铁企业均得到成功应用和广泛推广。

案例 1：邯钢第一原料场

邯钢第一原料场承担着邯钢东区烧结系统和炼铁系统的原燃料供应，原料场改造前由一次料场和混匀料场组成，全部为露天料场，其中一次料场设 6 个料条，最大贮存能力 40 万吨，配置 3 台堆料机，5 台取料机；混匀料场有 2 个料条，混匀矿总贮量 16 万吨，配置 1 台混匀堆料机，5 台混匀取料机。

邯钢第一原料场封闭改造项目是我国第一座大型在线环保升级改造原料场，建有一次料场和混匀料场两座封闭厂房。一次料场为大跨度多料条封闭矿石料场，设置 4 个料条，共用一跨厂房，最大贮量为 80 万吨，每个料条分为 8 格，配置 4 台高架环保堆料机，6 台半门式刮板取料机。混匀料场布置 2 个料条，工艺操作按两条两堆制设计，每堆贮量 25 万吨，配置 1 台混匀堆料机和 4 台混匀取料机。

邯钢第一原料场实现封闭后，有效抑制了生产过程中的粉尘外溢，彻底杜绝了物料风损。减少冬季物料冻结，提高生产效率，减少冬季因严重冻结原料而发生的资金占用。料条面积较改造前缩小 30%，储量提高 90%以上。有效发挥产能，减少物流费用及物料损失约 1800 万元。采用自动定位卸料小车对物料进行菱形分堆堆存，半门式刮板取料机沿料堆斜面纵向行走分层刮取物料，提高取料预混匀效果，降低下游烧结和炼铁工序能耗费用约 6700 万元[4]。

案例 2：宝钢本部原料场

宝钢本部原料场是我国钢铁企业第一个大型机械化综合原料场，分三期建设，采用将全厂各生产用户使用的散状原、燃料进行集中加工处理工艺，设有原料接卸、贮料、整粒、混匀、输送等完整的工艺生产系统，占地面积 90.1 万平方米，年作业总量在 1.35 亿吨以上，有效储量 340 万吨。原料场原有料场 31 条，其中煤场 8 条，矿石一次料场 12 条，副料场 7 条，混匀料场 4 条，配置 40 台大型移动机械，其中堆料机 13 台，取料机 15 台，堆取料机 5 台，混匀堆料机 3 台，混匀取料机 4 台。因料场为露天形式，受风力和雨水影响较大，易产生扬尘和物料损失，造成生产成本上升，雨季持续降雨会造成料堆塌方，影响堆取料设备正常作业。

宝钢本部原料场环保升级改造是以现有料场布局为基础，同时考虑对生产的影响最小。通过充分对比分析各类型环保料场的特点，确定以 B 型+C 型+E 型相结合的模式，形成煤场 30 个 E 型筒仓+3 个全门架型料场，矿场形成 5 个 B 型料场+3 个 C 型料场+1 个全门架型料场的整体布局，原料有效储存能力达 490 万吨[5]。

宝钢本部原料场采用封闭储存技术后，料场总占地面积减少 40 万平方米，物料含水量降低，减少了物料在输送环节的洒落量，物料输送环节的落料问题得到根本性的解决，减少因物料扬尘、雨水冲刷带来的损失 2.5 亿元/年，减少因物料水分造成的能耗损失 1.2 亿元/年，堆取料设备全部可实现远程自动化操作，大幅提升料场设施的自动化、智能化水平，可大幅度减少人员配置，提升劳动效率。

3.1.4 智慧料场技术

3.1.4.1 技术介绍

原料场工艺流程复杂，物料作业量大，运转设备多，作业效率低，输送线路长，作业干扰大，人力资源消耗大，人员劳动强度大，作业环境恶劣，人工编制作业计划预见性差、可操作性低、精度差、效率低，影响生产稳定。特别是原料场封闭储存技术在原料场改造应用后，环境扬尘问题得以有效缓解，但室内料场操作环境欠佳，员工职业卫生条件恶化。一直以来，我国钢铁企业原料场运行优化相关技术研究没有得到足够的重视，尽管我国大、中型钢铁企业原料场已基本实现机械化和基础自动化，且一些行业内先进企业的原料场已向智能化方向发展，实现了设备无人化、料场数字化，但距离真正意义上的智慧料场还存在较大差距，从原料场整体智能化水平分析，其设备控制、运行和管理等方面的智能技术仍处于较低水平，尚在起步阶段。

　　原料场采用先进的自动化控制和智能化管理系统，可以实现均衡进料、供料，保证料量稳定，实现原料成分、粒度、水分的均匀性，合理安排作业、确定最佳流程，避免因人为因素导致生产波动，实现机上无人化作业，降低操作岗位人数，提高设备运行效率和故障停机率，实现快速、精确盘库，消除不需要、不急需的库存原料，提高料场有效利用率，降低生产成本，节约能源，减少资金成本。随着钢铁生产大型化、连续化和紧凑化，以及原料场技术的深入研究和发展，采用以工序信息实时跟踪和同步传递、料堆堆位和库存智慧管理、堆取运作业设备远程智能控制等智慧料场技术，全面实现降低原料库存、减少设备数量、提高作业效率、降低物耗能耗、节省劳动定员、降低运行成本将成为钢铁企业绿色发展所需。

　　智慧料场技术主要由智能流程控制系统、智能混匀配料系统、堆取设备无人化系统、数字化料场系统、在线三维生产仿真系统构成，可实现原料输送流程的自动化、智能化、可视化；自动混匀配料；堆取设备远程操控及自动作业；料场数字化和料堆堆位管理等。

　　（1）智能流程控制系统。综合考虑运转成本、设备状态、检修计划等信息，智能决策出距离最短、能耗最低的最优动态流程，自动匹配物料属性，自动跟踪物料流向，自动控制运输量，流程一键式操作，胶带机根据用户需求智慧运行。包括进料信息采集、智能流程决策、库存管理、胶带机和移动机械运转、作业实绩收集，以及画面显示和操作、报表编制、数据通信等功能。通过与在其他单元设置的码头输入、铁路输入、汽车输入系统通信，获取原料进料的相关信息，并进行相关的数据存储和显示。自动检索起点设备和终点设备之间的所有可用流程，并综合考虑各设备属性、运转成本、设备维修计划等信息，智能决策出节能、便捷的最优动态流程。根据流程优化的结果，完成流程预约、流程选择、流程启动、流程停止、一齐停止、清除一齐停止、流程切换、流程合流等控制功能。通过编制料场图，并根据进、出各料场的原料量，动态计算料场的实际库存量，动态更新和管理各料场的品种和库存量等实际信息。接收数字料场系统盘库指令进行料堆库存盘整。根据料仓情况进行分类管理，实时掌握高炉、烧结等用户料槽料位信息，并在操作画面上直观展示。对关键设备（胶带运输机、移动机械）进行作业运行跟踪，统计开机时间、停机时间、作业运行率等。根据原料运输计划、胶带机系统运转状态、终点设备运转状态、设备的停止信息，监视和控制胶带机系统的启动和运转，同时管理运输量。根据原料运输计划，取料机和堆料机等设备的运转状态信息等，监视和控制所有移动机械的自动运转。收集和存储生产实际操作数据，实时更新数据库，提供报表数据。接收和存储由原料试验室输入的原料物理性能数据，加工处理后，供报表编辑使用。综合显示料场（料仓）库存管理，各移动机械和胶带机工作状态、原料输送等各种操作、生产和管理信息，并实现对生产和设备的操作。根据处理数据库中相关数据，编制各种生产和操作报表。通过工业以太网连接实现与相关计算机系统的数据交换。

（2）智能混匀配料系统。以稳定混匀矿的硅铁含量为目标，采用等硅等铁堆积算法进行模型计算，自动生成原料配槽计划，自动优化和实时动态调节给料装置切出速率，实时预测混匀矿目标成分，多维立体跟踪混匀配料过程。包括配料计划管理、配料计算模型、配料控制模型、配料实绩收集、配料调整、画面显示和操作、报表编制、数据通讯等功能。通过制定配料计划，并结合原料质量、库存、成本等信息，进行配料计算，利用物料价格预测配料成本，形成最优配比，使产品质量达到目标要求。采用等硅等铁算法，分解混匀配料计划物料为分槽计划，指导流程物料装槽作业。配料时计算各槽给料装置设定值，配料过程中实时跟踪各槽给料装置切出速率和物料成分，预测混匀矿堆积成分。通过对物料装槽和给料装置切出的有效控制，稳定混匀矿成分，确保混匀质量。收集和存储生产实际操作数据，实时更新数据库，提供报表数据。系统跟踪配料计划的执行情况，对配料计算参数进行调整，使之与实际情况相符，指导下次配料计划的制定。采用大屏幕显示终端，综合显示混匀配料过程的各种操作、生产和管理信息，并提供操作工对生产和设备的操作。处理数据库中相关数据，编制各种生产和操作报表。通过工业以太网连接实现与相关计算机系统的数据交换。

（3）堆取设备无人化系统。根据设定工艺参数，结合运动路径解析模型和堆料动作策略模型，实现自动对位、自动移位、自动遛垛，支持定点堆积、鳞状堆积和自由续堆等多种堆积方式。利用料堆三维图像数据和图像分析模型，结合大车综合姿态定位技术，采用进尺回转分层取料，并通过料堆形状识别模型自动折返，实现自动恒流量取料。在中控室设置智能化管理PLC系统、远程操控终端和视频监控终端；在堆取设备设置机上智能化PLC系统、大车定位系统、料堆识别系统、防碰撞系统和视频监控系统。利用远程驾驶平台，结合智能定位技术和高清视频监控技术，实现中控远程操控功能。利用料堆识别系统及高清视频监控技术，结合大车的综合姿态定位技术，按照设定的工艺参数、运动路径解析模型和堆料动作策略模型，实现自动堆料和取料作业。利用机上安装的数字红外线高清摄像头将实时作业图像传输至中央控制室的视频终端或大屏幕显示。

（4）数字化料场系统。利用三维激光设备实时扫描料堆轮廓，采用图像处理技术和高精度三维图像重构技术，对料场矢量化建模，建立实时的料堆三维数字化模型，并结合图像分析模型精确计算料堆体积和重量，实现料场数字化管理、自动实时盘库和精细化管控。利用料堆3D点云处理结果和料堆识别系统，通过料条参数、料堆参数等多种基础参数数据，编制3D料场图，以图形和表格等多元化方式展示各料堆堆积情况。其主要参数包括料堆开始位置、结束位置、体积、重量等主要信息。依据料堆识别系统进行料场建模，构造出料场物料堆存状况，实现自动盘库。机上的激光3D扫描系统与堆取料机自动作业系统协作，完成料堆云图数据的采集，盘库模型根据料条堆密度和实际的点云数据，计算料堆体积，实现自动盘库。

（5）在线三维生产仿真系统。通过3D仿真技术对原料场生产能力进行建模，模拟实际生产过程并进行展示，根据生产能力、设备状况、物料品种等发生变化时进行仿真，验证当前条件下生产计划、检修计划的可行性。可随时根据原料价格波动调整配比进行虚拟生产，根据仿真结果进行分析判断和调整，为管理层做出科学决策提供可行性支持，使企业在生产平稳、顺行的基础上实现最优采购成本。

3.1.4.2　工程案例

案例1：宝钢湛江原料场

宝钢湛江原料场是全球智能化环保水平最高的大型沿海原料工程，是业内首套智能原料场。公司2016年开始开展原料场智能化系统研究，2017年4月，原料场所有堆、取料机全部实现智能化操作，中央控制室通过两位岗位人员对电脑参数的控制，实现堆、取料机根据作业指令全自动化操作。

原料场智能化系统主要由堆取料机机上部分与中控室中控系统组成。机上部分主要配备3D激光料堆云图采集系统，实现快速获取料场料堆的变化情况；自动料堆堆高检测系统，实现实时采集料堆堆高，自动判断换堆、走行等；走行定位系统，实现轨道方向的走行精确定位；机上PLC自动驾驶模块、堆料模型、取料模型、姿态识别模型、作业任务接收模块等，实现机上控制系统具备无人化作业能力；视频监控镜头，对机上不同部位进行远程观察、监控。中控室部分主要包括远程操控平台，通过对机上的视频监控信号、HMI操控画面集成，可实现多台堆取料设备仅需1人远程监视与操控。

湛江钢铁原料场占地面积约100万平方米，年受料量3500万吨，智慧料场技术的采用，替代人工作业和管理，料场利用率提高10%~20%，同时降低意外故障停机率约60%，实现节能降耗生产；实现高效、精确、无人、智能、实时盘库，盘库效率提高约90%，盘库精度优于1%，大幅提升库存管理的准确性。劳动效率提升 300%，作业人员减少 70% 以上，人均劳动生产率提高 30% 以上，劳动强度大大降低，人工优势非常明显[6]。

案例2：宝钢本部原料场

宝钢本部于 2012 年制定了原料场智慧制造方案，2016 年 9 月 C1 项目 2 台刮板机实现了无人化操作；2017 年 6 月开始对 6 台堆取料机进行无人化改造；2018 年 4 月煤场区域 P2 大棚 2 台刮板机实现了无人化操作；2018 年 9 月 C2 项目 4 台刮板机实现了无人化操作；2019 年 1 月煤场区域 P3 大棚 4 台刮板机实现了无人化操作。作业人员采用远程计算机自动控制，作业过程无需人员干预。

全料场 2D 电子地图已经开发完成，图像比对料堆地址功能已完成。斗轮堆取料机、刮板机及混匀堆料机对应的料场 3D 电子地图建设已完成。斗轮堆取料机区域、刮板机区域自动盘库功能已经上线，料场虚拟建模及动画展示已完成，正在进行堆取料系统及原料系统的料堆位置的精细化调整。筒仓输出系统已实现"一键化"操作，根据生产需求自动生成流程计划，下发作业指令。

宝钢本部原料场通过智慧改造，全面提高料场自动化水平，人均作业量较现况约提高 19%；通过料场数字化，实现料场信息统一汇总、可视化管理，替代人工统计，降低劳动强度，料场信息更新速度快，操作简单方便。通过"一键化"操作，堆取装置和输送流程"一键化"启停，实现流程全自动作业。堆、取料机进行智能化技术升级，自动化程度更高，作业流量更稳定。

3.2 烧结源头减排技术

3.2.1 削减源头有害元素含量

3.2.1.1 技术介绍

铁矿石中的硫，通过烧结的方法可以脱除 80%~90%，因此烧结工序二氧化硫的排放量在整个钢铁流程中是最高的。目前在铁矿石配矿环节中，会经常搭配使用一些含铁品位高，磷、SiO_2 等其他有害杂质低的高硫矿，以达到降低成本的目的。但随着环保要求的提高和超低排放的提出，使用高硫矿、高硫煤、高氮煤的后续脱硫脱硝环保压力加大，考虑脱硫脱硝设施投资和运行成本的影响，从原燃料环节降低硫硝等杂质元素含量将成为源头减排的重要措施。《钢铁企业超低排放改造技术指南》也提到，鼓励采用低硫矿、低硫煤等源头控制技术。

研究证明，烧结燃料粒度越细，焦粉与无烟煤的比例越高，H 含量越低，

N 转化率和 NO 排放量越低。因此，保证烧结燃料粒度，提高 0~3mm 范围颗粒比例，采用 H 含量低的燃料，尽可能采取全焦烧结，可从源头削减烟气中氮氧化物的排放量。

烧结烟气成分复杂，污染物不仅有烟粉尘、SO_2、NO_x，还含有二噁英、重金属等物质。2012 年环保部公布的《钢铁烧结、球团工业大气污染物排放标准》（GB 28662—2012）首次规定了烧结工序二噁英的排放标准，在将来还有收严的趋势。原料中 Cl、Cu 是促使二噁英产生的重要元素，Cl、Cu 含量高的原料将造成烧结烟气中二噁英排放量成倍增加。因此烧结工序应严格控制使用 Cl、Cu 含量高的物料或返回料。削减烧结原料中 Cl、Cu 元素含量，从源头降低烧结烟气二噁英排放量。

3.2.1.2 工程案例

在烧结原料中加入添加剂以降低 NO_x 生成量，是当今的研究热点之一。有研究表明，在烧结料中加入一定量的含钙化合物可降低 NO_x 生成量，添加碳氢化合物（锯末、稻壳、蔗糖等）也可显著抑制 NO_x 生成。Yan Guangchen 等人发明了通过焦粉改性降低烧结 NO_x 排放的新工艺，焦粉中负载的 K_2O_3、CaO 和 CeO_2 均能在焦炭燃烧过程中减少燃料氮向 NO_x 的转化，三者效率大小排序为：$CeO_2 > CaO > K_2O_3$。在烧结杯实验中，以 2.0% CeO_2 和 2.0% CaO 改性焦粉作固体燃料时，NO_x 减排率分别为 18.8% 和 13.5%[7]。

3.2.2 烧结配加兰炭技术

3.2.2.1 技术介绍

烧结矿作为高炉的主要原料，其生产成本对生铁成本影响显著。兰炭具有固定碳高、发热值高和价格相对低廉的特点，作为近年发展起来的新型优质固体燃料，具备价格低、"三高四低"等特性，特别是当前限煤政策的推动下，已吸引不少钢铁行业相关人员的关注。

烧结常用的固体燃料主要是焦粉和无烟煤两种。我国烧结矿在高炉配比为 70%~80%，烧结矿成本的高低直接决定了生铁的成本高低，烧结过程中的固体燃料成本对烧结矿的成本有着很大影响，用低价燃料替代部分价格昂贵的焦粉是降低烧结成本的有效措施之一。无烟煤资源紧缺，且质量波动非常大，影响生产的稳定进行。兰炭质量和性能均优于无烟煤，且每吨的价格要比焦炭低。若使用兰炭作为替代燃料，可以有效降低成本。

兰炭应用于烧结工序的作用如下，得到一般规律如下：

(1) 燃料反应：采用 GB/T 220—2001 方法测得颗粒燃烧反应性显示，兰炭粉的反应性明显好于焦粉和无烟煤。

（2）气化性能：兰炭粉与焦粉和无烟煤粉比较，气化开始温度和结束温度均低，气化温度区间窄，表明兰炭的气化性能比焦粉和无烟煤的好。

（3）燃烧性能：兰炭粉与焦粉和无烟煤粉比较，燃烧开始温度和结束温度低，燃烧温度区间窄，证明兰炭粉的燃烧性比焦粉和无烟煤的好。

（4）转鼓强度：用兰炭粉作燃料时的烧结矿转鼓指数与焦粉作燃料时的烧结矿转鼓指数相差不大，均在67%左右，比用无烟煤作燃料时的烧结矿转鼓指数高。

（5）环保特性：相比焦炭，兰炭具有较低的灰分和全硫含量，有利于减少烧结烟气脱硫的能耗以及 SO_2 气体对设备和环境的破坏。

从燃料性能、烧结过程、烧结矿冶金性能三方面综合考量，试验表明，作为烧结燃料，兰炭的发热量、挥发分、灰分、硫含量等各项指标均能满足烧结用燃料要求，特别是兰炭（半焦）灰分中，CaO、MgO、Fe_2O_3 含量较高，可显著降低灰分的负面影响，可替代极少部分烧结矿原料和熔剂。同时，兰炭反应性能、气化性能、燃烧性能明显好于焦粉和无烟煤，烧结矿成品率较高。兰炭作烧结燃料完全可以替代无烟煤和焦粉。

3.2.2.2 工程案例

兰炭硫含量一般小于0.4%，宝钢股份、河钢集团宣钢、山钢集团莱钢、攀钢钒业、陕钢、敬业钢铁、安钢永通、酒钢等钢铁企业在烧结工序配加兰炭作为固体燃料，从源头减少硫的含量，实现烧结节能减排。

（1）宝钢股份。为了应对烧结燃料需求缺口，宝钢开展兰炭替代焦粉的烧结杯试验，研究兰炭替代焦粉占比对烧结矿质量及性能的影响。在保证烧结矿产量和质量的前提下，烧结过程配加兰炭对降低烧结矿成本具有积极的作用。烧结生产要求焦粉固定碳质量分数高、灰分低、挥发分低、粒度分布合理、可燃性好，而兰炭的水分、挥发分等与宝钢烧结用焦粉存在一定差异，尤其是挥发分远高于焦粉。因此，将挥发分为6%~10%的兰炭通过烧结杯进行试验，考察不同替代占比对烧结过程参数、烧结矿质量和成本、固体燃料消耗的影响，以期获得较佳的兰炭使用替代占比和适宜的质量标准。结果表明：随着兰炭替代焦粉占比的增加，烧结矿成品率和落下强度、烧结机利用系数均有所下降；烧结矿还原粉化指数有所降低，但是降幅不大。试验证明兰炭替代焦粉占比不超过50%是合理的，且烧结尾气中 SO_2 的质量浓度可得到有效控制，氮氧化物质量浓度有所降低。

（2）河钢集团宣钢。2019年河钢集团宣钢公司炼铁厂烧结车间配加兰炭的实验数据：河钢宣钢用兰炭价格为 420 元/t，外购焦粉 703 元/t，按照燃料比 30%配加替换焦粉使用，置换比例按 1∶0.7 进行计算，那么每用 1t 兰炭替代焦粉，将降低燃料费用为 21.63 元/t。

（3）山钢集团莱钢银山型钢。通过对兰炭末和原燃料的物理化学性能进行试验，当烧结混合料配比固定不变，燃料的配加种类以及配比变化时进行高碱度烧结矿的烧结杯烧结试验，对所得烧结矿的粒度组成、转鼓强度的检测和评价，得出如下结论：

1）在烧结过程中利用兰炭末替代焦炭或无烟煤作为烧结燃料是可行的，而且有利于垂直烧结速度的提高，提升烧结生产效率。

2）在相同燃料比 4.61%条件下，兰炭末替代焦粉比例 20%，各项指标满足烧结生产要求。如维系烧结矿质量不降低，当将燃料比由基准 4.61%提高至 4.71%时，兰炭末替代焦粉比例可达 40%；燃料比继续提高至 4.78%时，兰炭末替代焦粉比例可达 50%。

3）兰炭末反应性强，燃烧速度快，对烧结生产控制因素比较敏感，生产配用时需审慎、及时地调节工艺参数，确保生产过程和烧结矿质量稳定。若以 100%兰炭末作为烧结燃料，需将燃料比由基准 4.61%提高至 4.86%方能满足烧结矿质量要求。

4）兰炭末替代无烟煤最大可达 30%，增加燃料比可以提高兰炭末取代无烟煤的比例。

（4）攀钢钒业。由 2017 年攀枝花钢钒有限公司炼铁厂采用兰炭作烧结燃料的试验报告可知：

1）使用兰炭的烧结利用系数达到 1.549t/(m^2·h)，高出焦粉 0.177t/(m^2·h)，高出煤粉 0.146t/(m^2·h)；转鼓指数达 62%，比使用焦粉高 2.93%，比使用煤粉高 8.8%；固体燃耗 52.22kg/t，比焦粉低 2.24kg/t，比煤粉低 8.32kg/t。综合评价烧结性能兰炭是三种燃料中最高的。

2）兰炭灰分低，相同配矿条件下可提高烧结矿品位 0.3%~0.5%。

3）使用兰炭烧结矿矿物组成与结构更加均匀，铁酸盐含量高，玻璃质含量少，低温还原粉化率低，中温还原度高。

技术与经济评价表明：兰炭用作烧结燃料，其综合技术效果最好，而烧结矿成本最低，为未来可选的烧结优质燃料之一。

（5）陕钢集团。西安建筑科技大学冶金学院关于兰炭末在陕钢集团烧结矿生产中的应用研究表明：冶金中应用兰炭代替焦炭作为烧结燃料是可行的。

1）兰炭灰成分中的有用成分 CaO、MgO、FeO 都高，可补充烧结矿的原料和熔剂。灰成分中的 MgO 对改善铁矿石的还原强度、炉渣的熔化性能等是有利的。

2）根据实验数据，可见当兰炭末配比为 30%时，烧结矿的 FeO 含量较低，对烧结矿还原性有利。

3）兰炭烧结时燃料配比达到 30%时，在燃料配比不增加的情况下所得烧结矿的软化性能、还原性能、还原粉化性能、转鼓强度等指标达到行业烧结矿标准。

（6）敬业钢铁。通过烧结杯试验对兰炭作烧结燃料进行了初步研究，重点探索了兰炭替代比例和粒度对烧结生产能量利用和烧结矿质量的影响。

1）在一定条件下，兰炭的替代比例对烧结生产影响不是很大。如果烧结参数控制得当，高比例配用兰炭作烧结燃料是可行的。

2）用兰炭作烧结燃料完全替代焦粉时，其粒度不宜过细，否则会使燃烧速度过快且燃烧不充分，导致烧结矿质量下降。

3）由于兰炭的燃烧速度较快，导致其对燃料粒度、水分和负压等烧结参数较为敏感，生产配用时需审慎、及时地调节工艺参数，才能确保生产过程和烧结矿质量稳定。

（7）安钢永通。2012 年，安钢集团永通公司烧结车间进行了用兰炭作为燃料替代部分焦粉的生产试验。试验结果表明，兰炭替代 30%的焦粉时对烧结过程的影响不大，通过采取控制燃料粒度，提高料层厚度，提高点火温度，兰炭焦粉分别配加等措施，完全能满足炼铁对烧结矿产量和质量的要求，达到降本增效的目的。

（8）酒钢。酒泉钢铁公司为了降低烧结矿成本，拓宽烧结固体燃料使用渠道，进行了烧结配加部分兰炭粉的生产试验研究。试验结果表明烧结配用 20%兰炭粉生产，有利于烧结矿加工成本的降低。配加 20%的兰炭粉烧结生产，烧结矿的固体燃料消耗上升 1.33kg/t，同时烧结矿的质量指标略有下滑，但均在质量控制标准范围之内；配加 20%的兰炭粉烧结生产，虽然烧结矿的固体燃料消耗有所上升，但二者之间价差所带来的经济效益较为明显，烧结矿的燃料成本下降 3.32 元/t[8]。

3.2.3 烧结机头除尘灰综合利用技术

3.2.3.1 技术介绍

烧结除尘灰是钢铁企业最主要的污染物，是 $PM_{2.5}$ 及 $PM_{1.0}$ 的主要污染源。烧结除尘灰中含有许多有害因素如钾、钠、铅、铜、锌等，其中由于富含易溶于水的钠盐、钾盐及重金属危害，不宜堆存和深埋，部分企业只有返回烧结处理；但烧结除尘灰的返回烧结又会对钢铁厂的后续生产、能耗、钢铁品质带来严重影响；而烧结除尘灰简单选铁处理存在经济效益没有最大化和二次环境污染难题，故烧结除尘灰的处理一直困扰钢铁企业。

目前烧结除尘灰缺乏有效处理手段；固废品经济效益没有最大化；钢企存在环保连带责任风险，尤其是 2015 年新环保法实施后。因此烧结除尘灰无害化、减量化和资源化综合利用技术尤为必要。

烧结除尘灰综合利用技术优势：

一是国内首创，唯一实现产业化。历经 4 年研发，经过 17 次设备改造与技术升级，最终开发出完整的技术工艺流程，并在西南某地形成稳定量产近三年，是国内唯一的一家通过烧结灰生产氯化钾达到国家一等品标准的生产企业，技术独创并在国内国际领先[9]。

二是拥有多项国家专利。该技术于 2011 年通过科技鉴定，并获得四项国家专利：（1）烧结烟尘资源化利用；（2）高温耐腐蚀蒸发罐；（3）废物清理过滤技术；（4）一种钛白盐处理剂。

三是技术成熟、稳定。经过在西南某地近三年生产运行，技术成熟可靠，产品质量优质。氯化钾提取率超过 90%，远超国内现有提取技术，而且氯化钾品质优良，达到国家标准Ⅱ类和Ⅲ类产品的一等品和优等品。

四是零排放、无污染。采用了液体全闭路循环技术体系，固体物料生产作为产品出售，生产过程中无"三废"排出，无噪声产生，不存在任何环保问题。

（1）技术方案。原料浸出—浸出液净化—蒸发浓缩结晶—干燥得到工业氯化钾产品。

（2）烧结除尘灰综合利用工艺流程。烧结烟尘综合利用工艺流程见图 3-1。

（3）技术创新与核心技术。

1）预处理技术：烧结除尘灰含有铁、钙、镁、硅、铝等杂质及其他物理杂质处理技术。

2）低能耗浸出技术：本技术采取常温、常压浸出方式，较现有技术节约能源。

3）复合沉淀技术：对溶液中的重金属进行分离和提纯。

4）高效置换技术：进一步提纯加工溶液。

5）系统防堵技术：系统生产过程中的溶液是高浓度含盐液体，经常发生溶液结晶堵管现象，导致生产不能正常进行，本项目彻底解决了该技术难题。

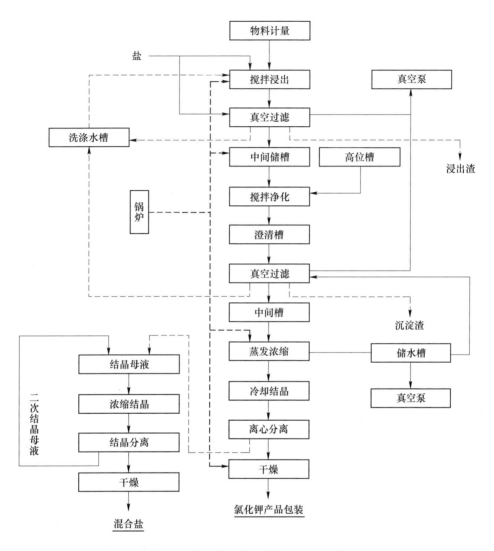

图 3-1 烧结烟尘综合利用工艺流程图

6）高效浓缩防垢技术：盐溶液在浓缩过程中，经常发生在浓缩器换热管表面结垢，导致换热能力下降，严重的影响生产进行。经过长期研究开发出了防垢、防堵塞蒸发结晶装置。

7）连续化生产装置成套技术：经过长期研发和 17 次改造实验，全面掌握了各种规模的烧结除尘灰资源综合利用技术、连续化生产装置的设计及成套设备配套，实现了技术产业化开发。

（4）主要生产设备。搅拌器、压滤机、净化罐、多效浓缩器、结晶罐、离心机。

（5）主要产品。高纯度氯化钾、硫酸钾、硝酸钾、高氯酸钾、铅、银。

3.2.3.2　工程案例

（1）国内首创、唯一实现产业化。经过 17 次的设备改造与技术升级，完成了国内首条 1000t/年生产线的研制，可实现连续稳定、均衡生产，经历了两年的实际运行考验，实现了超设计能力 20% 连续生产。2011 年通过科技鉴定。

（2）独立的知识产权。烧结烟尘资源化利用，专利号：201110157390.X；高温耐腐蚀蒸发罐，专利号：ZL201120454175.1；废物清理过滤技术，专利号：201120454184.0。

（3）技术成熟、提取率高、产品符合国家要求。

1）再生产品提取率指标。再生产品提取率指标见表 3-1。

表 3-1　再生产品提取率指标表

序号	所含元素	提取率/%
1	氯化钾	≥90
2	铅	≥98
3	铜	≥80
4	铁	≥65

2）产品的合格指标。氯化钾产品达到国家标准 GB 6549—2011 氯化钾 II 类产品的一等品和优等品要求。

3）铅银富集渣。达到工业一级。

（4）工艺路线灵活。在技术开发过程中，充分考虑了我国现有钢铁企业的地域差异、铁矿石来源的不同导致产生的烧结除尘灰的成分、品质的不同，开发出的生产工艺流程及生产装置可以满足现有各种规模钢铁企业不同矿源、不同性质烧结除尘灰处理需要。针对不同成分、性质、品位的烧结除尘灰，掌握了一套切实有效的办法，在原有生产线上只需要做局部的相应调整和实验就可以实现大规模生产。

最小投资生产规模：年钢铁产量在 1000 万吨规模以上可以独立建厂；如果在运输半径为 200km 的范围内钢铁企业的年产量总量在 1000 万吨以上，可以在合适的位置建厂。

（5）多种措施防范风险。采取（小样化验—小批工业生产—大规模生产）三步走方式，能够有针对性地处理各种矿源烧结除尘灰，解决由于烧结除尘灰的来源不同的差异而导致生产工艺流程及参数的变化，根据原料的特性，研究出了一条符合氯化钾工业生产要求且现实可行的技术路线，所得产品质量达到氯化钾国家标准（GB 6549—2011）氯化钾Ⅱ类一等品和优等品，可以提前预防和避免项目的投资风险。

（6）生产过程污染物零排放、无污染。本技术采用的主要原料是钢铁企业的烧结除尘灰和脱盐水浓缩液，使用的能源为蒸汽、电、水，蒸汽采用钢铁企业高炉回收的余热产生的蒸汽，整个生产过程中产生的渣、水都可以循环使用，没有新废物产生，完全实现污染物零排放。

（7）效益分析。

1）政策支持。通过烧结除尘灰无害化综合处理技术，完全消除除尘灰有害元素对钢铁生产的影响，实现烧结除尘灰资源的有效利用。利用烧结除尘灰综合提取氯化钾、氯化钠，同时富集回收铅、锌、铜等有色金属，属于国家鼓励类发展项目，享受税收优惠政策。

本项目属于国家《资源综合利用企业所得税优惠目录》《国家鼓励发展的环境保护技术目录》以及《国家先进污染治理技术推广示范项目名录》所列项目，享受国家税收优惠政策，可以申报国家政策奖励基金和实行税收减免。

节能减排技术改造、大气污染减排一直都是政府节能减排专项资金投向的重点领域。本项目既可作为节能技术改造项目，也是控制扬尘污染的环保项目，同时还是节能减排项目，可申报包括技改、重点污染源大气污染防治、粉尘治理、中央财政主要污染减排等专项资金，以及节能减排相关资金支持。

2）经济效益。大量的氯化钾因其结晶粒度细，相对分子质量小，在烧结过程中以升华和微粒的形式进入烧结烟气中。以氯化钾为例，氯化钾沸点1420℃，升华点1500℃，升华潜热3000kJ，相当于每收集到1kg氯化钾将消耗1.5kg标煤。按每天处理50t除尘灰，除尘灰中50%的氯化钾计算，每年节约煤近2万吨，价值约3000万元。

铅是易还原，易挥发的金属，在烧结过程中铅的反应历程是：$PbO \rightarrow Pb(s) \rightarrow Pb(g) \rightarrow PbO$，单位质量的铅完成这个过程所消耗的热量折合成标煤约0.45t，按除尘灰中12%的铅含量，日处理50t除尘灰计算，每年可节约还原煤1500t，价值约200万元。加上除尘灰中硅酸盐和其他有害杂质的热能消耗，每年可节约能源支出5000万元以上。

3）钢铁厂的综合收益。理论上我们知道提高入炉矿石品位将有效地减少溶剂用量和降低渣量，既能降低高炉冶炼能耗，又可改善料柱透气性，入炉矿石品位每提高1%可降低焦比1.5%~2.0%，提高产量2.5%~3%，吨铁渣减少 30kg，允许多喷吹 15kg/t 煤粉。如将烧结机机头电除尘器第 2、3 电场除尘灰配入原料系统，将使铁品位降低 0.04%，因此排出烧结机头电除尘第 2、3 电场除尘灰可粗略估算出所带来的效益。

按如下数据统计：焦比 400kg/t 铁，年产 420 万吨生铁。烧结机头电除尘器第 2、3 电场年排出 7200t 除尘灰。换入 7200t 品位 63% 铁精粉，按每提高入炉矿石品位 1%、降低焦比 1.75%、产量提高 2.75% 计算。

全年减少焦炭量 1176t，增加生铁产量 4620t，预计全年为企业带来效益 690 万元，上述效益计算尚没包括出售 7200t 除尘灰所带来的收益。

4）减少排放。本项目考虑用高浓度废盐水为溶剂，综合回收其中的氯化物，每年可减少废盐水排放量 6 万立方米。焦炭减少同样将减少 CO_2 和 SO_2 的排放。按焦炭 85% 碳含量计算，全年可减少 3768t CO_2 的排放。

5）社会效益。烧结除尘灰是炼钢企业生产过程中产生的工业废弃物，本项目通过现代提取技术，综合利用烧结烟尘提取氯化钾产品，同时富集回收铅、锌、铜等有价金属，属于国家鼓励类发展项目，符合当前国家清洁生产、节能减排的产业政策。

同时有效减少了因除尘灰向大气排放而造成的污染，如钢铁企业普遍实施，将会大大减少空气中 $PM_{2.5}$ 含量，对我国大气环境的改善做出巨大贡献。

3.2.4　烧结烟气循环技术

3.2.4.1　技术介绍

烧结烟气循环利用技术是将烧结过程排出的一部分载热气体返回烧结点火器以后的台车上循环使用的一种烧结方法，其实质是热风烧结技术的另外一种形式。它可以回收烧结烟气的余热，提高烧结的热利用效率，降低固体燃料消耗，达到降低能耗的目的。烧结烟气循环利用技术将来自全部或选择部分风箱的烟气收集，循环返回到烧结料层。废气中的有害成分将在再进入烧结层中被热分解或转化，二噁英和 NO_x 会被部分消除，抑制 NO_x 的生成；粉尘和 SO_x 会被烧结层捕获，减少粉尘、SO_x 的排放量；烟气中的 CO 作为燃料使用，可降低固体燃耗。另外，烟气循环利用减少了烟囱处排放的烟气量，降低了终端处理的负荷，可提高烧结烟气中的 SO_2 浓度和脱硫装置的脱硫效率，减小脱硫装置的规格，降低脱硫装置的投资。

该工艺已有不同的流程在欧洲和日本等国应用。生产实践应用表明，烧结烟气循环技术可减少烧结烟气的外排总量，是减轻烧结厂烟气污染的最有效手段；可大幅降低烧结厂烟气处理设施的投资和运行费用；可减少外排烟气带走的热量，减少热损失；CO 二次燃烧，降低固体燃耗；减少外排烟气中的有害物质总量。欧洲某些烧结厂甚至用此工艺而未上烟气末端处理系统。

烧结烟气循环技术经过不断创新和发展,国内外目前主要有5种烟气循环利用的工业化烧结技术方案:EOS、LEEP、EPOSINT、区域性废气循环和烧结废气余热循环技术[10]。

1981年11月,烟气循环工艺装置首次在日本住友金属工业公司小仓钢铁厂的烧结机上投入使用,将烧结机后半段的高温废气(氧浓度为18%~21%)引回到烧结机前半段使用。实践证明,循环烟气中氧浓度为18%以上就能满足烧结生产的需要,烧结矿的产量和质量都不受影响。5种主要烟气循环利用技术的发展历程如下:

(1)EOS(Emission Optimized Sintering)。EOS技术由Outotec开发成功,外循环工艺,于1995年在荷兰克鲁斯艾莫伊登(CORUS NL)的3台烧结机上实现工业化应用,2002年在安赛乐法国敦刻尔克厂应用。德国的蒂森克虏伯、日本新日铁及荷兰的霍戈文等三个烧结厂都有使用EOS技术降低烧结过程烟气排放的报道。EOS工艺将主抽风机排出的烟气大约50%引回到烧结机上的热风罩内,剩余部分外排。热风罩将烧结机全长都罩起来,在烧结过程中,为调整循环烟气的氧含量,鼓入少量新鲜空气与循环废气混合。这样,仅需对约50%的外排烧结烟气进行处理,使之达到环保要求,灰尘、NO$_x$被减少约45%,二噁英被减少约70%。EOS工艺流程见图3-2。

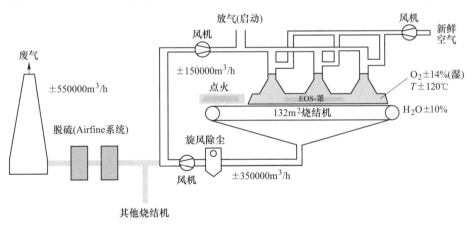

图3-2 EOS工艺流程图

(2)Eposint环境型优化烧结(Environmentally Optimized Sintering)。Eposint工艺流程如图3-3所示。

由西门子奥钢联和位于奥地利林茨的奥钢联钢铁公司联合开发的,内循环工艺,Eposint项目的实施减少了SO$_x$和NO$_x$的绝对排放量。而且,大幅度

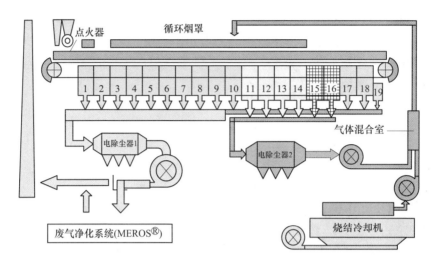

图 3-3　Eposint 工艺流程图

降低废气中的二噁英和汞的浓度，也减少了焦粉的单耗量，提高烧结机产量。自 2005 年 5 月在西门子奥钢联林茨 Voestalpine Stahl 钢铁公司烧结厂 5 号烧结机上使用。其使用效果如下：

1）循环废气来自温度最高、污染物（有害气体、粉尘、重金属、碱金属、氯化物等）浓度最高点的风箱位置，同时还包括部分冷却机热废气。

2）循环废气占废气总量的 35%，O_2 浓度为 13.5%，机罩占烧结机的 75%。

3）具有最高 SO_2 浓度的烟气循环进入烧结料层，过剩硫被固定到烧结矿。

（3）LEEP 低排放能量优化烧结工艺（Low Emisson & Energy Optimised Sinter Process）。由德国 HKM 公司开发，并在其烧结机上实现工业化。该烧结机设有两个废气管道，一个管道只从机尾处回收热废气，另一个管道回收烧结机前段的冷废气。通过喷入活性褐煤来进一步减少剩余的二噁英。烧结机罩的设计不同于 EOS 装置，这个机罩没有完全覆盖烧结机，有意允许一部分空气漏进来补充气体中氧含量的不足，这样就无需额外补给新鲜空气。LEEP 工艺流程见图 3-4。运行效果如下：

1）选择性利用机尾污染物含量偏高的烟气，循环比例 47%，O_2 浓度 16%~18%。

2）将冷烟气（65℃）和热烟气（200℃）进行热交换。

3）机罩没有完全覆盖烧结机，漏入部分空气补充氧含量。

4）废气可减排 45%，烧结燃料消耗降低 5kg/t，占燃料配比的 12.5%。

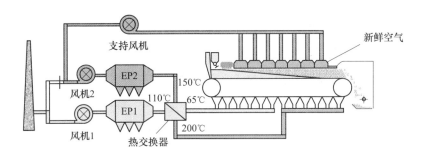

图 3-4　LEEP 工艺流程图

（4）区域性废气循环技术。在新日铁公司畑厂 3 号烧结机上使用，废气循环率约 25%，循环废气的氧浓度较高（19%），水分含量较低（3.6%），对烧结矿质量无不利影响。区域性废气循环工艺流程图见图 3-5。

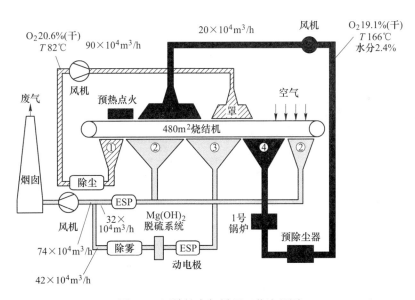

图 3-5　区域性废气循环工艺流程图

（5）烧结废气余热循环利用技术。宝钢宁波钢铁公司 $430m^2$ 烧结机上成功地应用烧结烟气循环系统，是国内首套烧结废气余热循环利用的节能减排项目，填补了国内大型烧结机废气循环利用和多种污染物深度净化空白，被列为国家发改委低碳技术创新及产业化示范项目。烧结废气余热循环利用技术见图 3-6。

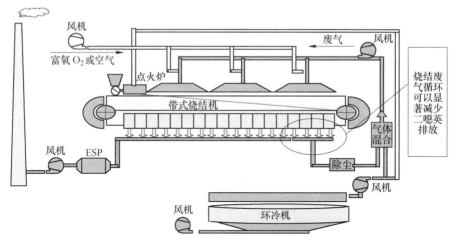

图 3-6　烧结废气余热循环利用技术

该技术具有自主知识产权，国内宝钢宁波钢铁有限公司 1 号 430m² 烧结机上使用效果如下：

1）非选择性与选择性循环并存，综合利用主烟道和冷却热废气。

2）固体燃料降低 6%，粉尘和 SO_x 排放量大幅度降低，NO_x 排放量少量降低。

烧结烟气循环利用技术的节能减排效果比较见表 3-2。

表 3-2　烧结烟气循环利用技术的节能减排效果比较

序号	技术名称	废气量和污染物产生量减少情况					节能效果
		废气量	颗粒物	SO_2	NO_x	二噁英	
1	EOS（能量优化烧结技术）	烟囱处减少的粉尘和 NO_x 量接近 45%	接近 45%	减排 41.3%	接近 45%	减少的二噁英量近 70%	节能量 20%（焦粉约 12kg/t）
2	Eposint（环境友好优化烧结）	吨烧结矿废气量减少 25%~28%	降低 30%~35%	降低 25%~30%	降低 25%~30%	减少约 30%	焦粉单耗降低 2kg/t 烧结矿
3	LEEP（低排放能量优化烧结工艺）	吨烧结矿废气量减少 45%	减少 50%~55%	减少 27%~35%	减少 25%~50%	减少 75%~85%	固体燃料降低 5kg/t 烧结矿
4	废气分区再循环技术	减少 28%	减少 40%	减少 46%	减少 3%	—	吨烧结矿净能耗减少 6%
5	烧结废气余热循环利用技术	减少 30%~40%	最大可减少 50%	—	排放总量最大可减少 40% 左右	排放量最大可减少 60%~70%	降低烧结工序能耗 5% 以上

3.2.4.2　工程案例

（1）宝钢宁钢 $430m^2$ 烧结烟气循环。宝钢宁钢使用 $430m^2$ 烧结烟气循环技术后，其节能减排效果如下：

1）烧结烟气温度在 150℃ 左右，某些特定风箱的烟气温度可以达到 350℃ 左右或更高一些，循环烟气中的显热可以得到利用。

2）烧结烟气中 CO 平均体积浓度为 0.4%~1.0%，此外还有一定数量的其他可燃有机物，这部分物质的潜热可以得到利用。

3）烟气循环需要风机、电机，将消耗部分电能，这部分烟气若不循环就要通过脱硫设施和高烟囱排放，将消耗更多的电能。

4）最终排放烟气量可以减少 25%~35%，电除尘设备、脱硫设备等规模投资和运行能耗可明显降低。采用该技术以后总能耗将降低 3% 以上。

5） SO_2 ：由于排放烟气量的减少和 SO_2 浓度的富集，脱硫效率将有所提高，从而达到进一步减排 SO_2 的效果。

6） NO_x ：循环烟气中的 NO_x 绝大部分被烧结机料床分解，其排放总量最大可以减少 40% 左右。

7）颗粒物：由于排放烟气量减少，其排放量最大可减少 45% 左右。

8）CO：循环烟气中的 CO 绝大部分可以在烧结机料床上被烧掉，最终排放烟气中的 CO 可以大幅度减少。

9）二噁英：循环烟气中的 PCDD/F 绝大部分可以在烧结机料床上被烧掉，其最终排放量最大可以减排 60%~70%。这种 PCDD/F 减排技术的综合优势是其他任何减排技术（活性炭吸附、催化分解等）所无法比拟的。

10）HCl、HF：烧结工序是钢铁联合企业最大的排放源，由于烟气量的减少、污染物浓度的富集，脱硫设施对 HCl、HF 的脱除效果也将明显提高。

11）其他污染：对 PCB、PAH、VOCs 等，也具有明显的减排效果。

总污染物减少 45%~80%，烧结固体燃耗降低 6%~15%。

目前，该技术在行业中主要有宝钢宁波钢铁 1 台 $430m^2$ 烧结机和沙钢 3 号 $360m^2$ 烧结机上投入应用。目前该技术普及率不足 1%。预计"十四五"期间行业普及率约为 20%，可年削减氮氧化物约 3.5 万吨、烟粉尘约 2.2 万吨。

烧结烟气循环技术的适用范围和发展方向：

1）EOS 回收采用烧结机主排烟气部分循环方式，循环烟气经过燃烧层可使二噁英高温裂解，对二噁英节能减排达 70%。同时高温烟气循环可利用烟气显热，降低燃料消耗，节能量达 20%（降低焦粉消耗 12kg/t）。缺点是未考虑烧结烟气排放特点，对烟气中不同成分的处理效果不是最佳。适合节能量和二噁英减排量的烧结机。

2）Eposint 又称选择性废气循环工艺，回收采用烧结机尾部分烟气循环和冷却机废气利用的方式。能够在不增加环境排放的前提下，使烧结矿产能提高 30%。应用 Eposint 工艺还能够在不增加烧结矿产量的情况下使现有烧结机的排放指标降低 30%，从而节省废气净化设备的投资和运行成本。缺点是将高硫烟气循环，烟气减排率较低，高硫烟气使烧结矿中硫含量升高。另外高温烟气未循环，节能量较低，对二噁英的减排率也较低。

3）LEEP 回收采用烧结机尾烟气循环。高硫烟气循环，低硫烟气排放，SO_2 减排效果达 67.5%，同时循环烟气经过燃烧层可使二噁英高温裂解，对二噁英减排效果达 90%。但 LEEP 工艺首先将前后部烟气进行换热，高温烟气热量未得到充分利用，后部烟气中 SO_2 含量高，返回烧结后导致烧结矿硫含量升高。

4）废气分区循环技术回收采用部分烧结机部分主排烟气循环方式。将高氧烟气循环，烟气减排率较低，循环工艺复杂，对已有烧结机改造较麻烦。

5）烧结废气余热循环技术采用非选择性与选择性循环并存，综合利用主烟道和冷却热废气；具有自主知识产权，节能减排效果显著，推荐作为钢铁行业大气污染防治的清洁生产重大技术推广目录之一；适用于新建烧结机和国内大型烧结机的改造。

在现有已投产的烧结机上采用烟气循环工艺，应根据自身的实际情况和减排需求，从不同的角度，有针对性地实施改造。

对于拟建烟气脱硫脱硝设施的烧结机，适用于类似 EOS 的模式，从主抽风机后取一部分烟气用于循环，减少外排的烟气量。在对脱硫脱硝设施选型时，可以降低设备规格，减少其投资和运行费用。优势在于对原有生产系统影响小，改造简便易行；循环风机只起增压作用，循环系统的工艺布置简单，投资和运行费用低。但是，整个烧结机的烟气混合后氧含量一般在 12% 左右，满足不了烧结生产，必须采用兑风措施，提高循环烟气的氧含量。

对于已经建设烟气脱硫设施的烧结机，可以在不增加外排烟气量，不改变原有机头烟气处理系统的基础上，将烧结机加宽、加长，增加烧结面积，通过增加循环风机来增加烧结风量，解决原有风机能力不足的问题，达到烧结机增产的目的，为利用现有设备增加产能提供了经济的解决方案。

烧结机增产改造可供选择的烟气循环方案有：1）采用头尾循环的模式，保证循环烟气的氧含量，稳定烧结生产；2）采用尾部循环的模式，提高循环废气的温度，提高回收废热的比例，节省能源；3）采用中部选择性循环的模式，取有害物质浓度高的部分烟气循环使用，这部分烟气再次通过烧结料层时，其中的部分有害物质分解，达到有害物质减排的目的。

烧结烟气循环利用技术作为大气污染重点行业清洁生产重大技术推行方案之一值得大力推广应用。国内外多家钢企采用烧结烟气循环技术的节能减排效果表明，在保障生产指标不降低的情况下，可减少烧结工艺生产的废气排放总量和污染物排放量，而且能够尽可能多地回收烟气余热、降低烧结生产能耗。因此，烧结废气循环利用技术可作为拟建烧结烟气脱硫降低投资和已建烧结脱硫改造增产的手段，也是我国烧结机未来升级改造的主要方向。

（2）烧结烟气循环技术进展和创新性。主要解决烟气的氧气含量不足、温度较低、烧结料面的负压不易控制，容易造成烟气外泄等问题。

主要技术进展：

1）提高循环烟气的氧含量。通过增氧装置仿真模拟和综合调节控制使循环烟气的氧气含量达到18%以上，效果良好。

采用增氧装置。为了满足循环烟气的氧含量，研发了一种无动力烧结烟气增氧装置。此装置在烧结烟气循环利用工艺中，实现烟气中均匀稳定混入空气；并实现根据烟气出口处压力，自动调整烟气中空气混入量，维持烧结密封烟罩压力稳定；无额外增加风机，不消耗电能；专利设备可根据不同烟气空气参数专门设计，设备阻力损失不超过50Pa。该装置结构简单，实用可靠、消耗少，节能减排。能满足循环烧结烟气增氧的生产要求。

采用"烟罩兑空气"的工艺。烟罩上方设置多个兑冷风阀，当烟罩内氧含量较低时开启兑入空气，以增加氧含量。

引入冷却机热风。烧结环冷机三段热风经重力除尘器后，由新建环冷循环风机加压，进入热风主管与循环烟气混合，经烟风主管送回烧结台车上部密封罩中，以增加烟罩内的氧含量。

2）通过"引入外部热风+取烟点切换"技术提高循环烟气温度。通过综合调节控制使循环烟气的温度提高，表层烧结矿质量得以改善，同时降低烧结固体燃耗，提高烧结产量。

引入外部热风。烧结环冷机三段热风经重力除尘器后，由新建环冷循环风机加压，进入热风主管与循环烟气混合，经烟风主管送回烧结台车上部密封罩中，以提高循环烟气温度。

取烟点切换调节温度。根据烧结大烟道末端烟气温度确定具体取风风箱，以保证烧结大烟道烟气温度满足后续脱硫脱硝工艺需求的同时，尽可能提高循环烟气温度。

3）合理调节烧结料面的负压控制。通过综合调节控制使烧结料面保持负压状态，不发生烟气外泄。

合理设置循环烟罩结构及密封形式。循环烟罩采用弧形活动可拆卸烟罩，烟罩内部设置烟气导流缓冲装置，可使循环烟气流速、压力分布均匀，避免烟气局部压力过大，烟罩与台车之间采用迷宫密封，防止造成烟气外泄。此外，烟罩与大烟道之间设置安保管道，当烧结料面压力出现正压情况，管道上快切阀开启，以迅速调整烧结料面压力，防止烟气外泄。

4）烟气压力控制。根据烧结机规模、类型、生产运行特点精准选择不同的烧结烟气循环工艺方案（自然混风内循环、强制混风内循环），根据仿真计算设计工艺管道、计算风量、风压，保证烧结料面的负压。系统运行时，通过变频器调整循环风机的出口压力、风量调整调压阀组的出口压力、风量，控制烧结料面维持正常的负压状态。

5）提高料层透气性。通过在烧结机头设置料层透气装置，可根据料层厚度对冷烧结矿层表层"硬壳"进行机械穿透，提高料层透气性，有利于烧结料面的负压控制。

主要创新点如下：

1）研发的新型烧结烟气循环系统，提高了烟气循环量，温度和氧含量。系统自动化程度高，可精准调节系统参数，达到系统生产操作智能化。

2）研发的附带安保系统的弧形活动可拆卸烟罩，可防止烟气外泄。

3）研发的无动力烧结烟气增氧装置，可实现烟气均匀稳定混入空气。不消耗电能，智能化程度高，节能效果好。

4）研发的料层透气装置，可提高料层透气性。可根据烧结料面高度自动调节透气锥齿插入深度，无需额外动力。

目前已推广21台（套）烧结烟气循环改造工程。烧结烟气循环系统运行平稳，效果良好，通过该项改造技术有效控制烧结机煤炭等能耗指标，减少污染物的排放，降低烟气净化设施的处理负荷，回收烧结烟气的余热，提高烧结的热利用效率，降低燃料消耗，提高烧结矿质量产量。提高循环烟罩内的氧含量和烟气温度，使表层烧结矿质量得以改善，降低烧结固体燃耗，增加烧结垂直燃烧速度，使烧结提产2%~5%。降低烧结固体燃耗，吨烧结矿可节约煤3~5kg，循环烟气量达20%~35%，减排效果显著[11]。

3.3 球团源头减排技术

3.3.1 带式焙烧机球团

3.3.1.1 技术介绍

近些年,由于我国铁矿资源的劣、贫、杂、难选化,为提高铁矿利用效率必须进行细磨,导致国产铁精矿细粒度居多,有一半铁精粉适合生产球团矿。另外,球团工艺相比烧结工艺,更加清洁环保,符合钢铁行业清洁生产、超低排放要求。所以,在高炉炉料中增加球团矿用量,已被各大钢铁企业列入发展规划中。

(1)高炉大比例配加熔剂性球团矿的必要性和发展。2019 年中钢协会员单位的高炉炉料结构大致为烧结矿 78%、球团矿 13%、块矿 9%。适宜的炉料结构是高炉生产最优化和低成本化的保证。提高高炉炉料球团矿配比,可提高入炉矿含铁品位、降低吨铁用矿量、降低燃料比、增加产量,还可降低污染物排放、促进炼铁系统节能减排、降低造块工艺烟气治理的费用[12]。

高炉炉渣来自烧结矿、球团矿、块矿、焦炭和煤粉,炉渣碱度一般要求在 1.0~1.2 倍。烧结矿碱度一般为 1.8~2.2 倍,当球团矿配比在 50% 左右,球团矿碱度需要在 1.0 倍左右,才能达到炉渣碱度要求。因此,高炉采用大比例球团矿炉料结构,需要采用熔剂性球团矿。

2015 年 12 月~2017 年 9 月,首钢京唐多次进行高炉大比例球团(最高 55%)+石灰石/钢渣的工业试验,验证了首钢京唐高炉大球团比冶炼的可行性;2018 年 10 月~2019 年 1 月,采用碱性球团+酸性球团+烧结矿+生矿的炉料结构进行了两次工业试验,确定了高炉的炉料结构,找到了碱性球团质量控制的关键;2019 年 4 月 26 日 3 号高炉投产以来,球团矿配比逐步提升,最高达 59.1%,在此过程中高炉压量关系稳定、炉况持续稳定。目前,首钢京唐 3 座高炉均采用约 53% 球团矿的炉料结构,3 号高炉利用系数为 2.34t/($m^3 \cdot d$),燃料比为 481kg/t,综合入炉矿品位为 61.3%,渣量降低至 225kg/t。实践证明,球团矿配比提高 10%,吨铁约能降低 5kg 燃料比。

(2)带式焙烧机球团工艺技术特点。球团矿的生产工艺主要有三种:链算机—回转窑工艺、竖炉工艺、带式焙烧机工艺。我国球团产量链算机—回转窑工艺约占 58.6%,竖炉工艺约占 36.0%,带式焙烧机工艺约占 5.4%。由于设计及设备制造能力的限制,带式焙烧机工艺在我国的发展相对缓慢。带式焙烧机工艺与链算机—回转窑工艺的比较见表 3-3。

表 3-3　带式焙烧机工艺与链箅机—回转窑工艺比较

	名　称	链箅机—回转窑工艺	带式焙烧机工艺	评　价
1	球团种类			链箅机—回转窑工艺中预热球的转运和回转窑结圈问题，较难适应赤铁矿球团和熔剂性球团；带式焙烧机工艺预热、焙烧段烧嘴的可控性，适用于各种类型的球团矿
	（1）赤铁矿球团	较难	适应	
	（2）磁铁矿球团	适应	适应	
	（3）赤磁混合矿球团	适应	适应	
	（4）熔剂性球团	较难	适应	
2	单机产量			世界上已投产球团单机最大产量，带式培烧机为 925 万吨/年，链箅机—回转窑为 600 万吨/年
	（1）200 万~600 万吨/年	满足	满足	
	（2）600 万~925 万吨/年	不满足	满足	
3	燃料类型			链箅机—回转窑工艺适用于所有的燃料条件；带式培烧机工艺无法采用煤粉，但内配煤量比链箅机—回转窑工艺略高
	（1）天然气/煤气/混合煤气	适应	适应	
	（2）燃油/重油	适应	适应	
	（3）煤粉	适应	不适应	
	（4）内配煤	少量	适中量	
4	燃料消耗	略高	略低	带式焙烧机流程短，台车回温低，无冷却水和冷却风，热利用率更高，燃耗降低 5%~10%
5	电力消耗	相当低	相当高	带式焙烧机料层厚压差大，链箅机—回转窑设备交接处多，漏风较多
6	成品球质量			带式焙烧机料层厚，上下层球团矿强度有差别，链箅机—回转窑球团滚动均匀性强，但球团矿过于紧实，还原性略差
	（1）抗压强度	满足	满足	
	（2）空隙率	稍小	稍大	
	（3）还原性	正常	稍好	
7	粉尘产生量	偏多	偏少	链箅机—回转窑转接点多，球在窑内滚动
8	设备维护量	大	小	带式焙烧机设备简单，台车在线更换，耐火材料不与球团接触，使用寿命长
9	作业率	正常	偏高	带式焙烧机作业率能达到95%以上

（3）带式焙烧球团工艺新技术。

1）熔剂球团技术。采用石灰石或消石灰作为熔剂，满足高炉对球团矿碱度的要求；采用消石灰作熔剂时，可减少黏结剂用量；适宜的焙烧温度比酸性球团矿有所降低，降低 NO_x 的生成量。

2）镁质球团技术。采用白云石、菱镁石、橄榄石、氧化镁粉等作为镁质熔剂，满足高炉对球团矿 MgO 含量的要求。球团矿内添加 MgO，能有效提高球团矿的冶金性能、降低还原膨胀指数、改善低温还原粉化指数；还能降低烧结矿 MgO 含量，提高烧结机利用系数和烧结矿强度。

3）含钛球团技术。添加含 TiO_2 的原料，满足高炉对球团矿 TiO_2 含量的要求。含钛球团矿会使高炉炉缸和侧壁上形成 TiN(TiC) 层，由于 TiN(TiC) 的熔点高达 2950℃（3140℃），从而达到护炉效果，提高高炉炉龄。

4）先进的自动造球技术。利用专用图像分析软件对摄像仪摄取的生球团图像进行实时分析，自动调整造球相关参数，实现自动造球，保证生球质量，减少劳动定员。

5）先进的往复式布料器。头部伸缩采用移动小车，采用液压油缸驱动。移动小车速度与输送带的带速相匹配，实现单向下料，保证料面平整。减少生球转运次数和落差，避免对生球的破坏，提高生球合格率。

6）先进的分级布料系统。分级布料辊筛见图 3-7，其技术特点有：4m 台车仅采用 ϕ85mm 的辊子，辊间凹槽浅，筛分效果好；辊子采用离心铸造，挠度小、不易变形，生球合格率高；辊子表面设置涂层，不易粘料、使用寿命长；采用新型侧挡板，不会在辊子表面产生拉沟，辊子使用寿命长。

图 3-7 分级布料辊筛

　　分级布料料层见图3-8，优点如下：1）分级筛分及更大的筛分面积，提高粉料的筛分效率；2）提高料层透气性；3）提高单位面积焙烧机的风量；4）缩短反应时间；5）降低燃料消耗；6）提高焙烧机生产能力；7）改善球团矿的物理性能。

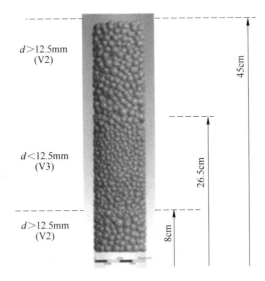

图 3-8　分级布料料层示意

　　7）先进的厚料层焙烧技术。降低料层底部强度低的球团矿比例；降低带式焙烧机速度；更好地干燥、预热、焙烧和冷却；增加产量。

　　8）先进的燃烧系统。自动点火，实现在线烧嘴在线启停；火焰监测，实现熄火自动识别、自动吹扫，保证生产安全；空气过剩系数低至15%以下，降低 NO_x 的产生；先进阀组及控制系统，实现单个或单组烧嘴温度自动控制。

　　9）先进的内配燃料技术。采用内配燃料工艺，增加成品球团矿的孔隙率和还原性，降低总燃料消耗、台车算条的温度和风机的电耗，提高系统的生产能力。这种高气孔率、高还原性的球团矿用于高炉生产，能提高生产率和降低热耗。

　　10）先进的台车、星轮及弯轨技术。选用性价比高的材质，适应焙烧机高温、热交变等工况要求，设计出合理的台车结构，有效提高台车的使用寿命，仅需备用几块台车用作在线换算条使用，大量节省台车备件费用，大幅提高带式焙烧机作业率。台车寿命问题的解决掀起了中国球团行业的带式焙烧机球团热。头尾部星轮及弯轨采用符合带式焙烧机运行特点的结构，运行平稳，无碰撞异响，齿面采用可更换设计，方便生产检修。

11）先进的非水冷结构梁和隔墙。侧密封梁采用先进的非水冷梁技术，隔墙取消支撑水冷梁采用吊挂结构，实现带式焙烧机零冷却水用量，避免水梁因腐蚀泄漏对设备及耐火材料的破坏。

12）先进的密封技术。先进风箱端部及隔断密封技术，结构简单、适应热状态、运行稳定、维修方便，有效解决密封装置在横向和纵向的随动问题，能够有效消除积灰现象。

新型炉罩与台车间的密封技术，密封板靠自重与台车摩擦板形成密封，密封性能好；优化结构、使用寿命长；检修维护方便。

13）先进的自动控制技术。带式焙烧机自动调速；工艺风机自动调整转速；风系统阀门自动调整开度；铺底料筛自动调整给料量；整个带式焙烧机实现计算机自动控制[13]。

3.3.1.2 工程案例

首钢国际工程公司总承包的首钢京唐 2 号、3 号两条 504m² 带式焙烧机球团生产线于 2019 年 5 月和 2019 年 6 月先后投产，各系统运行稳定，7 天达到设计指标，球团矿碱度实现 1.0~1.2 倍，热耗、电耗、工序能耗等各项技术指标见表 3-4，各项指标都达到了国内领先、国际先进的水平，为首钢京唐特大型高炉"稳产顺行、安全高效、经济长寿"的生产提供了优质原料。随着首钢京唐 2 号、3 号带式焙烧机球团生产线的顺利投产以及首钢京唐 3 座高炉大比例球团的稳定运行，国内已经兴起高炉大比例使用球团冶炼的热潮。

表 3-4 首钢京唐 2 号、3 号带式球团焙烧机生产线主要技术指标

项　目	指　标
平均抗压强度/N·个$^{-1}$	3100
转鼓指数+6.3mm/%	97.0
抗磨指数-0.5mm/%	3.5
低温还原粉化+6.3mm/%	97.0
低温还原粉化-0.5mm/%	3.0
焦炉煤气单耗（标态）/m³·t^{-1}	28
电量单耗/kW·h·t^{-1}	24
工序能耗（标煤）/kg·t^{-1}	20

随着全球原料条件的变化，优质球团原料越来越少。而带式焙烧机具有原料适应性强，燃料消耗低，设备可靠性强，环保指标好的优势。随着钢铁行业的竞争日趋激烈，产品升级，设备工艺向大型化发展，球团生产企业越

来越多地倾向于使用带式焙烧工艺，如已投产包钢年产 500 万吨球团、首钢京唐 3 条年产 400 万吨带式焙烧机球团生产线；河钢乐亭钢铁 2 条年产 480 万吨带式焙烧机球团在建；柳钢防城港钢铁基地拟建 400 万吨/年的带式焙烧机生产线；山西建邦钢铁、山钢日照二期、福建三钢、新疆哈密等也在规划筹建中。"十四五"时期预计将有更多钢铁企业选择带式焙烧机工艺生产球团矿。

3.3.2　熔剂性球团矿

3.3.2.1　技术介绍

熔剂性球团矿生产工艺技术，高炉高比例球团冶炼工艺技术列入《产业结构调整目录》（2019 年版）钢铁行业鼓励类。

熔剂性球团矿特别是含镁熔剂性球团矿具有良好的机械强度和优良的冶金性能，国外生产熔剂性球团矿已有近 50 年历史。随着我国环保的不断倒逼，源头治理的不断深入，球团矿生产的快速发展和球团矿入炉比例的增加，我国熔剂性球团的发展势在必行。目前，国内外高炉使用的球团种类主要有以下三种：（1）酸性球团：以铁精矿的自然碱度为基础生产的球团矿，碱度（CaO/SiO_2）不大于 0.5 倍。（2）熔剂性（碱性）球团：在铁精矿中添加石灰石或生石灰生产的球团矿，碱度提高至 0.6~1.3 倍。（3）氧化镁（橄榄石）球团：在铁精矿中添加橄榄石或白云石生产的球团。球团 MgO 含量约 1.5%，碱度不大于 0.6 倍。实际生产中还有其他种类的球团矿，如在铁精矿中添加了不同煤粉、二氧化钛、氧化镁等物料，分别被称为含碳球团、含钛球团、高镁球团等。

国外在 20 世纪 60 年代就开始研究添加白云石、生石灰、石灰石、镁橄榄石等熔剂性球团，发现熔剂性球团的某些冶金性能甚至优于酸性球团矿。自 20 世纪 70 年代以来，欧洲、北美和日本等国家就开始生产和在高炉中应用熔剂性球团及含镁球团。北美铁矿资源为低品位铁燧岩，为使铁矿物与脉石分离，需要细磨至 0.036mm 以下，精矿粒度越细，成球性越好。受铁矿资源和环保条件限制，高炉以高比例球团矿为主。

（1）北美。2017 年北美 25 座生产高炉中，有 16 座以熔剂性球团为主，配加酸性球团/烧结矿，占比 64%。有 8 座高炉以酸性球团为主，配加烧结矿/熔剂性球团，占比 32%。有 1 座高炉采用 50% 熔剂性球团+50% 烧结矿。

美国 AK 厂 Amanda 高炉球团比超过 90%；美钢联 14 号高炉球团比 80%；加拿大多法斯科采用 100% 全球团冶炼；加拿大 Algoma 7 号高炉熔剂球团矿比

例达 99%；墨西哥 AHMSA 公司 Monclova 厂 5 号高炉熔剂球团矿比例为 93%等。

（2）南美。巴西米纳斯-吉拉斯州 VSB 钢铁厂配套有 136 万吨/年链箅机—回转窑球团厂，原料采用全赤铁矿精粉，生产碱度为 0.7~1.0 倍的熔剂性球团矿。其主要工艺特点为使用 1 台直径为 5.5m，长度为 11m 的球磨机将含铁原料、熔剂及内配燃料磨到比表面积为 2100cm²/g，以确保造球效果，成品球团矿抗压强度可达 3000N/个以上。

智利 Huasco 球团厂始建于 1977 年，设计能力为 350 万吨/年，其原料为 100%磁铁矿，-325 目（<0.043mm）占 85%以上，比表面为 1600~1900cm²/g，铁品位高达 68%，原料条件优异，成品球团矿 SiO_2 含量仅为 2.0%，CaO 含量为 2.1%，碱度达 1.05 倍。使用生石灰+石灰石的方式调节球团矿碱度。

（3）欧洲。高炉以高比例球团为主，个别达到 100%（因矿源多为铁燧岩等细精矿）；此外，欧洲瑞钢 3 号、4 号高炉，荷兰伊登 7 号高炉（球团比 52%），霍戈文厂（球团比 46%）和德国不来梅厂（球团比 49%）等高炉使用高比例球团矿冶炼。我国河钢收购的塞尔维亚钢厂高炉曾长期使用高达 75%球团比的炉料结构，在 2016 年 1 月，曾进行了短期 100%球团的高炉试验，获得成功。

（4）亚洲地区。日本神户球团厂始建于 1966 年，采用链箅机—回转窑工艺，生产碱度为 1.0 倍左右的熔剂性球团。其属于临海型球团厂，原料条件多变，从 100%磁铁矿到 100%赤铁矿均可适应。神户球团厂还开发了褐铁矿球团生产技术，代表了链箅机—回转窑工艺生产熔剂性球团矿的顶尖水平。神户球团厂已实现技术输出，在全世界建立了十条以上链箅机—回转窑球团生产线，包括智利的 Huasco 球团厂最初也是由神户设计和建造的。

3.3.2.2 工程案例

（1）宣化正朴铁业有限责任公司。自 2000 年以来，竖炉生产熔剂性球团矿并应用于宣化正朴铁业高炉生产，取得了增产节焦的效果。由于长期在造球物料中添加较高的宣龙式赤铁矿，经过长期高炉冶炼实践摸索，熔剂性球团矿具备还原度高、膨胀率低、软熔起始温度高、软熔区间温度窄等优良的冶金性能。

（2）首钢京唐公司。首钢京唐公司球团厂带式焙烧机设计有 MgO 配加装置，具备生产含 MgO 或熔剂性球团的条件。2012 年 6 月组织配加 MgO 球团的工业试验表明，配加 MgO 粉能改善球团矿冶金性能，降低其还原膨胀率。为改善入炉矿质量和炉渣脱硫效果，球团 MgO 含量由 0.79%提到 1.73%，开发了高氧化镁球团；2014 年，为优化护炉料配置，生产含二氧化钛 1.0% 的低钛球团矿并获得成功；2015 年，为进一步降低护炉料成本，生产钛含量 13% 的高钛球团并获得成功。

2019 年，首钢京唐公司炼铁部通过持续 4 年刻苦攻关，稳步提升高炉球团矿比例，大比例球团冶炼突破 56%，截至 2019 年 12 月底，已连续稳定运行 6 个月，入炉品位达到 61.5%，高炉渣比降低了 70kg/t，燃料比降至 485kg/t，利用系数稳定在 2.3t/(m³·d) 以上水平，煤气利用率达到 51.5%。5000 级别高炉 56% 高比例球团冶炼的稳定运行，成为首钢京唐炼铁发展新的里程碑。

（3）河钢集团。2016 年 12 月河钢集团组织推进"高炉全球团冶炼技术研究"重点项目，开发出适于高比例球团冶炼的熔剂性球团制备技术，掌握了熔剂性球团焙烧过程吸放热规律，克服了生球爆裂、回转窑结圈等技术难题，成功生产出 SiO_2 质量分数在 4.5% 以上、MgO 质量分数为 1.8% 左右、碱度（CaO/SiO_2）为 1.0 倍左右的镁质熔剂性球团，并且具备长期连续生产的能力。开发了焙烧温度与球团矿质量调控、燃烧温度与硫硝生成控制技术，使得熔剂性球团抗压强度大于 2200N/个。研发了高比例球团高炉冶炼集成技术，高炉球团使用比例由 20% 增加到 80%，燃料比降低 11kg/t。该技术成功推广至河钢集团 2000m³ 级、3000m³ 级高炉和河钢乐亭沿海基地 3000m³ 级高炉在建项目上，为国内钢铁工业减少污染物排放总量开辟了新的方向。

（4）湛江钢铁龙腾球团。2016 年 1 月宝钢湛江钢铁 500 万吨/年链算机—回转窑生产线开始正式恢复生产。使用高比例赤铁精粉生产二元碱度 0.7～1.0 倍的熔剂性球团具有较高的难度，湛钢炼铁厂组织攻关团队经过数月的努力，结合现有矿种积极优化配矿结构和改进原料处理方式，严格控制造球，积极完善链算机热工制度和回转窑焙烧制度，全力攻克了熔剂性球团的生产难点，产能逐步爬坡，球团质量指标稳步提升，于 2016 年 12 月首次实现月达产。通过对配矿结构、原料处理、造球控制和链算机热工制度等不断的探讨和优化，已实现熔剂性球团矿的连续稳定生产。成品球团矿的主要性能指标得到不断改善，为湛江钢铁 5050m³ 高炉稳定运行提供了重要保障。

（5）唐钢不锈钢。唐钢不锈钢 1 号高炉有效容积为 450m³，于 2017 年 9 月 8 日开始高比例球团冶炼工业试验，球团矿比例由试验前的 20% 最高达到 80%。此次工业试验，在高炉护炉的情况下，连续 141 天实现了 60% 以上高比例球团冶炼。

（6）包钢。2017 年 12 月底包钢高镁低硅含氟熔剂性球团矿技术开发实现突破，熔剂性球团生产和冶炼试验取得圆满成功。为了提高球团工艺中白云鄂博精矿配比，研究团队针对白云鄂博铁精矿碱金属成分含量高、二氧化硅含量低、粒度超细等特性持续跟踪，经过潜心研究发现，熔剂性球团的冶金性能更加优异，并确定开发熔剂性球团是实现白云鄂博精矿在球团工艺中大幅提高配比的最优技术路线。科技人员全力以赴，反复试验研究，制定出链箅机—回转窑—环冷工艺生产熔剂性球团的工业试验方案及高炉冶炼熔剂性球团工业试验方案。试验过程中，从原辅料配入、热工参数控制、工序产品及成品球质量等多个环节严格管理，保证了熔剂性球团矿的成功生产，取得首次在球团工艺中配加90%白云鄂博铁精矿生产出质量优良的熔剂性球团矿，首次配加37%熔剂性球团进行高炉冶炼的双项成果。通过精确高效的操作制度调整，结果证明高炉炉况稳定顺行。

（7）鞍钢。2009年鞍钢在实验室对带式机生产 MgO 球团矿进行了一系列的探索开发研究和优化。2015~2016年，为了简化生产 MgO 球团矿的配料工序，把含有 MgO 的熔剂与球团黏结剂混合变为复合镁基黏结剂参加球团配料，既提供了 MgO 源，又不用配加传统的膨润土黏结剂，可简化球团生产配料过程。在实验室进行了带式机球团配加镁基黏结剂实验研究和工业试验方案。新型镁基黏结剂选用高黏性有机高分子聚合材料与镁质熔剂为核心材料配制，具有亲水性强、扩散快、黏度高等特点（该材料对含铁物料的黏结性是膨润土的8~10倍），加入量比膨润土降低50%以上，显著减少了 SiO_2、Al_2O_3 等有害杂质的带入，并且使球团铁品位可以提高0.4个百分点以上。球团矿有机复合黏结剂超强的黏结能力使得在生产镁基球团过程中，能多带入含镁质材料。鞍钢应大力推进带式机生产新型镁基黏结剂 MgO 球团技术的推广应用。

2017年在炼铁总厂10号3200m^3高炉冶炼镁质球团矿工业试验结果表明，使用镁质球团的高炉混合炉料冶金性能改善，可以适当降低入炉二元碱度和提高球团比例从而达到增加入炉品位的目的。高炉透气性改善、风量增加、炉渣脱硫能力和稳定性增强，炉缸活跃程度增加，高炉消耗降低、利用系数提高。

（8）首钢伊钢。2018年首钢伊钢实现了高炉全球团冶炼及稳定运行，技术经济指标改善，吨铁成本降低200元以上，使首钢伊钢成为国内第一家全球团冶炼的生产企业。

在链箅机—回转窑工艺中配加含钙熔剂生产熔剂性球团矿存在回转窑易结圈，且生产球团用铁精粉 SiO_2 含量偏高，配加熔剂后更容易产生液相，增加焙烧过程的温度控制难度，同时膨润土质量差、配比高、制粒效果不好等难题。研究团队攻克了熔剂性球团矿焙烧温度控制难、配熔剂时预热球强度低、回转窑易结圈、球团产量低、质量差等诸多技术难题，为高炉全球团冶炼提供了关键的技术支持。开发出了燃烧高炉煤气的链箅机辅助烧嘴，改善了链箅机热工制度，有效提高了预热球强度，极大改善了回转窑生产熔剂性球团矿时结圈的问题，成功生产出了碱度 0.6 倍以上，抗压强度 2600N/个以上的熔剂性球团矿。

同时对全球团高炉冶炼操作制度不断摸索和试验，通过调整布料制度、优化送风制度和热制度，最终实现了全熔剂性球团高炉的稳定生产，且利用系数提高，燃料比降低，大幅度降低了炼铁成本。熔剂性球团矿生产及全球团冶炼技术研究项目取得突破并成功应用，对推动高炉高比例球团冶炼、钢铁企业节能减排、提升技术经济指标具有十分重要的参考价值和借鉴意义。

（9）安钢豫河公司。安阳豫河永通球团有限责任公司（以下简称豫河）是安阳钢铁股份公司与巴西淡水河谷公司于 2009 年共同出资成立的一家中外合资企业，拥有一条年产 120 万吨链箅机—回转窑—环冷机氧化球团生产线，主供安钢集团 4747m³ 高炉的原料基地；长期以来生产自然碱度 0.1 倍左右的酸性球团。但随着秋冬季烧结机的限产，促使高炉的炉料结构进行优化，生产碱度 0.8~1.0 倍熔剂性球团矿，历时 3.5 天，于 2018 年 10 月 18~21 日进行了球团工业性试生产，取得了试生产实验的阶段性成功。生产熔剂性球团的难点主要在温度控制范围窄，温度高造成黏结，严重时熔融板结成块，温度低爆裂严重，透气性不好，成品球各项指标恶化。试生产通过严格控制链箅机料层厚度、提高热工温度和环冷鼓风风量三个重点环节，同时稳定各工序的生产操作，试生产过程较为顺利。

（10）承德信通首承。承德信通首承矿业公司拥有 2 条年设计能力 200 万吨的链箅机—回转窑生产线。

2012 年 10 月份开始，结合当地资源条件，开始试验生产 MgO 含量 3% 的钒钛镁质球团矿。研究团队经过多次试验，通过不断优化球团生产工艺，调整操作，有效解决了镁质球团矿生产过程中干球强度低，窑头气氛差的问题，实现了镁质球团矿稳定生产，日产水平稳定在了 7000t 以上，并且有效解决了窑内结圈的问题，质量指标达到了高炉生产的要求。从 2012 年 10 月 ~2020 年 3 月共生产钒钛镁质球团矿 697 万吨。

2019 年 4 月份开始在二系列链箅机—回转窑工艺中配加含钙熔剂生产钒钛熔剂性球团矿。因本地钒钛铁精粉 SiO_2 含量偏高，配加熔剂后更容易产生液相，增加焙烧过程的温度控制难度，预热球强度低，同时环冷机碎球、粉末多，冷却不好。研究团队通过优化生产工艺，调整三大主机的热工制度和冷却制度，极大改善了回转窑生产熔剂性球团矿时环冷机产生碎球、粉末多的问题，摸索了一整套完善的生产控制参数和经验，成功生产出了碱度（CaO/SiO_2）0.8 倍以上、抗压强度 2200N/个以上的钒钛熔剂性球团矿。截至 2020 年 4 月，共生产 6.6 万吨钒钛熔剂性球团矿。

中国熔剂性球团矿的未来展望：

（1）发展趋势。随着球团矿入炉比例的继续增加，发展熔剂性球团的条件日趋成熟，我国熔剂性球团或含镁球团矿的发展势在必行。目前，首钢京唐（带式焙烧机）、宝钢湛江钢铁（链箅机—回转窑）、河钢（链箅机—回转窑）、鞍钢（链箅机—回转窑）、安钢豫河（链箅机—回转窑）和宣化正朴（竖炉）等均在针对各自装备情况、原料特点、燃料类型、熔剂特点等研发熔剂性球团制备技术。熔剂性球团的生产技术从原料准备、生球团制备到焙烧和冷却制度等，均与酸性球团有很大不同，且受所用装备、原料、燃料和熔剂的类型、产品矿物组成与成分影响大，须提前开发各自原料条件下熔剂性球团制备的关键技术。

（2）发展方向。研究采用带式焙烧机或链箅机—回转窑工艺生产镁基熔剂性球团供高炉使用，扩展球团品种，提高球团矿品质，适应并引领钢铁行业发展。但采用带式焙烧机或链箅机—回转窑工艺生产熔剂性球团或镁基碱性/熔剂性球团尚存在诸多问题需要攻克，在国内外仍然是未解的难题，研究出高品质镁基碱性/熔剂性球团的关键技术，生产出适合于高炉冶炼的、二氧化硅含量适中的技术经济合理的熔剂性球团，逐步实现高炉炉料结构由大比例烧结矿型向经济比例熔剂性球团矿型的转变，逐步关停、取缔污染大的烧结机工艺。与此同时，高炉逐渐增加熔剂性球团的配比，直至实现高炉 100%高品质熔剂性球团冶炼，实现铁前工序绿色低碳发展和高质量发展[14]。

（3）标准制定。日本是最早开始从酸性球团矿转向添加石灰石生产熔剂性球团矿的国家；20 世纪 60 年代，美国铁矿协会的实验标准规定碱度值 CaO/SiO_2 大于 0.6 倍称为熔剂性球团；国外熔剂性含 MgO 球团矿 CaO/SiO_2 = 0.9～1.3 倍，MgO = 1.3～1.8 倍。因我国大多生产酸性球团矿，采用《高炉用酸性球团矿》（GB/T 27692—2011），而熔剂性球团矿生产一直没有工业规模，因此也没有确定球团矿的碱度和熔剂性球团矿标准，属于标准的缺失。由首钢国际工程技术有限公司、冶金工业规划研究院等单位联合制定的团体标准《含氧化镁球团矿》《熔剂性球团矿》，已通过中国特钢企业协会团体标准委员会 2020 年第一批团体标准立项，目前 2 项团体标准《含氧化镁球团矿》（T/SSEA 0092—2020）和《熔剂性球团矿》（T/SSEA 0093—2020）已发布。

3.4　焦化源头减排技术

3.4.1　焦化生产工艺概述

　　焦化通常指有机物质碳化变焦过程，但在钢铁行业中，焦化是焦化行业（工业）简称，它包括炼焦和化学产品回收两部分。炼焦是指将炼焦烟煤在隔绝空气（无氧）情况下加热到950~1050℃，经过干燥、热解、熔融、黏结、固化、收缩等阶段最终制得焦炭，这一过程也称高温干馏或高温炼焦。炼焦得到的焦炭可作为高炉冶炼、铸造、气化和化工等工业的还原剂、燃料或原料；化学产品回收是将炼焦过程中得到的干馏煤气经回收、精制得到各种芳香烃和杂环化合物，供合成纤维、染料、医药、涂料和国防等工业作原料；经净化后的焦炉煤气既是高热值燃料，又是合成氨、合成燃料和一系列有机合成工业的原料。煤焦化行业是国民经济中的一个重要部门。煤焦化不仅为煤炭综合利用提供了重要途径，而且为钢铁工业提供燃料（焦炭、焦炉煤气），也为国防、农业、交通运输、有机合成工业等一系列国民经济部门提供重要的化工原料和燃料，同时焦炉煤气也可作城市煤气。

3.4.1.1　炼焦工序

　　炼焦生产是将配合煤装入炭化室中隔离空气加热干馏，经过一定的时间热解和聚合，生成气态、液态和固态三种产品，其固态产品就是焦炭。将焦炭从炉内推出，进行熄焦和筛焦制成合格焦炭，其中粒度大于25mm的称为冶金焦供高炉炼铁用，其余焦丁、焦粉（小于25mm）一般用于烧结或作为燃料使用。干馏过程中产生的气态物质（荒煤气）输送到煤气净化车间去分离提制各种化学产品。炼焦主要工艺有顶装、捣固、热回收焦炉工艺以及炭化炉（半焦）工艺等。

　　焦化厂炼焦工序由备煤、炼焦、熄焦、筛焦4部分组成。常见炼焦工艺流程见图3-9。

　　（1）备煤。炼焦所需炼焦煤采用火车或汽车运输方式运到煤场，然后经过料场贮存及平铺直取作业，再采用运煤带式输送机，运入备煤车间加工成符合焦炉炼焦需要的装炉煤。备煤车间一般包括配煤工段、粉碎工段、煤制样室，主要设备有粉碎机和配煤槽。

　　配煤工段作用是把各种牌号炼焦用煤，根据配煤试验确定的配比进行配合，使配合后煤料能够炼制出符合高炉入炉质量要求的焦炭，同时达到合理利用各种煤炭资源，降低生产成本的目的。配合后的炼焦煤，经带式输送机

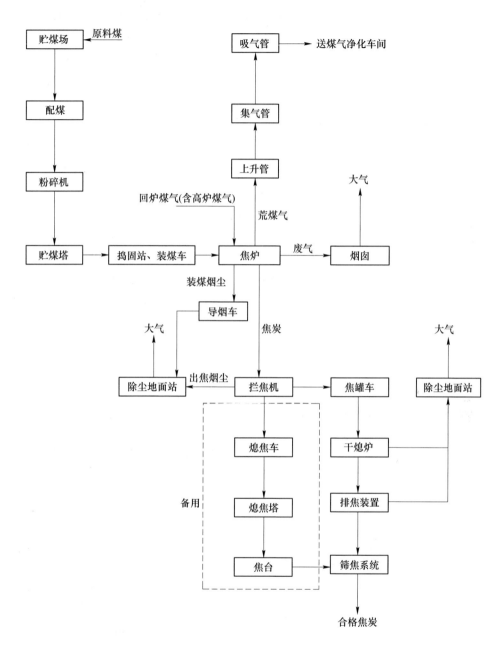

图 3-9 炼焦工艺流程图

送往粉碎工段。

粉碎工段作用是将配合煤进行粉碎处理，使其粉碎细度（小于 3mm 煤的含量）达到85%~90%，保证装入煤粒度均匀，满足炼焦生产要求。由配煤槽运来的配合煤，先经过除铁装置将煤料中的铁件吸净后，进入粉碎工段，粉碎后的装炉煤，经带式输送机送入煤塔顶层，经卸料小车布入煤塔中。粉碎机下部带式输送机上设有自动取样器，按规定制度取样，送到煤制样室进行检验。

煤制样室是焦化化验室的一个组成部分，其功能是负责试样的采集和调制，测定各单种煤和配合煤的水分及粒度组成等，以及将煤样缩分、破碎到1.5mm及0.2mm以下，送焦化中心化验室进行胶质层测定和工业分析，及时指导备煤车间的生产操作，以制备合格的装炉煤料，稳定和控制焦炭质量。

（2）炼焦。将备煤车间送来能满足炼焦要求的炼焦配合煤送入焦炉炭化室内，炼焦配合煤在炭化室内经过一个结焦周期的高温干馏炼制出焦炭和荒煤气。炭化室内的焦炭成熟后，用推焦机推出，经熄焦工段变为冷焦后送往焦处理系统，经焦处理系统将焦炭筛分成粒径<10mm、10~25mm、25~40mm和>40mm四级。25~40mm和>40mm焦炭可作为炼铁燃料，<10mm、10~25mm焦炭一般为烧结厂用。煤在炭化室干馏过程中产生的荒煤气汇集到炭化室顶部空间，经过上升管，桥管进入集气管，约800℃荒煤气在桥管内被氨水喷洒冷却至约85℃，荒煤气中的焦油等同时被冷凝下来。煤气和冷凝下来的焦油同氨水一起，经吸煤气管道送入煤气净化车间进行煤气净化及化学产品的回收。

炼焦车间的主要装备是焦炉，焦炉类型主要有顶装焦炉、捣固焦炉、热回收焦炉以及炭化炉，以顶装焦炉和捣固焦炉最为常见。

（3）熄焦。目前，熄焦的方法分湿法熄焦和干法熄焦，我国广泛采用传统的湿法熄焦。干法熄焦是从20世纪80年代初开始从日本和苏联引进的，目前大部分大中型钢铁企业的焦化厂配有干熄焦。

1）湿法熄焦。湿法熄焦系统包括熄焦泵房、熄焦塔、除尘用捕集装置、粉焦沉淀池、清水池、粉焦脱水台和电动单轨抓斗起重机等。

熄焦泵房内设有自灌式水泵，一开一备，由电机车司机控制熄焦管路开启，进行熄焦，由时间继电器控制每次熄焦时间为240~360s。熄焦塔的下部设有熄焦喷洒管，顶部设有折流式结构的捕集装置，可捕集熄焦时产生的大量焦粉和水滴，提高其除尘效率。粉焦沉淀池有足够的容积，可保证焦粉的沉降和熄焦水的循环使用。粉焦沉淀池内的粉焦，每天定时用电动单轨抓斗起重机抓到脱水台上，经控水后装车外运。湿法熄焦的缺点：焦炭显热（约

1465.4kJ/kg焦炭）不能回收，造成能源浪费；喷水直接冷却，增加焦炭裂纹，使焦炭质量降低；湿法熄焦产生的大量蒸汽夹带的焦粉以及残留在焦炭内的酚、氰、硫化物等有害介质，造成对大气的污染。

2）干法熄焦。干熄焦车间主要包括干熄炉、干熄焦锅炉、汽轮发电机组以及干熄焦地面除尘站等。

装满红焦焦罐车由电机车牵引至提升井架底部。由提升机将焦罐提升并送至干熄炉炉顶，通过带布料器的装入装置将焦炭装入干熄炉内。在干熄炉中焦炭与惰性气体直接进行热交换，焦炭被冷却至200℃以下，经排焦装置卸到带式输送机上，然后送往筛焦工段。

冷却焦炭的惰性气体由循环风机从干熄炉底部的供气装置鼓入干熄炉，与红焦进行逆流换热。换热后干熄炉外排热循环气体温度为880~960℃，经一次除尘器除尘后进入干熄焦余热锅炉换热，温度降至约170℃。降温后的循环气体经干熄焦专用除尘器进行二次除尘后，由循环风机加压送至热管换热器冷却至约130℃后进入干熄炉循环使用。干熄焦专用除尘器分离出的焦粉，由专门的输送设备将其收集在贮槽内，运往烧结或外卖。干熄焦装置装料、排料、预存室放散及风机后放散等处的烟尘均进入干熄焦地面站除尘系统，进行除尘后放散。

（4）筛焦。筛焦工段功能是将熄焦后的焦炭进行输送及筛分处理，并按用户要求筛分成不同粒级，然后分别送往不同的用户。筛焦主要由焦台、中间仓、炉前焦库、筛贮焦楼、焦制样室、带式输送机及转运站等设施组成。

1）焦台。湿法熄焦时使用。其作用是将湿法熄焦后的混合焦进行冷却、沥水、蒸发水分，并对剩余红焦进行补充熄焦。

焦台采用刮板放焦机，远距离操纵机械化放焦，把从焦台滑下来的混合焦均匀地刮到焦台地沟内的运焦带式输送机上，送至筛焦楼。

2）中间仓。干法熄焦时使用。从干熄焦槽排出的混合焦经带式输送机送入中间仓。中间仓一般可缓冲焦炉6~8h干熄焦装置处理量。中间仓中的焦炭既可经带式输送机进入筛贮焦楼，也可直接用汽车将焦库中的焦炭运走，以保证干熄焦装置顺利运行。

3）筛贮焦楼。筛贮焦楼的作用是将焦炭筛分成不同粒级并贮存。筛贮焦楼配有振动筛，将焦炭筛分成<10mm、10~25mm、25~40mm和>40mm四级后进入贮槽储存或直接用带式输送机送到炼铁厂或烧结厂等不同用户。

4）焦制样室。焦制样室主要进行焦炭试样的采集和调制，测定焦炭的冷态强度和筛分组成，并在此将焦炭试制缩分、破碎、研磨到 80 目（0.175mm）以下，送中心化验室做工业分析。

3.4.1.2 煤气净化工序

煤在炭化室内炼焦产生的煤气（荒煤气）含有许多杂质，这种煤气不经加工处理，不能作为气体燃料使用。通过煤气净化脱除煤气中的各种有机物得到粗苯、煤焦油、硫铵、硫黄等重要化工原料的同时获得洁净的焦炉煤气。

煤气净化车间一般由冷凝鼓风工段、脱硫工段、硫铵工段（含蒸氨系统）、终冷洗涤及粗苯蒸馏工段、油库及其相关的生产辅助设施组成。煤气净化工艺主要由脱硫（脱氰）、硫回收和脱氨三部分组成。一般常见工艺过程为：焦炉来荒煤气→初冷器（煤气降温）→电捕焦油器（脱除焦油）→煤气鼓风机→预冷塔→脱硫塔（脱除煤气中的 H_2S）→煤气预热器→喷淋式饱和器（脱除煤气中的氨）→终冷塔→洗苯塔（脱除煤气中的苯类物质）→净煤气→焦化厂自用及外送。

常见脱硫（脱氰）工艺有：HPF 法和 PDS 法（采用煤气中的氨为碱源、HPF 或 PDS 为复合催化剂的湿式氧化法工艺）、AS 法（以煤气中的氨为碱源，在洗氨的同时脱除 H_2S 和 HCN，脱硫塔设在洗氨塔前，属于典型的湿式吸收法工艺）、VACA 法（采用 Na_2CO_3 或 K_2CO_3 溶液为载体的湿式吸收法工艺，该法也称真空碳酸盐法）、ADA 法（采用钠为碱源、ADA 为催化剂的湿式氧化法工艺）、FRC 法（采用煤气中的氨为碱源、苦味酸为催化剂的湿式氧化法工艺）、TH 法（采用煤气中的氨为碱源、1,4 萘醌二磺酸钠为催化剂的湿式氧化法工艺）、888 法（采用碳酸钠为碱源、酞菁钴金属有机化合物为催化剂的湿氧化法工艺），煤气净化脱硫工艺还有很多，在此就不一一列举了。

常见硫回收工艺有：回收硫黄工艺（一般将湿式氧化法脱硫产生的硫泡沫用戈尔过滤器、真空过滤机或板框压滤机将硫泡沫制成硫膏，将湿式吸收法脱硫生产的酸性混合气转化为单质硫）、回收硫酸工艺（将焦炉煤气脱出的硫（单质、化合物或是废液形态）采用各种氧化工艺转化成硫酸）。

常见脱氨工艺有：饱和器硫铵工艺、水洗氨、蒸氨、氨分解工艺、冷法无水氨工艺、热法无水氨工艺、酸洗法硫铵工艺等。

由于脱硫和脱氨方法繁多，可根据用户的要求，组合成不同的煤气净化流程。比较常用的煤气净化工艺流程见图 3-10。

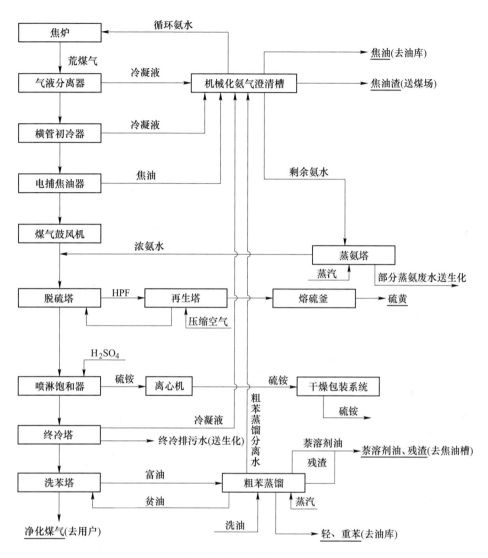

图 3-10 煤气净化车间工艺流程图

3.4.2 焦炉大型化及绿色化技术

3.4.2.1 技术介绍

（1）发展概况。自 2006 年引进 7.63m 特大型焦炉开始，我国焦炉大型化发展的步伐加快，配套水平不断提高。2008 年我国自主设计的 7m 焦炉在鞍钢鲅鱼圈投产，2009 年第一座 6.25m 捣固焦炉在唐山佳华投产，标志着我国焦炉大型化及配套装备水平又迈上了一个新台阶。目前，我国已设计出 8m 顶装超大容积焦炉，其技术水平达国际领先，7m 焦炉相关技术装备已成功输出海外，我国炭化室高 5.5m 及以上（含捣固）先进水平焦炉产能占比已占据半壁江山。

（2）典型焦炉介绍。

1）7.63m 顶装焦炉。7.63m 顶装焦炉是我国引进的世界领先水平焦炉，是目前我国已投产焦炉中炭化室最高的焦炉。自 2003 年兖矿引进德国 7.63m 焦炉（2006 年投产）二手设备以来，我国已陆续投产 7.63m 焦炉近 20 座。7.63m 焦炉炉体为双联火道、空气分段供给、废气循环、采用双跨越孔可以调节加热水平、蓄热室分格的复热式超大型焦炉。焦炉高向加热采用分段供给方式，可保证燃烧室内高向加热均匀性的同时，降低燃烧室内的温度，从而降低 NO_x 的生成。此外还配套有炭化室压力调节技术（PROven 技术），有效控制结焦期间的炭化室压力。此焦炉具有结构先进、严密、功能性强、加热均匀、热工效率高、环保优秀等特点。

2）7m 顶装焦炉。7m 顶装焦炉是我国借鉴国外大型先进焦炉的长处，自主开发的炭化室高 6.98m 焦炉，代表国际先进水平。截至 2021 年年底，我国已投产 7m 顶装焦炉 60 多座。7m 焦炉炉体为双联火道、废气循环、焦炉煤气下喷、高炉煤气侧入、下调的复热式焦炉。为满足环保和不同产量要求，该焦炉设有炭化室宽 450mm、500mm 和 530mm 不同型号，为降低焦炉烟道废气中 NO_x 的排放，该焦炉配备有多段加热炉型。7m 焦炉具有结构严密、合理、热工效率高、投资省、寿命长等优点。

3）6.25m 捣固焦炉。6.25m 捣固焦炉是我国自主开发的世界最高的捣固焦炉，代表国际领先水平，它使我国捣固炼焦技术迈向一个新台阶。自 2009 年第一座 6.25m 捣固焦炉投产以来，我国已建成投产 6.25m 捣固焦炉 20 多座。6.25m 捣固焦炉为双联火道、废气循环、焦炉煤气下喷、高炉煤气侧入的复热式焦炉，采用捣固装煤推焦一体化的 SCP 机操作。6.25m 捣固焦炉是大型捣固焦炉，具有大型焦炉的优点，同时又具有捣固焦炉原料范围宽，提高焦炭质量等优点。

2008 年国际金融危机后，我国炼焦技术装备水平得到快速提高，新建焦炉的大型化、自动化标志着我国设计、建造和运营先进炼焦技术装备的能力得到全面提升，代表着一批大中型焦化企业综合实力达到世界先进水平。

目前我国炭化室高 4.3m 焦炉和热回收焦炉的产能还维持在 50% 左右，在不断强化的节能环保约束下，此类焦炉到炉役期后会被先进的大型焦炉减量化替代，其中一半以上由大型捣固焦炉取代。

3.4.2.2 炼焦装备发展趋势

从世界炼焦行业的发展历程看，我国炼焦装备革新的主流趋势是：向大型化、环保化、智能化及高效化的"四化"方向发展。

（1）大型化。大型化是焦炉今后发展的重要方向，目前我国新建焦炉以5.5m 捣固焦炉和 7m 顶装焦炉为主。今后我国焦炉大型化发展趋势是：4.3m及以下焦炉将逐渐被炭化室高 6m、6.25m 捣固焦炉以及炭化室高 7m、7.63m、8m 等顶装焦炉替代。

（2）环保化。新执行的《炼焦化学工业污染物排放标准》（GB 16171—2012）、《焦化废水治理工程技术规范》（HJ 2022—2012），以及新环保法等政策文件的实施，全面收严焦化企业环保要求。未来焦炉炉体设计结构将更加严实密闭，焦炉加热更加均匀，燃烧室温度进一步降低，以降低氮氧化物产生。同时焦炉将配套先进的焦炉煤气净化工艺、除尘设施以及烟气脱硫脱硝工艺等，进一步降低污染物排放。

（3）智能化。随着智能制造在中国的进一步推广，焦炉生产将从机械化向智能化方向发展。未来，各种智能技术将进一步应用在焦炉备煤、配煤、装煤、推焦、除尘、焦炉加热、焦炉维护等各生产及管理环节，焦炉生产操作更加精准、更加智能，切实减少工人劳动强度。

（4）高效化。炼焦装备的另一个重要发展方向是降低消耗提高生产效率。为此，焦炉生产将更加注重配套节能、高效的辅助生产设施，今后焦炉将普遍配套干熄焦、煤调湿、上升管余热利用以及配劣质煤炼焦技术等节能及资源高效利用技术，进一步降低能源消耗，提高焦炉产出效率。

3.4.2.3 工程案例

2008 年中国自行设计的 7m 焦炉在邯钢投产。邯钢 7m 焦炉自 2007 年 4 月 1 日破土动工，仅用 18 个多月的时间，相继完成 4 座 7m 焦炉及配套设施设计及施工。2008 年 9 月邯钢新区 3 号焦炉顺利投产出焦，标志着邯钢新区 4 座 7m 焦炉已全面投产。邯钢是中国第一家建设 7m 焦炉的钢铁企业，7m 焦炉是我国自主研发设计建造的世界先进水平焦炉，这种采用新技术、新工艺、新炉型的焦炉为我国钢铁业的健康发展奠定了坚实基础。

3.4.3 干熄焦技术

3.4.3.1 技术介绍

（1）工艺技术说明。在炼焦生产中，高温红焦冷却有两种熄焦工艺：

　　一种是传统熄焦工艺，即采用水直接熄灭炽热红焦，不但不能回收热能，而且吨焦耗水 0.3~0.4t，熄焦水变成水蒸气夹带大量烟尘及少量硫化物等有害物质向空中放散，严重污染了大气及周围环境，这种熄焦方式简称湿熄焦。

　　另一种是采用循环惰性气体与红焦进行热交换冷却焦炭，加热后的高温循环惰性气体通过干熄焦余热锅炉换热生产蒸汽，这种熄焦方式简称干熄焦（英文缩写为 CDQ）。

　　（2）工艺流程。干熄焦工艺流程图见图 3-11。

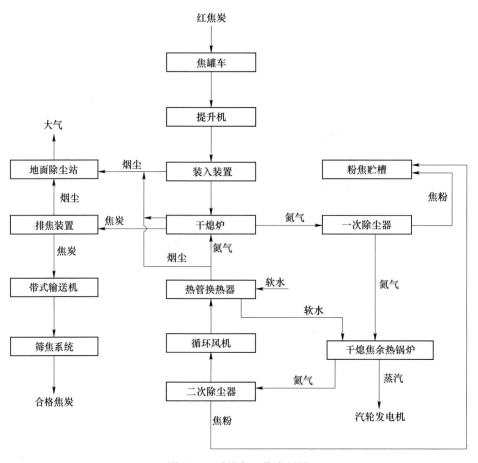

图 3-11　干熄焦工艺流程图

　　（3）主要设施设备。

　　1）红焦输送系统。主要设备包括电机车、焦罐车（运载车及焦罐）、对位装置及起重机等。

　　2）干熄炉及供气装置。包括干熄炉及壳体、干熄炉及一次除尘器砌体用耐火材料、供气装置。

3）装入装置及其他。包括装入装置、排焦装置、气体循环系统、电梯。

4）环保设施。包括干熄炉炉顶装焦时捕尘设施、干熄炉排焦时捕尘设施、干熄焦装置放散气体处理设施、气体循环系统防漏设施、循环风机和排焦装置防噪声设施。

5）干熄焦热力系统。包括干熄焦锅炉、锅炉给水泵站、汽轮发电站、除盐水站、区域热力管廊等。

（4）干熄焦技术特点。

1）有利于改善环境。可少排 80% 大气污染物，吨焦少排大气污染物 65~70g。

2）有利于回收利用余热资源。干法熄焦每处理 1t 红焦可回收 3.82~9.8MPa 中高压蒸汽 0.50~0.65t。

3）有利于提高焦炭质量。干法熄焦可使焦炭强度 M_{40} 提高 3~5 个百分点，M_{10} 降低 0.3~0.5 个百分点，CSR 提高 2~4 个百分点，CRI 降低 2~4 个百分点，并大幅降低焦炭水分，使焦炭粒度更加均匀。

4）有利于节约用水。干熄焦是焦化行业最大节水技术，每吨干法熄焦可节约熄焦用水 0.3~0.4m³。

3.4.3.2　工程案例

2009 年投产的首钢京唐 260t/h 干熄焦及配套装置是全球最大处理能力的干熄焦装置，代表了世界最高水平。

干熄焦主要用于钢铁联合焦化企业，也有一部分独立焦化企业。自 20 世纪 80 年代宝钢从日本引进干熄焦技术开始，我国干熄焦技术得到不断发展。截至 2019 年年底，我国已拥有干熄焦装置 292 套，处理能力 4.1 万吨/h。全国重点统计大中型钢铁联合企业干熄焦率已达到 90% 以上。

3.4.4　焦炉煤气脱硫技术

3.4.4.1　工艺概述

近年来，焦炉煤气脱硫技术经不断发展与完善日益成熟和广泛应用，脱硫产品以生产硫黄和硫酸工艺为主。煤气脱硫主要有干法脱硫和湿法脱硫两大类，干法脱硫采用氢氧化铁、氧化锌、TG-F 沼铁矿、活性炭等作为脱硫剂与 H_2S 反应脱去煤气中的硫，是一种固定床式反应模式，目前我国干法脱硫多采用氧化铁法即以氢氧化铁为脱硫剂的干法脱硫工艺。干法脱硫从设备结构来说分为干箱脱硫和干塔脱硫，箱式脱硫较塔式脱硫占地面积大，翻晒脱硫剂麻烦，实际生产中两者都有采用，但处理煤气量较小，脱硫剂再生效果不好，废弃脱硫剂处理困难易造成二次污染，因此干法脱硫通常用于小型焦化厂或城市煤气深度脱硫。现今随着焦化厂产能规模的不断扩大，煤气脱硫主要采用处理量大的湿法脱硫工艺，因此本节主要介绍湿法脱硫工艺。

湿法脱硫分为吸收法和氧化法（直接转化法）两类，国内外现行的煤气脱硫技术很多，各有优缺点，目前以 AS 法脱硫、真空碳酸钾法、改良 ADA、HPF 等脱硫工艺应用最为广泛，技术也比较成熟先进。现将主要的脱硫工艺作简单介绍和优缺点分析。

（1）氨硫循环洗涤法脱硫工艺（AS 工艺）。AS 法是脱硫、脱氨、脱酸、蒸氨 4 个工艺单元的总称，AS 脱硫装置在水洗氨前，煤气从塔底进入 H_2S 洗涤塔，与塔顶喷淋的洗氨段氨水逆流接触，并在洗涤塔中段喷淋脱酸蒸氨装置送来的脱酸贫液脱除煤气中 H_2S。洗涤塔底的脱硫富液，经与脱酸贫液、蒸氨废水换热后，进入脱酸塔顶部，由蒸氨塔顶部及中部来的氨汽分别进入脱酸塔中部和底部对富液进行汽提，产生的含 NH_3、H_2S、HCN 及 CO_2 酸汽送氨分解、硫回收装置。该工艺的优点是：以煤气中的氨为碱源，在洗氨的同时脱除硫化氢，工艺流程简单，脱硫成本低，不产生废液；设备材质为普通碳钢，投资省；利用蒸氨废水洗氨，节省软水并可减少废水外排量；在苯洗涤塔设碱洗段，提高了脱硫效率，碱洗后碱液用于分解固定铵，使 NaOH 得到充分利用，因此在脱硫效率要求不高的情况下，是一种较为实用的生产工艺，曾经被广泛应用。但其最大的不足是脱硫效率偏低，造成脱硫后煤气的燃烧废气中 SO_2 的排放量较大。在对煤气中 H_2S 的要求较高的情况下，需与精脱硫工艺相结合。同时，AS 工艺的不足之处还有：低温水耗量大、操作难度高，其与精脱硫工艺相结合后，使精脱硫位于脱苯后，造成煤气净化车间的 H_2S 污染问题及终冷水污染问题。目前中国新建焦化厂采用此工艺较少，国外焦化厂有很多采用此工艺，这与我国炼焦煤高硫特性有关。

（2）真空碳酸盐法脱硫工艺。真空碳酸盐法是使用碳酸盐溶液（K_2CO_3 或 Na_2CO_3）直接吸收煤气中的 H_2S 和 HCN，属于湿式吸收法范畴。目前多使用碳酸钾作为吸收液的真空碳酸钾法，真空碳酸钾法脱硫装置在粗苯回收装置后，位于焦炉煤气净化流程的末端。煤气通过脱硫塔与贫液（碳酸钾溶液）逆流接触，吸收煤气中的酸性气体 H_2S、HCN，富液在再生塔顶部进行再生。再生塔在真空和低温下运行，富液与再生塔底上升的水蒸气逆流接触，使酸性气体从富液中解析出来，再生后的贫液循环使用。为了确保出口煤气中 H_2S 含量符合要求，在脱硫塔顶部还设有最终洗涤段。该段加入氨水蒸馏装置中分解固定铵所需的 NaOH，生成的钠碱溶液送入氨水蒸馏装置后仍可起到分解固定铵的作用。真空碳酸钾法脱硫工艺的优点是：富液再生采用了真空解析法，操作温度低，设备材质的要求低，副反应速度慢，生成的废液少，降低了碱的消耗；从再生塔顶逸出的酸性气体，经多次冷凝冷却并脱水后，浓度高，不仅减少了设备负荷，而且有利于酸性气体处理装置的稳定操作。真空碳酸钾法脱硫工艺的缺点：在氢氧化钠碱洗段不正常时，净化后煤气指标不能确保 H_2S 含量不大于 $0.2g/m^3$；真空泵等设备造价高，因此整个脱硫装置投资较高。

（3）乙醇胺法脱硫工艺。单乙醇胺法也称索尔菲班法，属于烷基醇胺法的一种。洗苯后的焦炉煤气从塔底进入脱硫塔，与塔顶喷淋浓度为15%的单乙醇胺溶液逆流接触，脱除煤气中的 H_2S 和 HCN，吸收了煤气中 H_2S 和 HCN 的富液由脱硫塔底部泵入解析塔解析再生后循环使用。单乙醇胺法吸收 H_2S 和 HCN 能力强，同时还能脱除有机硫，工艺流程短，基建投资较低。不足之处是蒸汽耗量大，单乙醇胺消耗多，操作费用高。目前中国少数焦化厂采用此工艺，事实上对于烷基醇氨法目前多采用 N-甲基乙醇胺。N-甲基乙醇胺选择吸收性好，具有较好的化学稳定性和热稳定性，不易降解变质，是一种低毒绿色溶液，作为脱硫剂性能明显优于单乙醇胺、二乙醇胺、二异丙醇胺其他类醇胺溶液。

（4）ADA 法脱硫工艺。ADA 法属湿式氧化法，焦炉煤气与塔顶喷淋的吸收液逆流接触，煤气中的 H_2S 与吸收液反应生成单质硫，吸收了 H_2S 的富液经再生塔再生后循环使用。其吸收液是在稀碳酸钠溶液中添加等比例的蒽醌二磺酸钠盐溶液，由于吸收液的硫容量很低，需要大量的溶液进行循环，为了克服这些缺点，在吸收液中添加了偏钒酸钠和酒石酸钾钠进行改进，改进后的方法称为改良 ADA 法。ADA 法脱硫工艺的优点：脱硫脱氰效率高，塔后煤气中 H_2S 和 HCN 含量可分别降至 $20mg/m^3$ 和 $50mg/m^3$ 以下，符合城市煤气标准；工艺流程简单、占地小，技术成熟可靠。ADA 法脱硫工艺的缺点：以钠为碱源，需外加碱源，操作费用高；硫黄质量低，收率低；ADA 脱硫装置位于洗苯后即煤气净化流程末端，不能缓解煤气净化系统的设备和管道的腐蚀；废液难处理，必须设提盐装置，不但增加了投资，而且生产的 NaCNS 和 $Na_2S_2O_3$ 产品很难销售。

（5）HPF 法脱硫工艺。HPF 法脱硫工艺的脱硫流程与 ADA 法脱硫基本相似，采用的催化剂 HPF 为复合催化剂，可以说 HPF 是改良的 PDS 脱硫工艺，它是以氨为碱源的液相催化氧化脱硫新工艺，该工艺的主要原理与工艺流程为：鼓冷后的煤气冷却后进入脱硫塔，煤气中的 H_2S、HCN 及氨在催化剂的作用下与脱硫液发生反应，生成硫氰酸的氨盐以去除煤气中的 H_2S、

HCN。然后脱硫反应液送至再生器吹入空气进行再生，再生后的脱硫液返回脱硫塔循环使用。HPF法脱硫工艺的优点：以煤气中的氨作吸收剂，不需外加碱源，脱硫脱氰效率高，塔后煤气中 H_2S 和 HCN 含量可分别降至 $200mg/m^3$ 和 $300mg/m^3$ 以下；工艺流程简捷，节省投资，脱硫液再生后循环使用，脱硫废液比 ADA 法废液积累缓慢，因而废液量相对较少。其不足之处：硫黄产品质量低，收率低，操作环境差；副反应生成硫氰酸盐、硫代硫酸盐和硫酸盐等废液环境污染严重，目前除回兑配煤外没有很好的处理办法。

（6）T-H 法脱硫工艺。T-H 法脱硫即塔卡哈克斯法煤气脱硫和希罗哈克斯法脱硫废液处理相结合的新工艺，该法采用的脱硫液是含有 1,4-萘醌-2-磺酸钠作催化剂（以符号 NQ 表示）的碱性溶液，碱源来自焦炉煤气中的氨。焦炉煤气从脱硫塔下部进入，与塔顶喷洒的吸收液逆流接触脱除煤气中的 H_2S、HCN、NH_3，塔底富液用湿式氧化法使之氧化成含游离酸的硫酸铵母液。T-H 法脱硫的优点是：以煤气中的氨为碱源脱硫效率高，过程无二次污染；将煤气中的硫化氢全部转化为硫酸作为下一个工序生产硫酸铵的原料，简化了生产工艺从而降了了后续硫酸铵成本。缺点是：脱硫脱氰效率低，整个工艺中采用了耐高温、高压和耐腐蚀设备增加了设备制造难度和装置投资，电能消耗较高。

（7）FRC 法脱硫工艺。FRC 法脱硫工艺是以煤气中的氨为碱源，以苦味酸为催化剂的湿式氧化法脱硫脱氰技术。煤气从脱硫塔底进入与塔顶喷淋的含有苦味酸的氨水吸收液逆流接触脱除煤气中的 H_2S、HCN。脱硫塔底富液经再生塔催化氧化反应，使硫化物和氰化物转变成硫和固定盐类，再生液进入脱硫塔循环使用，产生的废液用来制酸。该工艺的优点是脱硫脱氰效率高，可达城市煤气要求，以煤气中氨为碱源，节省了脱硫原料，生产中废液燃烧生成硫酸，作为生产硫酸铵的原料提高了经济效益减少对环境的污染。该工艺的缺点是：苦味酸属危险爆炸品，运输贮存要求高；制酸规模较小时不经济，工艺流程长，属于国外引进技术，投资较大，煤气处理量 10 万立方米/小时，基建投资近 3 亿元人民币，几乎是同等处理量下真空碳酸钾脱硫结合克劳斯炉工艺的 3 倍，目前中国新建焦化厂很少采用此工艺。

（8）888 法脱硫工艺。888 法脱硫是由长春东狮科贸有限公司开发的以碳酸钠为碱源，以酞菁钴金属有机化合物为催化剂的湿氧化法脱硫工艺。其工艺过程与 HPF 类似，脱硫过程的影响因素单纯，容易调节，催化剂活性好，每脱除 1kg H_2S 仅需催化剂 $0.5\sim0.9g$，可以适用于 H_2S 浓度不大于 $50g/m^3$ 的宽浓度范围气体脱硫。该工艺的特点是脱硫效率高，使用稳定；硫黄回收率高，不堵塔；催化剂属环保型，脱硫费用比同类产品低 20%。适用于水煤气、天然气、焦炉气及各种炼油气等含硫气体的脱硫，目前中国有许多企业使用该技术，使用情况良好。

除了上述几种煤气脱硫工艺外，煤气湿法脱硫方法还有很多，如栲胶法、MSQ 法、低温甲醇洗法、环丁砜法等，这些方法目前新建焦化厂使用不多，这里就不再赘述。不管是湿式吸收法还是湿式氧化法，其脱硫的基本模式是相同的，主要的不同之处在于采用的吸收剂和催化剂。

3.4.4.2　工程案例

焦炉煤气脱硫技术在焦化企业广泛应用，各种焦炉煤气脱硫技术应用案例情况见表 3-5。

表 3-5　常见焦炉煤气湿法脱硫技术工程案例

方法类型	工艺名称	吸收剂	催化剂	产品	煤气脱硫后 H_2S 浓度 /mg·m^{-3}	装置位置	使用单位
湿式吸收工艺	AS	NH_3	无	元素硫或硫酸	200~500	水洗氨前	水钢
	真空碳酸盐（VASC）	K_2CO_3 或 Na_2CO_3	无	元素硫或硫酸	≤200	洗苯塔后	鞍钢、武钢、马钢
	乙醇胺	单乙醇胺	无	元素硫或硫酸	200	洗苯塔后	宝钢二期
湿式氧化工艺	ADA	Na_2CO_3	蒽醌二磺酸钠	熔融硫	≤20	洗苯塔后	湘钢等
	HPF	NH_3	HPF	熔融硫	≤20	洗氨塔前	鄂钢等
	TH	NH_3	萘醌二磺酸钠	硫铵母液	200	洗氨塔前	宝钢一期
	FRC	NH_3	苦味酸	浓硫酸	≤20	洗氨塔前	宝钢三期等
	888	Na_2CO_3	酞菁钴金属有机化合物	熔融硫	≤20	洗苯塔后	各种化肥厂和合成氨厂

3.5　炼铁源头减排智能技术

3.5.1　高炉炼铁工艺概况

我国钢铁行业以高炉—转炉长流程炼钢为主，高炉是钢铁制造流程中的关键工序，是铁素物质流转换的核心关键单元，是能源转换的核心单元和能量流网络的中枢环节，高炉工序能源消耗占钢铁综合能耗的 60%~70%。消耗的主要原料有烧结矿、球团矿、生矿，主要燃料包括焦炭和喷吹煤，消耗的主要能源介质包括水、电、氧、氮等，主要产品为铁水，副产品为高炉渣和高炉煤气[15]。高炉炼铁过程存在以下特点：

（1）高炉内部存在大量的物理反应、化学变化以及气–液–固三相力学过程，既是连续性过程，又是离散性过程，而且都是非线性与随机性的复合，是最复杂的一种冶金反应。

（2）高炉操作的可控范围狭窄，铁水质量必须满足炼钢的要求，各项操作制度相互影响，系统性极强，一项操作会影响整个系统变化，使得高炉的各种控制参数的可调范围相对较小。

（3）高炉操作调整存在滞后性，变量因素多且互相制衡，运行状态的变化对控制动作的反应不灵敏，依靠人工很难及时判断操作动作是否能有效解决问题，甚至会出现反向操作。

（4）高炉操作倡导趋势管理，根据外界条件的变化提前调整，而且幅度不能过大，方可避免发生过大的波动，否则炉况将会急剧恶化，影响稳定顺行，严重时导致高炉事故的发生。

（5）高炉内部环境恶劣，监测难度高，检测设备损坏率高，要求检测设备的质量和稳定性高，检测项目少，一般只是对炉顶、炉缸、风口、炉身等边界信息进行检测，是复杂的"黑箱"系统。

3.5.2　节能减排技术现状和问题

3.5.2.1　技术进步

影响高炉炼铁源头减排的因素较多，既包括入炉品位、炉料结构、炉料冶金性能、焦炭质量等原燃料条件，也有保障高富氧、高顶压、高风温等参数指标的装备因素，还包括装料制度、冷却制度、下部调剂、智能控制等保证高炉稳定、顺行的操作技术因素。我国炼铁工作者在促进高炉节能减排方面做出了许多努力，取得了较大成绩，比较成熟的技术包括以下几个方面[15]：

（1）装备大型化。大型高炉的能源利用效率、生产效率、节能设施配置率和使用效果等均高于中小型高炉，是高效推行源头减排技术的保障。我国高炉装备大型化进程得到迅速发展，目前中国 $2000m^3$ 级以上高炉产能比例已达到30%，$4000m^3$ 以上高炉有25座，$5000m^3$ 以上的达到9座，占全世界巨型高炉数量的1/4。

（2）精料冶炼技术。我国高炉在精料冶炼方面取得的进步包括：提高入炉品位、优化炉料结构、分级入炉、使用干熄焦、提高原燃料强度、降低入炉水分和粉末等，对我国高炉实现源头减排起到了至关重要的作用。

（3）富氧喷煤技术。富氧有利于提高理论燃烧温度、喷煤比和生产效率，喷吹煤替代焦炭起提供热量和还原剂的作用，减少焦炭用量。我国高炉富氧率最高曾达到8%，喷煤比最高到达220kg/t，节焦能力明显。

（4）高顶压冶炼技术。高顶压有利于提高煤气对铁矿石的渗透性，降低煤气线速度，促进间接还原，抑制直接还原，每提高10kPa约可实现降低燃料比2kg/t，近年来顶压达到250kPa以上的大型高炉数量快速增加，最高可达280kPa。

（5）高炉热风炉双预热技术。利用热风炉烟气，通过换热器对煤气和助燃空气进行预热，降低煤气消耗并可提高鼓风温度。高风温有利于改善高炉下部热制度，提高能源利用率，降低焦比和燃料比；热风温度每提高100℃可降低焦比8~15kg/t，宝钢、首钢、沙钢等超大型高炉曾达到1250℃。

（6）脱湿鼓风技术。将鼓风中的湿度降低到某一固定数值之后送往高炉，以降低鼓风湿度对高炉稳定性的影响，同时减少热量消耗。宝钢、永钢、新余钢铁、柳钢等处于高湿度地区的大型钢铁企业已有使用，吨铁约可节焦5kg/t。

3.5.2.2 存在问题

近年来，我国高炉炼铁工艺技术突飞猛进，但是由于行业规模大、产量高、企业数量多、发展不平衡等特点，仍存在一定的问题，主要包括以下几个方面：

（1）行业平均焦比和燃料比偏高。在中国炼铁工业发展过程中，短时期内个别企业也曾有过焦比低于300kg/t，燃料比低于480kg/t的多座高炉；但是近年来没有高炉能长期维持焦比在300kg/t以下，燃料比在490kg/t以下，平均燃料比比欧洲和日本钢铁行业高出20kg/t以上。

（2）我国钢铁企业高炉能源利用水平参差不齐。各企业高炉焦比最大差距超过150kg/t，燃料比最大差距可达100kg/t，高炉固体燃料利用水平相差巨大，同时也是导致全行业焦比、燃料比、污染物排放量偏高的主要原因之一。

（3）优质原料保障不足，精料冶炼技术受限。我国炼铁产能和产量过大，大型高炉数量的增多对优质原燃料资源的需求更大，中国优质铁矿和焦炭资源远不能满足，而国际优质资源市场集中度高、价格高，企业被迫使用低成本、低质量原燃料，许多高炉达不到精料冶炼的标准，固体燃料消耗不降反升。

（4）全行业大型高炉的智能化控制水平整体偏低。大型高炉的控制技术要求高，人才队伍建设落后于高炉大型化进程，中国一些 3000m³、4000m³ 级超大型高炉的燃料消耗甚至远高于 1000m³ 级高炉，仅依靠人工控制很难发挥出大型高炉应有的节能减排优势，智能化炼铁技术亟待推广和普及。

3.5.3　高炉大数据智能管控技术

新形势下，我国经济已由高速增长阶段转向高质量发展阶段，钢铁行业发展规划提出要培育形成一批钢铁智能制造工厂，尤其是支持钢铁生产关键工序的大数据中心平台建设，结合大数据、信息化、物联网等技术，建立高炉专家系统和炼铁智能化管控平台，实现高炉生产的智慧化和集约化，成为新的节能减排方向。

3.5.3.1　高炉专家系统早期开发情况[16]

高炉炼铁的特点使得其控制过程，尤其是实时在线控制非常困难，长期以来高炉过程控制主要依赖工艺人员的生产实践经验，采用传统的经验方法或简单的机理建模方法均难于把握其工艺过程的关键，很难全面而正确地理解高炉内发生的各种现象。高炉专家系统是利用高炉工艺专家及操作人员的知识，结合冶金学科基础理论知识，采用先进的控制理念集成的控制系统，通过检测和预报高炉生产过程的状态及发展趋势，以文字和图形等方式显示高炉冶炼过程的变化，包括非正常炉况的预警、提出应对操作建议、为操作人员提供指导，从而实现高炉高效、稳定、顺行、低耗、安全、长寿的目的。及时掌握冶炼过程的变化趋势，并做出较准确的估计，以便于及时采取调节措施、优化控制过程，对于稳定炉况、降低铁水硅含量、提高生铁质量、降低原燃料消耗、实现源头减排都非常有利。

（1）国外高炉专家系统开发应用。日本钢铁公司最早开发与应用了高炉专家系统，如新日铁大分厂 SAFAIA 系统和君津高炉 ALIS 系统，用于软融带判断、高炉开炉及休风恢复操作指导。京滨高炉专家系统包含无钟炉顶布料模型、装料制度、煤气流分布、炉体温度场、风量、风压、透气性等数学模型。钢管福山厂 BAISYS 系统，包含炉况检测诊断与控制、异常炉况预报与控制、布料控制和炉温预报等数学模型。住友公司 HYBRID 系统，将数学模型和高炉专家规则相结合，用于判断炉况、计算炉热指数、铁水硅含量与铁水温度的预报和高炉操作指导。川崎 GO-STOP 系统由 8 种指数计算模型构成，对高炉操作因素做定量分析，将各种因素控制在最佳范围内，使用指数检验、评价和诊断高炉冶炼过程炉况状态，抽取 230 个监测信息用于推理机推理，建立600条专家知识规则。

芬兰 Rautaruuki 高炉专家系统主要由4个子系统组成:一是高炉热状态系统,计算高炉热状态、下料过程、直接还原度及碳素熔损、煤气成分、渣皮脱落、透气性、阻力系数及 Rist 操作线等指数,通过指数计算识别操作参数对炉温的影响程度,并根据计算结果提出操作建议;二是高炉操作炉型管理,计算冷却壁热负荷、炉体温度场分布,监控渣皮厚度、渣皮脱落;三是高炉炉况诊断,判断悬料、滑料、管道等事故的发生概率,计算顶压、顶温及变化幅度和料速,对不同周期的煤气流分布、煤气利用率、总压差、局部压差进行评价,分析煤气利用率变化原因;四是高炉炉缸平衡管理,利用物料平衡模型,实时计算炉缸内渣铁生成量和残余量,并与炉缸安全容铁量进行对比,指导高炉出铁、出渣操作制度,间接判断软熔带上下移动程度及透气性变化。

奥钢联 VAiron 高炉专家系统,由过程信息管理系统、过程数学模型、炉况诊断评估系统、炉况调节和执行系统组成,主要功能是对工艺参数进行评估和提出操作建议,后升级为具有部分闭环式功能专家系统,闭环功能主要用于焦比控制、入炉碱度控制和蒸汽喷吹量控制。

(2)中国高炉专家系统开发应用。我国高炉数学模型和专家系统起步相对较晚,随着我国高炉大型化、现代化进展,许多大型高炉在基础自动化改造中采用计算机一级和二级系统,为高炉专家系统的开发与应用奠定了基础,我国早期高炉专家系统的研究总体可分为三个阶段:

首先是引进国外高炉专家系统。如宝钢引进日本的 GO-STOP 系统,武钢、本钢、首钢和唐钢引进芬兰高炉专家系统,攀钢、沙钢、昆钢、重钢和南钢引进奥钢联的高炉专家系统。

二是中国企业与科研机构在国外技术基础上,合作开发高炉专家系统。宝钢引进和吸收了日本"GO-STOP"系统,与复旦大学合作开发了"炉况监视和管理系统";武钢与北京科技大学合作,在芬兰高炉专家系统的基础上开发自己的高炉专家系统。

三是针对中国高炉实际条件,自主开发的高炉专家系统,利用动态规划理论建立多目标优化数学模型,寻找冶炼参数的最佳范围、最佳组合,从而实现炉况故障诊断、炉温预报,并对炉况进行综合推断,提高高炉的稳定顺行率,降低消耗。例如首钢等单位开发的"人工智能高炉冶炼专家系统",包括炉体热状态判断系统、异常炉况判断和炉体状态判断3个子系统;马钢等单位开发"马钢高炉炉况诊断专家系统",南钢与重庆大学合作开发"南钢高炉操作管理系统",鞍钢开发"11号高炉人工智能系统",浙江大学开发的

"高炉炼铁优化专家系统"分别在杭钢、莱钢、济钢和邯钢高炉得到推广与应用。

（3）我国早期高炉专家系统存在的问题。与国外企业相比，中国高炉专家系统起步晚，整体上高炉专家系统远没有达到预期目标，大多数企业在尝试应用一段时间后最终停止使用，早期中国专家系统不成功的主要原因包括几方面：

一是原燃料质量波动大，检化验数据失真或滞后，专家系统得到的数据不可靠或数据时效性差，造成推理机给出错误的反馈信息，高炉操作人员对专家系统失去信任。

二是机理模型不全，无法全面、实时地反映高炉生产状态，如全炉的平衡模型、炉身镜像模型、全成分的造渣模型、在线布料制度的模型等，同时系统缺少针对高炉状态的自动诊断推理等提示信息。

三是缺少大数据技术分析支撑。没有结合已有的原材料数据、生产数据和机理模型，利用历史数据对当前的高炉工作状态进行推理、预测及诊断的智能优化。

四是缺少炉况自动分析报告，炉况异常时人工撰写分析报告，以经验分析、现象阐述、过程总结为主，缺少深度的数据挖掘和机理建模分析。

五是高炉操作理念差异，中国高炉操作者侧重自身经验，主要靠监控一级画面来操作高炉，国外高炉大部分常规操作倾向由高炉专家系统提出指导建议。

六是高炉专家系统缺少有效维护，尤其是引进的高炉专家系统，由于企业没有培养自己的专业维护人员，专家系统得不到有效维护与完善，导致系统失准甚至给出错误指导建议，基于数字化、科学化、标准化的技术体系和人才培养机制有待提升。

3.5.3.2　高炉大数据智能管控技术

针对早期高炉专家系统存在的问题，我国冶金科研工作者长期致力于优化提升高炉专家系统技术水平，旨在提高其在中国钢铁行业的适用性和可靠性，成功开发出了高炉大数据智能管控系统——一套面向炼铁高炉操作人员、技术专家及高层管理者等用户的一体化智能管控系统[17]。通过在企业端部署自主研发的工业传感器组成物联网，对高炉"黑箱"可视化，实现企业端"自感知"，建立高炉专家系统，结合大数据及知识库，实现"自诊断""自决策"和"自适应"。通过推行炼铁物联网建设标准化、炼铁大数据结构和数据库标准化、数字化冶炼技术体系标准化，建立行业级炼铁大数据智能互联平台，实现各高炉间的数据对标和生产优化，促进设计院、学会、供应商、科研机构等之间的信息互联互通、数据深度挖掘应用、产学研用的紧密结合，提高综合核心竞争力。通过炼铁大数据平台的建设，降低炼铁异常工况及燃料消耗，降低 CO_2 排放，实现低碳炼铁，对高炉的长寿、高效、优质、低耗、清洁生产起到了关键性的促进作用[18,19]。

高炉智能管控系统基于高炉水温差、炉缸热电偶、炉顶成像等整体监测系统，采集高炉一级操作数据、检化验等系统数据，建立了支撑整个系统高效准确运行数据库；运用高炉冶炼机理模型、专家推理机、大数据分析及移动互联等先进技术，建立了服务于炼铁厂的安全预警、生产操作优化、智能诊断、生产管理、在线监测、实时预警等一系列业务功能，推动炼铁生产过程向数字化、网络化及智能化转型。主要包括安全生产预警、生产操作工艺、智能诊断、生产质量管理和集中管控等模块。

（1）安全生产预警模块，力促高炉长期、安全、稳定运行，为实施各项节能减排冶炼技术提供保障。在统一的坐标系下定制化建立安全预警标准，打通包括冷却壁热负荷监测、炉缸炉底侵蚀、壁体温度巡检、风口检漏和高炉全景视图等各安全监测模型的数据孤岛，为操作人员提供整个炉体的整体化安全监测巡检。

1）炉缸炉底侵蚀模型。基于传热学、数值模拟、智能算法等全面分析炉缸炉底区域，还原整个炉缸炉底区域的温度场分布，得到炉缸炉底砖衬的剩余厚度及结厚发生的部位和厚度，并以直观的图像和数据形式显示出来，帮助高炉操作者及时了解炉型变化，为采取有效的护炉措施提供可靠的依据。

2）壁体温度巡检。自动监测和采集相应冷却壁的热电偶温度，完成冷却壁热电偶温度的自动采集、存储、显示和历史查询；设定各壁体热电偶自动预警、预警查询及预警标准，自动统计各段冷却壁热电偶温度超过预警值的次数及时间，根据升温速率、降温速率统计冷却壁的热震次数。

3）风口小套检漏。通过实时监测风口进出水温度、流量数据，自动计算出风口水温差以及热负荷数据，进行自动预警报警，提示出可能损坏的风口。

4）冷却壁热负荷模型。利用水系统检测数据及冷却壁壁体温度检测，实时监测炉体各段冷却壁的热负荷和热流强度，兼顾冷却壁"点"和"面"的热流变化，并对出现异常热负荷、热流强度和检测数据进行报警提示。

5）高炉全景视图。通过冷却壁展开图的方式，将高炉本体所有监测点的数据同时展现在界面上，并根据各监测点的预警报警标准实时进行预警报警。同时通过温度分布图方式显示冷却壁热流分布图，帮助高炉操作者直观地了解高炉壁体状态。

(2) 高炉生产操作工艺模块。结合包括布料模型、气流分布、操作炉型、送风制度、炉缸平衡、炉缸活跃性、炉渣黏度、动态镜像、平衡计算等对高炉生产具有指导意义的操作模型，可视化监控高炉，实现高炉上部调剂、中部调剂和下部调剂全方面的数字化、模型化。

1) 布料模型。帮助操作人员实时掌握高炉内部冶炼过程中不同部位料面形状及负荷分布，为上部矩阵调整提供方向性依据。

2) 直观显示高炉气流分布状态，同时基于气流分布诊断规则库对气流状态进行推理提示，实现对高炉气流分布在线监测、诊断，并提出优化建议。

3) 操作炉型界面展示炉体横截面和纵截面的渣皮厚度，绘制操作炉型及渣皮形状，并自动对炉墙结瘤进行预警，为优化高炉操作炉型和煤气流分布提供技术支撑。

4) 炉缸活跃性模型。设定炉缸活跃性相关评价参数的范围、分数和权重，给出最终炉缸活跃性的分数和趋势，从而建立炉缸状态评价体系，实现炉缸状态的实时诊断，并支持诊断报告的生成、导出，防止或减缓因炉缸堆积造成的高炉不顺。

5) 送风制度模型。自动计算理论燃烧温度、炉腹煤气指数，提供鼓风动能离线计算功能，监测风口布局情况、风口喷煤状态、开堵情况，并给出优化建议。

6) 炉渣黏度模型。建立炉渣黏度预测模型，提供离线计算不同炉渣成分和铁水温度的黏度和液相占比值的功能，为变料及渣系调整提供依据。

7) 炉缸平衡模型。自动计算理论产渣铁量和速度，实时采集铁水轨道称重量，与理论值自动对比计算得出炉缸残存渣铁量，同时自动计算出每一炉次、每一班次铁水盈亏情况。

8) 动态镜像模型。实时跟踪并展示炉料入炉后在炉内的下降过程，实时判断每批料在块状带的位置变化，支持在线标记特殊料批，给出应对建议。

9) 平衡计算模型。计算热量收入和热量支出，计算并展示各项热收入（热支出）占各自总收入（总支出）的百分比；自动绘制 RIST 操作线，明确给出高炉不同冶炼时期的节焦潜力，并给出降低焦比和燃料比的建议。

(3) 炉况智能诊断模块，提供包括炉况智能诊断推理机、多维变量炉况预警、炉况变化关联性分析等智能模型实现炉况的自动分析、诊断、预判，给出相应炉况的操作建议，通过自学习实现工长操作层面的自感知-自分析-自决策-自执行的高炉智能优化。

1) 炉况智能诊断推理机。嵌有完整的高炉炉况识别知识库以及包含3000多条规则的规则库，通过参数判断、过程分析得出结果，取得控制动作，并对控制动作进行综合处理，按不同周期综合预报炉况现象及趋势，根据高炉实际情况进行操作值的修正，最后在用户界面中给出操作提示，实现风量、氧量、喷煤量、焦比、风温等多类一级动作的智能提示。

2) 炉况变化关联性分析。针对高炉实际操作和炼铁流程，主要关注高炉操作和状态参数同其他参数的关系，将所有涉及高炉生产的原料数据、安全数据、生产过程数据、经济指标数据做相关性矩阵分析，从大数据的角度分析影响各个参数的因子。提高高炉操作的稳定性和方向性，防止误判、盲目操作，保障高炉长期稳定顺行，降低燃料比。

3) 多维变量炉况提前预警。将现场关注的、对炉况波动反应比较明显的多维数据作为训练集合，利用算法进行降维处理，将样本主要部分进行三维凸包处理。从数据关联性层面实现高炉异常复杂工况的提前预警，同时为现场操作人员提供导致异常工况的影响因素贡献率，为高炉智能控制提供优化依据。

（4）生产质量管理模块。根据自动读取的原燃料数据实现闭环配料，定制化生成电子报表，实现对整个高炉生产过程长短周期的分析自动生成报告，为综合判断调整炉况提供更加清晰的依据，为专家制定出最优的调整策略及方向。

1) 原燃料信息管理模型。对各种入炉原燃料进行编码并管理，支持查看、添加物料编码；查询焦、煤、球团矿、块矿、烧结矿、除尘灰、熔剂等原料的物理和化学性能及趋势图，追踪烧结矿、焦炭等原燃料的入炉时间。

2) 优化配料模型。自动计算不同种类的矿石比例和综合入炉品位，对配料方案是否合理做出判断和提示，依据设定的高炉炉渣碱度及铁水硅含量进行配料优化计算及输出，支持结合一级系统实现闭环配料。

3) 高炉体检。基于高炉的安全、原料、生产、技经指标的监控，对其进行评分，进而对高炉每天的状态有一个数值化的评定，并将统计的数据以折线图和二叉树的形式展示，支持自动生成体检报告及操作建议。

4) 智能报表。根据现场需求定制化生成电子高炉生产日报及生产月报，同时支持打印功能，完全取代纸质报表提供查询历史数据以及导出功能。

（5）集中管控模块。集中管控模块包含集中控制、智慧维检、远程诊断支持和多地协同中心，实现了多座高炉控制室的有机融合。

1) 通过一体化操作平台，统一规范和标准，强化交流、协作和互补，有效提高生产效率和操作水平。

2）通过设置铁前控制室，实时监控、收集高炉生产相关的物流和设备信息，可实现及时预警和快速响应。

3）智慧维检功能。通过对数据的收集和分析，实现对设备的智能预维护，准确判断，积极干预，减少设备故障频次和时间。

4）远程支撑功能。连通各基地网络，可实现专家远程集中指导，实现基地间在线诊断及技术交流与共享，提高支持效率和指导的及时性。

5）以大数据平台为依托，发挥专家系统优势，进行智能化提升，整合信息流和决策流，实现一体化协同管控，提升高炉的整体操控能力。

3.5.4　高炉大数据智能管控技术工程案例

3.5.4.1　兴澄特钢"1280m³高炉产线一体化智能制造"项目

兴澄特钢1280m³高炉综合运用"物、大、智、云、移"技术，采用云-边-端工业互联网架构，设备端工业传感器和物联网保障动态感知，边缘侧机理建模和人工智能实现工况诊断，大数据平台对中长期数据挖掘优化并将结果推送手机 APP，推进了大产线数据互联互通、业务协同优化、智能转型升级。在边缘侧结合机理模型、推理机及机器学习技术，从机理、专家经验及数据挖掘分析多维度进行解析和优化，建立了高炉数字化监测-数据分析-炉况诊断-工艺优化炼铁管控模式，推动数字化、标准化、网络化的炼铁技术体系建立。

（1）实现高炉整体安全监测及智能预警，保障高炉长周期、高效、稳定、低耗、顺行。通过边缘端高炉智能管控系统为高炉炉缸、冷却壁、风口等的设备安全状态以及劣化过程进行了全方位诊断与监控，实现了预测性维护与更换，降低了由于高炉炉缸、冷却壁等设备故障导致休风的次数，为高炉实现长周期高效、低耗生产提供基础保障。

（2）基于机理模型和数据挖掘实现炉况智能诊断及优化。布料仿真模型进行自动模拟，得到布料关键参数指标，从矿焦比分布和布料相关指标分析，逐渐调整布料矩阵，提高了中心煤气流开度，矿石平台的拓宽降低了矿石料层厚度，为扩大矿批奠定基础，优化后的布料矩阵表现出良好的抗外围波动性。经过两个多月的调整，中心气流逐渐增强、炉缸活跃性得到改善，边缘趋于稳定，产量、燃料比、煤气利用率、负荷等指标明显改善，高炉燃料比下降6kg/t。

（3）综合考虑成本、成分、性能的炉料结构优化。基于大数据智能互联平台的配矿优化，不仅考虑铁矿成分数据、库存量，还从烧结矿质量、球团矿质量、高炉渣铁成分、高炉成本等方面进行大数据训练学习和多维度约束。依托大数据平台的数据存储和计算能力，从炼铁产线的层面，考虑采购、烧结、球团、高炉各个工序的质量要求和成本控制，优化高炉炉料结构与资源配置，为高炉精料冶炼提供技术支撑。

3.5.4.2　酒钢"炼铁大数据智能互联平台"项目

酒钢针对高炉类型多样化、原燃料质量差等造成炉况频繁波动、设备故障频出、操作难度大等突出问题，引进了"炼铁大数据智能互联平台"，打破了传统的依靠经验操作以及高炉分散操作的模式，建立了集高炉炼铁机理模型、推理机、大数据机器学习、云计算、物联网、移动互联为一体的酒钢厂区高炉的集中智能管控中心，实现对 6 座高炉的集中智能管控，同时实现行业先进技术的网络化共享及外部专家的远程诊断，建立不同类型高炉合理的工艺操作与安全防范技术体系，提升整体技术操作水平和盈利能力，实现酒钢各高炉的安全、长寿生产[20]。

（1）防范高炉安全风险，为实施高顶压、高风温、低硅冶炼等源头减排技术提供设备保障。基于各高炉材质、结构、炉型、炉役阶段、原燃料条件，建立炉缸炉底和冷却壁炉墙的三维传热数学模型，在线自动计算和显示高炉侵蚀内型变化，提炼反应器设备数字化多级预警标准，并将安全预警信息实时推送到移动端，建立酒钢高炉安全长寿预警管理机制，保障长期稳定顺行。

（2）结合高炉智能单元系统助力高炉提高煤气利用率。高炉智能控制系统通过计算炉料不同挡位在料面上的落点及厚度，可模拟布料料面，中心加焦、半中心加焦、取消中心加焦 3 种布料模式的焦炭、矿石、混合层厚度，中心加焦布料模式下中心无矿区大、煤气利用差；半中心加焦混合层堆尖升高，但平台宽度较小，中心漏斗面积较大；取消中心加焦后，中心漏斗面积较小，平台宽度适宜，与炉喉煤气取样分析的结果一致，取消中心加焦对于优化料面分布，提高煤气利用率效果显著。酒钢 1 号高炉通过智能系统优化后，产量提高 17.5t/d，煤气利用率提高 2.5%，焦比降低 19kg/t，降低吨铁成本 18 元，获得甘肃省重大科技成果奖。

酒钢"炼铁大数据智能互联平台"项目填补行业在此领域的空白，助力炼铁工序节能减排，向智能生产、绿色智造转型升级，项目作为炼铁大数据案例从全国 2000 多个案例中脱颖而出，并在央视 CCTV9"大数据时代"进行播出，形成强大的示范效应。

3.5.4.3   宝钢大型高炉一体化管控平台

2018 年 3 月 28 日，由宝钢股份自主集成建设的全球首套大型高炉控制中心建成启用，成功实现了对宝山基地 4 座高炉的集中化操作控制和生产管理，并可对其他基地高炉进行远程技术支撑。通过建成启用的高炉控制中心，宝钢股份积极探索多基地协同的世界先进水平的高炉生产管理模式，推行远程信息化支撑体系，实现专家远程指导，有效提高操作协同指挥、远程支持效率、打造高炉"智慧芯"；以移动技术提高专家对高炉操作指导的效率，做到"全天候"护航的同时，通过不断优化系统功能，实现了报表电子化、4 座高炉的操作一体化和高炉专家系统的全覆盖。

宝钢股份高炉控制中心的建设，充分体现了智慧制造、四地协同、效率提升以及管理优化的特点，下阶段宝钢股份还将以高炉生产智能化为核心，以数值模拟、人工智能、大数据等主要技术，以高炉理论计算和生产状态判断经验为评价标准，以专家系统为实施途径，建设数字化高炉，推动炼铁生产技术新革命。

3.6   炼钢源头减排智能技术

3.6.1   一键炼钢+自动出钢技术

3.6.1.1   技术介绍

（1）一键炼钢技术。一键炼钢技术可最大限度地消除人工干涉，避免因操作波动、标准不统一、应变不及时、误操作等造成的安全风险、质量异常和成本浪费，是实施岗位操作标准化和精准化的有效手段，代表着炼钢行业最高控制水平。一键炼钢技术具有突出的优越性，能够显著缩短出钢和冶炼时间，精确控制动态吹氧量，提高冶炼效率，减少点吹、补吹的次数和氧耗，降低钢铁料和熔剂消耗，减少污染物排放，提高转炉炉龄，保证钢水成分及温度的命中率，实现"一键式"炼钢[21]。该技术自动化控制包括基础自动化级（L1）和过程级（L2）。

L1 基础自动化级，由电气控制系统和仪表控制系统组成，主要功能是对转炉炼钢进行数据采集、顺序控制、生产操作及人机对话，并完成与其他系统的数据通信。

L2 过程控制级以高性能服务器为核心，完成铁水倒罐、转炉炼钢区域的生产过程数据信息通信，对转炉冶炼过程进行控制。实现转炉自动化、终点命中率提升，实现整个冶炼过程数据流程实时、稳定、准确。

整个转炉冶炼过程中，转炉二级系统（L2）根据工艺流程所产生的事件来触发并启动相应的程序，从而控制并优化辅原料、合金的投入量和投入时间，控制氧流量和底吹流量，最大限度地满足工艺的要求，提高合金收得率，降低生产成本，并实时、准确地收集各类生产数据，提供模型自学习，加强生产管理。主要功能包括：接收制造计划、生产订单、钢种标准、出钢计划、溅渣护炉等；记录转炉固有情报，跟踪设备运转和炉顶料仓情况；进行主原料计算，并监视废钢及铁水称量；将顶底吹模式和辅原料投入模式传送给转炉 L1（现场控制级）；吹炼作业和跟踪、动态控制计算[22]。

（2）自动出钢技术。作为炼钢关键控制环节的出钢工艺，目前普遍沿用依赖操作经验的手动控制模式。出钢时需要操作员时刻关注转炉、钢流及钢包状态，存在着高温、灼烫风险，同时也承受着噪声、粉尘危害，作业环境相对较差。人工操作失误甚至会造成安全生产、质量管控、设备稳定方面的不利影响。转炉自动出钢技术，采用理论出钢模型与现场工人操作大数据分析相结合的方法，建立转炉自动倾转等全自动出钢模型；利用先进的基于视觉的图像识别与分析系统，可以实时预报钢包溢钢、大炉口溢渣等生产异常情况，并与相关设备联锁，自动进行异常处理，实现转炉全自动出钢，替代出钢过程的人工操作，有效提高炼钢成功率，改善工人的工作环境并减轻劳动强度[23]。

自动出钢技术将转炉出钢相关的所有设备，包括转炉本体、钢水车、合金溜槽以及挡渣机构等按照预定义的程式和逻辑进行关联，以实现出钢过程的全自动控制。其中，钢水车采用激光测距技术进行实际位置的精准定位，合金溜槽通过编码器控制以实现定位旋转，转炉倾动采用有级调速。在单体设备固有运行逻辑基础上，通过预定义的安全可靠 PLC 程式实现相关设备的联动控制，辅之以视频监控系统，达到自动出钢的目的。

3.6.1.2 工程案例

2019 年 3 月，宝钢股份 4 号转炉自动出钢项目热试一次成功。在研发过程中由宝钢股份中央研究院、宝山基地炼钢厂和宝信软件组成攻关团队积极协同，成功打破国外技术封锁，实现了转炉出钢的全过程无人化操作。宝钢股份在取得转炉"一键炼钢"突破的基础上，通过自主集成转炉出钢的自动倾动、台车自动走行等关键工艺技术，在中国首次实现了真正意义上的"一键炼钢+全自动出钢"工艺贯通，突破了大型转炉"智慧炼钢"

的关键瓶颈。

2019 年 3 月，河钢唐钢自主开发的转炉自动出钢控制模块热试一次成功，成为河北省首家实现转炉自动出钢技术工艺的冶金企业。该控制模块投资强度低，具有较高的推广性。在设计开发过程中，河钢唐钢充分考虑了转炉自动出钢作业的潜在安全风险，设置 13 项自动作业前置保障条件和 10 项故障报警关键控制点，并匹配最高级别的人工干预控制权限，实时保证产线安全稳定运行。

3.6.2　洁净钢平台技术

3.6.2.1　技术介绍

高效率、低成本洁净钢平台是基于"洁净钢"概念的工业化、大批量、稳定、及时供货的概念，不同于实验室对"纯净钢"研究的含义，也不局限在产品研发、试制的视角上，最早由殷瑞钰院士提出[24]。高效率、低成本洁净钢平台既重视"结果"，即产品的质量、性能与功能，更重视生产过程的动态运行过程中的效率和成本。高效率、低成本洁净钢平台集成技术是一种结构-功能-效率优化的普适性共性技术，不仅适用于 IF 钢、硅钢、管线钢等所谓高端产品，而且对建筑用棒线材等大宗产品也具有实用价值。

高效率、低成本洁净钢平台集成技术不仅重视批量供货的产品质量、性能，而且强调企业的效率优化、成本优化，着眼于企业的综合竞争力。这不仅涉及现有钢厂的生产经营，而且也将引导新建钢厂和已有钢厂技术改造中的设计优化。还将涉及冶金工程科技研究的领域——过程工程及其动态运行优化，同时也将引导动态-精准设计的理论、方法的创新，推动新一代钢厂的设计建设和运行。

洁净钢制造平台是诸多技术模块的优化以及相互协同-集成的动态运行系统，这种动态运行系统将涉及工程设计、生产运行以及相应的管理体制。从过程工艺技术的优化与集成的视角上看，洁净钢制造平台的内涵包括一系列基础性支撑技术和动态-有序的物流运行集成技术，即：（1）解析-优化的铁水预处理技术（和/或废钢/各类固体金属料的分类、加工技术）；（2）高效-长寿的转炉（电炉）冶炼技术；（3）快速-协同的二次冶金技术；（4）高效-恒速的连铸技术；（5）优化-简捷的"流程网络"技术；（6）动态-有序的物流运行技术。

上述 6 项技术中，前 4 项技术属于基础支撑型技术，而优化-简捷的流程网络技术（例如合理的平面布置图等）和动态-有序的物流运行技术则是集成技术。所谓"流程网络"是指在流程系统中将"资源流""节点"和"连接器"整合在一起的物质-能量-时间-空间图形结构，主要体现为合理的平面布置图等，这是一种静态的集成框架。动态-有序的物流运行技术（例如物流运行动态调控的信息系统），则体现了动态运行的集成性"程序"。两者均属集成性的技术。可见，如果只试制少量的洁净钢，那么有 4 项基础支撑技术即可，但是要大批量、稳定地、高效地、低成本地生产不同类型的洁净钢，则必须要加上 2 项集成技术。

3.6.2.2 工程案例

在邯钢装备大型化升级改造过程中，三炼钢厂针对自身工艺装备相对落后、自动化控制水平不高以及非专线化生产组织等不利因素，通过高效脱硫、低成本转炉冶炼技术、精炼工艺优化、节能降耗技术应用、高效稳态连铸工艺、生产组织优化，以及相关智能化生产技术创新研发，通过不同工艺路线和工艺参数优化匹配，提高钢水洁净度的综合控制能力，建成以方坯-棒线材、板坯-中厚板、薄板坯-冷轧板为主的 3 个专业生产制造平台，产品覆盖 20 多个系列近 300 个品种。在此基础上再针对具体品种和用户需求进行重点控制，在稳定、高效生产和满足用户使用要求的前提下，努力降低生产成本，为企业创造更大的经济效益，为多产线、多品种的生产单位提供借鉴[25]。

唐钢二钢轧厂在建设洁净钢平台的过程中，以稳定性、大批量为特点，充分运用 6 项技术即高适应性铁水预处理、高效率转炉冶炼、协同的二次冶金技术、稳定均衡的全连铸技术、顺畅-简捷的"流程网络"技术和动态-有序的物流信息化技术，形成了特色鲜明的建筑长材用钢洁净钢制造平台。通过精细化管理和优化生产工艺，实现了生产的高效率运行和低成本控制。

首钢京唐钢铁联合有限责任公司炼钢厂自 2009 年 5 月建成投产以来，采用全量铁水"三脱"预处理，实现快速少渣炼钢；配合快速精炼和高效连铸技术构建的洁净钢生产平台，依靠工序功能优化、工序分工明晰，加速物质流流动，减少能量耗散，降低物料消耗，使得工艺控制简化，产品质量稳定、重现性好，实现了高效率、低成本、稳定地、批量地生产洁净钢的目标[26]。

3.6.3 电弧炉炼钢复合吹炼技术

3.6.3.1 技术介绍

（1）技术背景。长期以来，冶炼周期长、能量利用率低、质量不稳定及生产成本高等问题困扰着电弧炉炼钢生产。究其根源：电弧炉自身工艺装备特点造成炉内物质能量传递、金属熔体流动速度慢，抑制冶金反应的快速进行；电弧炉炼钢金属料来源复杂（废钢、生铁、铁水及其他含铁料），造成炼钢过程及终点控制困难；冶炼过程产生大量烟气，带走的物理及化学能未能充分利用。鉴于电弧炉的炉型结构、加热方式、炉料结构等特点，为了最大限度的加强电弧炉熔池的搅拌程度，充分利用化学能和电能，缩短冶炼时间，北京科技大学朱荣教授提出了"电弧炉炼钢复合吹炼技术[27]"。

（2）技术研发历程。针对我国电弧炉炼钢工艺装备现状及金属料结构特点，2001 年开始，北京科技大学在前期研究基础上提出并开发了"电弧炉炼钢复合吹炼技术"，即以集束供氧、同步长寿底吹、高效余热回收再利用等新技术为核心，实现电能、化学能输入、底吹搅拌和余热回收等单元技术的集成。2011 年项目组完成所有研究内容并进行工程化应用，在天津钢管集团股份有限公司等多家企业应用，实现了电弧炉炼钢高效、优质、环保、低成本生产的目标。2014 年 1 月，中国金属学会召开"电弧炉炼钢复合吹炼技术"成果评价会，评价委员会一致认为该技术实现了电弧炉炼钢生产高效、节能降耗的效果，该项成果总体达到国际先进水平，其中集束射流技术和同步底吹技术具有国际领先水平。2017 年 1 月，北京科技大学、中国钢研科技集团有限公司、天津钢管集团股份有限公司、莱芜钢铁股份有限公司、新余钢铁集团有限公司、西宁特殊钢股份有限公司、衡阳华菱钢管有限公司的"电弧炉炼钢复合吹炼技术的研究应用"项目荣获国家科学技术进步奖二等奖。

（3）关键技术描述。"电弧炉炼钢复合吹炼技术"以多元炉料结构为基础，以节能及降低成本为目标，通过强化熔池搅拌，将供电、供氧及底吹搅拌等单元操作进行多尺度集成，最大限度降低金属料及辅助材料消耗、提高氧气利用率[28]。

该技术关键点包括：电弧炉炼钢集束射流供氧技术，即集氧气、燃气及粉剂（含碳粉及石灰粉）喷吹为一体的多种形式的集束射流供能模块，实现炉内高效供能与快速化学反应；建立电弧炉"气-渣-金"三相等效耦合全尺寸模型，探明氧气射流、电磁场和底吹流股对熔池搅拌强度的耦合规律；安全长寿的电弧炉底吹装置及搅拌工艺，稳定钢液成分及温度，保证产品质量；采用热管换热技术、冲击波吹灰技术、烟气测量分析技术，实现电弧炉烟气余热的高效利用；终点钢水温度成分预报及成本质量控制软件，建立智能型"供电-供氧-脱碳-余热"能量平衡系统，保证电弧炉炼钢复合吹炼和余热回收协调运行。

"电弧炉炼钢复合吹炼技术"能够有效地均匀钢水温度和成分，提高脱碳速率和脱磷速率，有效降低钢水终点氮含量，同时降低渣中的 FeO 含量，减少钢铁料、石灰及氧气消耗，并降低出钢氧质量分数，增加精炼初始 [Al] 质量分数，对电弧炉生产降本增效及节能降耗起到一定作用。

3.6.3.2 工程案例

该技术于 2011 年先后在天津钢管集团股份有限公司、新余钢铁集团有限公司、西宁特殊钢股份有限公司得到应用，并于 2013 年在唐山文丰 1 座 100t 电弧炉、大冶特钢 1 座 80t 电弧炉、鞍钢重机 1 座 100t 电弧炉、山东鲁丽特钢 2 座 80t 电弧炉等企业推广应用。采用复合吹炼工艺后，在整个冶炼过程中，熔池上部的供氧结合底部供气有效的强化了熔池的搅拌强度，扩大了化学反应界面，改善了炉内反应动力学条件，加快了炉料融化和反应速度，脱碳速度由 0.127%/min 提升到 0.138%/min。"电弧炉炼钢复合吹炼技术"在企业的成功使用，有效降低企业生产成本，促进了我国电弧炉工艺装备水平和产品质量的提高，推动了电弧炉炼钢的技术进步。据统计，采用该技术后，吨钢冶炼电耗降低 13kW·h、钢铁料消耗降低 15.5kg、余能回收（标煤）15.8kg、二氧化碳减排 46.3kg、成本降低 64.2 元。

除此之外，集束供氧、长寿底吹和成本控制等单元技术已出口至意大利、白俄罗斯、印度、印度尼西亚、越南、缅甸、伊朗、俄罗斯、韩国、马来西亚、中国台湾等国家和地区。

3.6.4 新型节能电弧炉

3.6.4.1 技术介绍

电弧炉炉型对主要技术经济指标和生产效率起决定性作用。中国采用的典型交流电炉包括传统式电弧炉、连续加料（Consteel）电弧炉、废钢预热式电炉（Fuchs 竖炉式电弧炉、Ecoarc 电弧炉、Quantum 电弧炉、Sharc 电弧炉、双壳电弧炉等）[29~31]。

水平连续加料式电弧炉（Consteel 电弧炉）是目前中国应用比较多的炉型，最大特点是冶炼过程中废钢连续加入，不开炉盖，能量输入不间断，避免了巨大能量损失。同时烟尘不外溢，从炉内抽出的高温烟气从连续加料的隧道通过，也起到了对废钢进行预热的作用，吨钢电耗可降 30~100kW·h。熔池比较平稳，降低了传统电炉在电极穿井期发出的巨大噪声和对电网的冲击，电极消耗吨钢下降 0.1~0.3kg。

竖式预热电弧炉由于落料冲击影响炉算水冷结构寿命、维护量大、装备可靠性低等弊端[32]，中国应用并不广泛，但随着技术不断优化进步，研究、应用的企业逐渐增加，目前有以下几种主流形式：

Quantum 电弧炉：普锐特公司对竖炉式废钢预热电弧炉进行了改进，通过安装在炉顶的废钢提升机提升倾动料槽进行废钢装料操作，废钢料槽由已在废钢料场提前装好的矩形废钢料篮自动装满，废钢装料操作全自动进行。废钢连续预热系统在热循环期间利用炉内高温烟气，实现 100% 废钢均匀预热。该炉型废钢可预热至 600℃ 以上，电耗设计为 280kW·h/t，炼钢周期 33min，电极消耗 0.9kg/t，熔池平稳。

Sharc 电弧炉：由德国西马克开发，以竖炉为基础，采用直流供电，竖井预热室布置在炉子正上方，单电极穿过竖井，废钢下料由托架控制。最大的特点是电炉上有两个半圆形竖井，保持竖井内废钢自然对流预热，废钢可100% 被预热。废钢采用轻薄料，价格比较低，电极消耗和冶炼成本也比较低。

ECOARC 电弧炉：是日本 SPCO 开发的高效环保废钢预热电弧炉，利用竖炉的竖井来预热废钢，可使用轻薄型废钢来实现小车连续加料，预热温度可达 600℃ 以上，生产率很高，每公称容量年产钢超过 1 万吨，电耗低于 250kW·h/t，电极消耗低于 0.9kg/t，最大的特点是能把废钢预热中产生的二噁英处理掉。

新型节能电弧炉在炉型上有所区别，但都十分关注绿色环保、余热回收及智能炼钢技术的优化集成。由于废钢中一般含有油脂、油漆涂料、切削废油等杂质，电弧炉炼钢过程会产生含一定量二噁英的烟气，从而造成环境污染，新型电弧炉炼钢对二噁英的削减主要集中在源头抑制和合成抑制；电弧炉冶炼过程中产生大量的高温含尘烟气，冶炼过程中产生废气所带走的热量约为电炉输入总能量的 11%，有的甚至高达 20%，因此，新型电弧炉一般均配有废钢预热和余热回收装置；供电操作是电弧炉炼钢过程主要的环节之一，优良的电极智能化调节是保障生产顺利进行、缩短冶炼时间的关键，新型电弧炉电极调节装置可采用基于网络传输的数字式电弧炉电极控制，具有最佳工作点自动调整、电能利用率提高、使电炉电气特性始终保持最佳状态等特点；采用多传感器检测和网络集成技术，可实现现场仪表的互联互通，并扩展到电弧炉炼钢炉况实时监控的各个领域，如泡沫渣监控、测温取样监测以及烟气连续分析、自动出钢控制等，实现信息互联；应用智能化冶炼优化模型技术，通过大数据共享和数据分析，将有用信息实时发送给电炉炼钢模型，用于计算各个冶炼阶段的物料、能源介质的投入量和加热阶段所需的电量以及物料在料篮中的分布和配比，可实现成本最优化配料[33]。

未来新型电炉将集多项技术为一体，将冶炼过程信息采集与过程基本机理结合起来，进行分析、决策和控制，以更短的冶炼周期、更少的能源消耗和电极消耗、更高的废钢收得率和尽可能低的人力成本为目标，实现电弧炉冶炼过程的绿色化和智能化。

3.6.4.2 工程案例

2014年在墨西哥 Tyasa 投产 1 座 100t Quantum 电弧炉，2018年在孟加拉国投产 1 座 80t Quantum 电弧炉[34]，主要技术参数如表 3-6 所示，整体参数达到先进水平。

表 3-6 Quantum 电弧炉主要技术指标

参数	Tyasa 墨西哥	孟加拉国
配料	废钢，DRI	废钢，DRI，HBI
变压器	80MV · A+20%	60MV · A+20%
出钢量/t	100	80
氧气消耗（标态)/$m^3 \cdot t^{-1}$	35	39
燃气消耗（标态)/$m^3 \cdot t^{-1}$	4	2.3
出钢周期/min	45	41
电耗/$kW \cdot h \cdot t^{-1}$	310	300
生产率/$t \cdot h^{-1}$	133	117
生产量/万吨 · a^{-1}	100	84
安装年份	2014	2018

近年来，我国桂林平钢、鼎盛钢铁、长峰钢铁、福建金盛兰集团（武汉顺乐、郎溪鸿泰、河源德润）、桂鑫钢铁、梧州永达等钢铁企业均签订 Quantum 电弧炉采购合同。

3.6.5 连铸无人浇钢技术

3.6.5.1 技术介绍

连铸无人化浇钢技术是根据相关设备布置关系，通过仿真建模，实现机器人代替人工开展炉前操作的自动化技术，包括实现自动介质管道插拔、钢包长水口安装拆卸、长水口清洗、中间包测温、取样、定氢、烧氧、覆盖剂投放、结晶器保护渣投放和自动吹氩等功能[35]。其中，工业机器人辅助自动安装和拆除探头、测温取样、添加覆盖剂，动作灵活，可适应狭小的工作环境和恶劣工况。同时，测温取样区域固定，探头插入深度值恒定，测量时间点准确，测量结果稳定，提高了钢水测温取样的精度，系统安装智能维护云平台实时监控设备的运行状况，做到提前预警、提前维护，确保设备持续稳定运行，实现故障自诊断和质量判定，体现了智慧工厂的理念[36]。

　　连铸无人浇钢技术极大程度地提高了炼钢连铸区域的智能化、自动化水平，此技术可大大减轻劳动强度，减少作业人数，降低安全风险和生产成本，可实现简单化、模型化、信息化管理，有效提高连铸生产的效率和稳定性，为钢铁主业实现智慧制造打下坚实的基础。智能浇钢控制流程见图3-12。

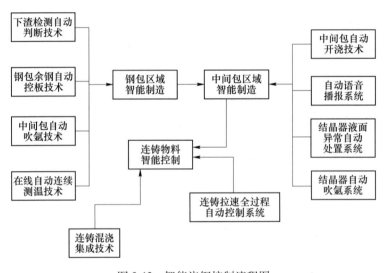

图 3-12　智能浇钢控制流程图

3.6.5.2　工程案例

　　梅钢以减少生产过程的人工干预、实现连铸生产无人化为手段，以连铸生产的稳定、高质、高效为目标，在中国首次实现了连铸无人浇钢，打破传统意义上的连铸生产操作概念。2016年1月，梅钢连铸智能浇钢改造项目开始施工，2017年3月梅钢二连铸"无人浇钢"系统成功投用，为中国首创。首钢迁钢、首钢京唐、河钢邯钢、华菱湘钢等中国知名钢铁企业先后来参观并借鉴进行升级改造。目前，已在宝钢股份湛江钢铁、武钢和重庆钢铁推广。

梅钢连铸平台以下精整区域彻底实现无人化,成为了真正意义上的"黑灯工厂",直接减员21人,同时连铸生产无人化操作可大幅度降低生产操作安全隐患。梅钢的无人化连续铸钢生产关键技术,引领了中国连铸智慧制造的发展[37]。

2018年7月30日,首钢京唐炼钢作业部自主研发的"浇铸平台自动化控制"系统全部开发完成,4号连铸机投入试运行,实现了浇铸平台过程的自动控制与监测。随后,其他3台连铸机浇铸平台也陆续实现自动控制。该智能系统的投入运行,大大改善了工作环境,降低了职工劳动强度,提高了工作效率,开创了中国连铸机浇铸平台智能化操作的新纪元。

2019年1月2日,宝武韶钢无人化大包连铸平台热试成功,通过3个应用工业机器人替代人工,实现自动装拆大包长水口、自动装拆滑板油缸、中包自动测温取样等12项功能。该技术运行稳定,成功率均在96%以上,部分功能的成功率达到100%,所有功能指标均超过国外同类产品。2019年12月6日,中国首台具有完全自主知识产权的连铸大包无人浇钢平台顺利交工验收[38],极大程度地提高了炼钢连铸区域的智能化、自动化水平。

2019年2月,沙钢集团与宝钢工程集团有限公司正式签订连铸无人化浇钢项目合同[39]。项目投入使用后,机器人将代替人工完成长水口安装拆卸、清洗、烧氧及中间罐测温取样等功能,大大减轻劳动强度,减少作业人数,提升工作效率,将有利于沙钢全面推进连铸无人化进程。

3.6.6 废钢智能判级技术

废钢质量检验在钢铁企业中占有重要地位,不仅直接关系到冶炼钢品种高低、质量好坏,还是实现钢铁冶炼源头减排的重要一环。传统废钢的检验定级主要依靠人工完成,存在判级质量识别不准、客观性难以保证等问题,不但给废钢检验管理工作带来难度,也难以保障炼钢实施精料入炉方针,不利于冶炼环节的源头减排,因此,废钢铁质量检测问题一直困扰着各大钢铁企业。近两年,紧跟钢铁行业智能制造大趋势,结合工业4.0及两化融合新理念,废钢智能判级技术应运而生并成功投入实施,极大程度解决了以上难题,为钢铁制造全流程源头减排提供了废钢原料端的解决方案,引起了行业的广泛关注。

3.6.6.1 技术介绍

废钢智能判级技术是基于废钢识别标准数据库、深度学习技术、废钢远程监控技术,综合利用多个模块及算法模型,实现对整车废钢一体化、自动化、全天候的实时检验判级技术，可实现废钢规格识别及检验判级全流程的全自动无人化，是人工智能在废钢质量检验领域的成功实践。

废钢智能判级技术具有以下突出优势：

（1）采用最适合废钢的图像监测算法和最先进的深度学习算法，明显优于无法处理复杂问题的传统图像处理技术，可根据图像中的废钢色块面积计算不同种类废钢所占比例，同时增强了废钢的表面特征，为人工辅助验级提供了更为直观的特征，极大地提高了判级结果的准确率。

（2）采用废钢智能拍照模块和可控终端模块，能够全天候全自动无人化运行，实现实时识别、拍照并判定结果。车辆入场时可自主识别定位信息，确定并提示车辆是否停放到位；车辆到达后触发判级流程，可自动追踪废钢车的卸货区域并对车内进行覆盖型拍照，稳定地获得清晰的高质量废钢照片并在卸货过程中实时刷新评级结果，显示每一吸盘的评级状态以及废钢料型，车辆离开后自动生成评级报表；此外，多块高清可触控显示屏，方便现场验级人员和供应商等掌握实时信息。

（3）采用数据库系统及数据管理系统，可通过大量数据的训练获得不同废钢料型的大致密度曲线，并结合统一标定尺下所识别出的废钢料型大小，最终计算出不同厚度废钢在整体中的重量占比；可快速定位识别危险品，识别废钢车内不符合当前级别的杂质等，并处理等级差距较大的整车废钢。

废钢智能判级技术的应用实施可显著提高废钢质量判级的准确性、客观性和公正性，在实现废钢质量检验工作效率的大幅提升的同时，还可实现废钢质量控制水平的大幅提高。

3.6.6.2　工程案例

（1）新兴铸管多功能废钢智能判级项目[40]。2020 年 7 月 25 日，由镭目公司自主研发的智能废钢识别系统在芜湖新兴铸管正式验收。该项目可实现以下功能：

一是车辆信息自动识别和废钢图像自动捕获。车辆驶入卸货分拣区之后，废钢智能拍照模块启动，通过实时视频流和智能拍照算法服务器进行数据处理，实现了系统的全自动图像采集。智能拍照算法可对整车 85% 以上废钢的覆盖拍照，同时被重复拍照的废钢区域小于 5%。

二是单块废钢厚度识别。通过大量的高清废钢图像采集与图像处理，系统能够完成对所拍照片中不同料型、不同厚度的废钢分割与识别，同时将各料型废钢数据实时录入数据库。

三是整车废钢等级判定。单块废钢厚度判别模块将在系统界面上显示检测完成后的图像识别结果和相关信息，如各厚度废钢的占比，并通过不同颜色表示不同废钢块的厚度，同时，不符合当前级别的碎料、渣土、油污、钢渣和石块等物质的比例也将显示在列表中。系统将对所识别出的不同废钢料型进行统计，并通过各料型的体积、密度等参数，最终评估整车料型级别。

四是杂质扣重扣除。系统将依照客户的人工评级规则，相应地对废钢杂质、渣土、油污，及不符合当前级别的碎料等进行扣重处理。

五是评级结果生产及统计。系统将自动形成每车废钢的评级报表并打印。评级报表内容包含：车辆入场时间、车牌信息、合同号、卸车时长、废钢等级（包括各厚度废钢料型的占比）及扣重扣杂信息等。

此外，现场各位置布置多块高清可触控显示屏，现场验级人员，废钢供应商等人员可进行实时操作，观察废钢卸车情况，查看系统评级依据，车内各废钢料型的占比情况，油污、渣土、碎料等扣重信息以及最终评级结果。系统评级信息也将同步匹配至镭目智能评级手机 APP 上，可随时随地查看全部数据，包括历史数据、评级规则、废钢质量及评级准确率变化情况、该废钢供应商供货历史数据等。

该项目的成功上线运行，实现了废钢整车评级准确率超过 90%，极大程度提高了废钢质量检验的准确性和工作效率，促进了废钢检验管理工作的客观、精准和高效，同时也大幅提升了废钢质量控制水平。

（2）山西建龙废钢远程检验项目[41]。2019 年 5 月 30 日，山西建龙废钢远程检验项目正式投入运营。这是中国首例采用人工智能技术，将废钢现场检验模式转换为远程检验的钢铁企业，废钢车辆从入厂到卸料、检验、出厂、数据抛送 ERP 系统无需人工干预。

该项目的研发与初步应用分为三个阶段：第一阶段由废钢远程检验大厅判定和现场判定进行对比验收，通过人机交互学习，最终达到大厅与现场验收匹配度 85%以上；第二阶段实现废钢远程检验大厅单独验收，废钢现场验收人员撤离；第三阶段通过前两个阶段采集的料型照片和扣杂数据，系统自动检索数据库数据，进行智能判定，其判定结果与大厅判定结果匹配度达到 85%以上时，大厅验收人员撤离，最终实现人工智能判定。

该项目的具体应用分为三个步骤：第一步运载废钢车辆进入卸料点后，司机根据现场收料人员指挥，进入卸料口。第二步司机持初检料型卡，在卸料口 LED 大屏上刷卡后显示出该车初检信息初检等级、车号等信息。第三步卸料现场监控摄像头通过对废钢卸料的数据采集，将信息反馈到废钢远程检验大厅，大厅验收人员根据摄像头采集的数据进行废钢的判定。对卸车上层废钢、中层废钢、底部废钢采集 12 张照片上传至数据库，为后期废钢智能判定提供数据支撑。

　　废钢远程检验大厅实现废钢检验远程监控、料型图片自动抓拍，极大的减少了员工的劳动强度，降低了废钢料型掺杂、减少杂质等混装问题，提高了废钢质量控制水平以及检验、卸车速度。

3.7　轧钢源头减排智能技术

3.7.1　加热炉减排智能技术

3.7.1.1　蓄热式燃烧技术

A　技术介绍

　　蓄热燃烧技术是一种在高温低氧空气状况下燃烧的技术，又称高温空气燃烧技术，全称为高温低氧空气燃烧技术（High Temperature and Low Oxygen Air Combustion，HTLOAC），也作 HTAC（High Temperature Air Combustion）技术，也有称之为无焰燃烧技术（Flameless Combustion）。

　　蓄热式高温燃烧技术作为一种新的节能技术在 20 世纪 80 年代逐渐发展起来。这种技术将燃烧系统和废热回收系统有机的结合在一起，使助燃空气或煤气温度预热到烟气温度的 80%~90%，排烟温度降为 150~200℃，余热回收效率可达 80%，从而提高工业炉的热效率，降低燃料消耗。

　　蓄热式燃烧技术原理：当燃烧装置处于燃烧状态时，被加热介质（助燃空气、煤气）通过换向阀进入蓄热室，高温蓄热体把介质预热到比炉温低 100~150℃的高温，通过空煤气烧嘴（或火道）进入炉内，进行弥散混合燃烧。而另一个配对的燃烧装置则处于蓄热状态，高温烟气流入蓄热室，将蓄热体加热，烟气温度降到 200~150℃后流过换向阀经排烟机排出。煤气、空气预热各设置一台排烟机，只预热空气设置一台排烟机。蓄热式燃烧装置系统主要由燃烧装置、蓄热室（内有蓄热体）、换向系统、排烟系统和连接管道五大部分组成。无论哪种形式的燃烧装置，蓄热室（内有蓄热体）必须成对布置。经过一定时间后，换向阀换向如此反复交替工作，使被加热介质加热到较高温度，进入炉膛燃烧后，实现对炉内物料的加热。

　　蓄热式燃烧技术从根本上提高了加热炉的能源利用率，特别是对低热值燃料的合理利用，既减少了污染物的排放，又节约了能源，成为满足当前资源和环境要求的先进技术。因其节能效果显著，具有很大的社会经济效益，所以近年来这种技术已被认可。

B　工程案例

　　包钢轨梁厂原设有与轧钢机组相配套的大型加热炉 3 座，单炉设计产量

100t/h，全部燃烧较高热值的高焦混合燃气。随着生产的不断发展，特别是国家对钢铁企业节能减排水平要求不断提高，包钢轨梁厂利用生产线不停产、单体设备大修的机会，把轧钢加热炉技术改造成高效蓄热式加热炉。

包钢轨梁厂新建高效蓄热加热炉于 2009 年 9 月投产以来，生产正常，使用效果明显，受到现场操作、技术人员的好评。投产当年，由包钢能源测试中心进行实际热平衡测试，实际测试结果充分表明高效蓄热加热炉创出了同类型轧钢加热炉的新水平[42]。

3.7.1.2 汽化冷却技术

A 技术介绍

根据冷却水温度的不同，加热炉支撑梁冷却方式可分为冷水冷却、热水冷却和汽化冷却。其中，汽化冷却技术以其冷却效率高、节能、节水等技术优势，在加热炉上的应用越发广泛。

（1）技术原理及装置。汽化冷却是利用水的汽化潜热对支撑梁进行冷却的技术。根据汽化冷却循环系统的不同，可分为自然循环系统和强制循环系统两类。自然循环系统的循环动力来自下降管和受热面之间的自然压力差，而强制循环系统则依靠热水循环泵加压强制进行。自然循环系统包括软水箱、软水泵、除氧器、给水泵、给水应急泵、汽包、循环管路、蒸汽管路等[43]。强制循环系统相较于自然循环系统增加了热水循环泵、热水循环应急泵。

（2）汽化冷却技术特点。

一是降低冷却水消耗量。汽化冷却的耗水量明显低于水冷冷却。据测算，汽化冷却的耗水量仅为水冷冷却的 1/30 左右[44]。

二是减少加热炉能耗。汽化冷却系统的冷却介质是高温汽水混合物，汽化冷却系统的水管与炉内温差小于水冷冷却方式，单位表面积比水冷系统从炉内带走的热量更少。

三是可有效回收热能。采用水冷冷却时，冷却水带走的热量通过冷却塔放散，很难实现有效利用回收。采用汽化冷却时，系统中所产生的蒸汽则可以回收，供生产、生活使用。

四是降低冷却循环系统成本及电耗。汽化冷却系统不需要建设水冷系统的大蓄水池、冷却塔、事故水塔等，也不要配备大功率水泵，有效降低了系统耗电量。

五是延长设备使用寿命。汽化冷却系统采用软水，可以有效避免冷却构件的腐蚀、结垢和堵塞，延长系统的使用寿命，降低事故发生率。

六是改善钢坯表面质量。由于采用汽化冷却系统的支撑梁表面温度高于水冷冷却系统，提高了接触面附近的温度，改善了钢坯温度均匀性，可以有效减轻钢坯表面的黑印。

B　工程案例

中国早在 20 世纪 60 年代开始研究汽化冷却技术，并将该技术应用在推钢式加热炉上。历经数十年发展，汽化冷却技术已广泛应用于推钢式加热炉，标志着中国推钢式加热炉汽化冷却技术已达到国际水平[45]。由于步进梁式加热炉需要采用强制循环系统，需要使用大量的旋转接头，该接头只有极少数国外公司可以生产，价格昂贵，限制了汽化冷却技术的推广。一直到 1992 年，中国成功研发出该类型旋转接头，并应用于上钢二厂步进梁式加热炉汽化冷却系统，开启了中国步进梁式加热炉使用汽化冷却技术阶段[45]。1999 年，鞍钢热轧带钢厂引进德国汽化冷却技术，完成了中国第一座大型步进梁式汽化冷却装置的安装调试[46]。目前，汽化冷却技术已日趋成熟，并广泛被国内各大钢铁企业采用[47~50]，成为中国钢铁行业节能降耗，实现绿色发展的重要措施。

3.7.1.3　余热锅炉技术

A　技术介绍

提高二次能源资源利用率已成为中国节能减排战略中最具潜力的研究方向。钢坯加热是轧钢生产工序能源消耗的环节，轧钢加热炉能耗占整个轧钢工序消耗的 80%，而高温烟气带走的热量占加热炉供热负荷的 40% 左右，因此，最大限度地高效回收并利用加热炉余热资源，是轧钢工序提高二次能源资源利用率、节能降耗的关键。轧钢加热炉的余热回收主要在加热炉所排烟气的显热方面。加热炉生产时，煤气和空气燃烧产生高温烟气 300~400℃，最高可达 600℃ 以上，烟气量很大，如果这部分的高温烟气加以利用，可以产生大量的蒸汽用于生产和生活。采用余热锅炉技术，提高烟气的余热回收量，通过降低加热炉排烟损失的方式减少加热炉的热损失，达到降低燃料消耗，是加热炉节能的重要途径之一。

20 世纪 60 年代之前，中国只有少数大型工业企业在建设中引进了余热锅炉，鞍钢在"一五"期间，进口了苏联的 KY。七八十年代是中国余热锅炉快速发展时期。在钢铁、建材、轻工、石油化工等行业相继出现了中国自行开发的余热锅炉产品。1988 年至今，中国余热锅炉的发展进入了一个新阶段，新产品开发速度减缓，产品开发的技术难度提高、领域拓宽[51]。

轧钢加热炉余热锅炉技术是将轧钢工序加热炉的烟气余热通过余热锅炉转化为可用蒸汽，从而有效降低加热炉排烟温度，实现节能的目标。余热锅炉包括：中压过热器、中压蒸发器、低压过热器、中压省煤器、低压蒸发器共5组受热面以及中压汽包、除氧一体化汽包。其工艺原理是由补给水泵送来的锅炉水首先进入除氧一体化汽包，被低压蒸发器产生的饱和蒸汽加热至饱和温度，脱出大部分氧气。除氧后的水由给水泵送入中压蒸发器，吸收烟气的热量，产生汽水混合物，通过上升管进入中压汽包的水空间，在中压汽包内进行汽水分离。由汽水分离装置分离出饱和蒸汽进入蒸汽过热器，饱和蒸汽在过热器内被加热至360℃左右，提供给汽轮机发电。

余热锅炉技术作为现有换热技术的补充，可有效回收加热炉的余热，但其附属设备较多，同时消耗较大，多次能源的转换，造成其效率的降低，因此与蓄热式技术相比，其经济效益不十分显著。

B 工程案例

鞍钢2150mm线加热炉采用了余热锅炉技术，从运行数据分析来看，加热炉的平均进口烟气温度为467℃，排烟温度为160℃，产生平均蒸汽30t/h，蒸汽压力平均1.1MPa，平均过热蒸汽温度330℃。按年生产7200h计算，采用余热锅炉技术，年效益达2239万元，折合吨钢效益为5.33元[51]。

3.7.2 无头轧制技术

3.7.2.1 棒线材无头轧制技术

A 技术介绍

棒线材无头轧制可分为焊接型无头轧制和连续铸轧型无头轧制。早在20世纪40年代末，苏联率先对棒线材无头轧制技术进行研究，并于50年代研制出第一套移动式闪光对焊机，实现在线预热钢坯的连续焊接[52]，但是，由于棒线材生产线轧机数量多且轧机制造水平不高，生产稳定性一定程度限制了无头轧制技术的推广。2000年，达涅利公司研制出世界上第一套以连铸连轧技术为核心的棒线材无头轧制系统，用于意大利乌迪内ABS公司棒线材生产[53]。其后，随着轧机强度、刚度不断提高，自动化控制水平不断增强，生产稳定性得到了较大幅度的提升，无头轧制技术逐渐得到推广。

（1）焊接型无头轧制技术。从主要设备看，焊接型棒线材无头轧制系统主要由加热炉、夹送辊、除鳞装置、焊接机、活动辊道、毛刺处理机、钢坯保温装置、液压站和轧制机组构成。钢坯从加热炉传送出来后，首先进行除鳞，随后其前端与已经在粗轧机中进行轧制的钢坯尾部进行闪光对焊。其中，移动式闪光焊机是无头轧制系统的核心设备，可自动对移动中的大截面预热钢坯实施焊接，通常可焊接的钢种包括中低碳钢和部分合金钢，焊接方案根据钢种、温度、钢坯端部与断面尺寸进行设定。夹送辊安装在加热炉出口和第一架粗轧机入口，驱动钢坯进入焊机或轧机，实现钢坯端部在焊机内定位；除鳞工艺主要用于去除氧化铁皮，从而保障电流稳定和焊接质量；焊接后的钢坯通过毛刺处理设备，去除焊缝处的毛刺、焊瘤，以避免轧件产生表面缺陷，影响产品质量。最后，通过保温罩对钢坯进行保温，实现焊缝、钢坯基体温度的均匀化，从而提高轧件质量。

（2）连续铸轧型无头轧制技术。连续铸轧型无头轧制技术受连铸机性能影响较大，近年来，随着拉速大于 6m/min 的高速连铸机出现，棒线材连铸连轧逐渐得到推广；且通过连铸坯断面尺寸和轧机设计调整，单线生产能力也得到了进一步提高。连铸机钢坯首先经过轻压下装置对铸坯内部质量进行改善，通过液压剪将连铸坯剪切分段后，置于收集台架上冷却、收集。后续，钢坯通常进入感应加热器，对头部、尾部进行补温，使得钢坯整体温度均匀，然后由夹送辊送入棒线材连轧机组进行轧制，通过在机组之间、成品机架后设置水冷装置，实现控轧控冷，从而控制产品性能；最终，成品进入精整区进行冷却、打捆、称重和收集。

B　工程案例

（1）唐钢焊接无头轧制棒材生产线。唐钢棒线材厂钢坯焊接无头轧制系统主要设备包括夹送辊、旋转除鳞机、带行走轮的方坯焊机、摆动辊道、事故收集床和毛刺清除机，以及轧制机组。钢坯从加热炉出来后，经过除鳞工序去除氧化铁皮；焊机从设置位置启动后，达到与钢坯相同运行速度，夹头夹住钢坯后开始焊接工艺。其中，焊接程序主要根据钢种、温度进行设定，焊接时间约 25s；焊接完成后，毛刺清理机立刻清理焊接区毛刺，焊机返回初始位置，开始下一焊接过程。钢坯进入粗轧机组后，完成后续的轧制、精整等流程。

（2）山西建邦集团 MiDA 连铸连轧棒材生产线。企业连铸连轧棒材生产线主要用于螺纹钢生产，单线生产能力达到 60 万吨/年，连铸机弧形半径已提高到 12m，生产过程连续稳定，不间断的连铸坯一直在进行轧制，从而可实现金属成材率的提升（实际成材率超过 99%）。总体看，该生产线采用的MiDA 工艺可以减少铸机流数、无需钢坯加热炉、公辅系统少，因而可以降低投资成本；中间包容积小、自动化程度高、工艺更稳定，因此操作人员相对较少；连铸连轧的工艺特殊性，使得连铸坯质量明显提高，所需停机时间短，具有延长设备使用寿命、降低事故率等一系列优点，可提高生产效益。在简化工艺、改善劳动条件、实现机械化和自动化的同时，由于取消了加热炉，大幅降低了煤气消耗，实现高效节能，从而提高综合竞争力。

3.7.2.2 板带材无头轧制技术

A ESP 技术

（1）技术介绍。ESP（Endless Strip Production）技术是意大利 Arvedi 公司在原 ISP 生产线（原德国 DEMAG 公司专利技术）上，经过多年操作、改造、优化等基础上开发成功的新型热轧带钢无头轧制生产技术。该生产技术的特点是流程简化、设备布置紧凑、能源利用率高、可更大比例的生产薄规格产品，在实现"以热代冷"方面优势明显。意大利 Arvedi 公司建设的世界上首条 ESP 薄板坯无头轧制生产线已于 2008 年年底投产，生产线全长仅 190m。

ESP 薄板坯无头轧制生产线工艺设备主要由回转台、中间罐、结晶器、液压振动装置、弯曲段、矫直段、大压下轧机、摆式分段剪、废板推出及堆垛装置、感应加热器、精轧前高压水除鳞装置、精轧机组、层流冷却装置、高速分段飞剪装置、卷取机及穿带装置、钢卷检查线、钢卷运输系统（含打捆、打印、称重）等设备组成。

该生产线有两种轧制模式，无头轧制模式和半无头轧制模式。在无头轧制模式下，钢水通过连铸机浇铸成钢坯直接进入三机架大压下轧机轧制成中间坯，用摆式飞剪切除中间坯不规则的头部（尾部），经过感应加热装置加热（需要补热时）和高压水除鳞装置清除氧化铁皮后，再进入五机架精轧机组轧制成设定厚度的成品带钢，成品带钢经过层流冷却装置冷却后，穿过高速飞剪进入 3 台地下卷取机进行卷取；卷取到设定卷重后，由设在卷取机前的高速飞剪进行分断。轧线出现事故时，用设在精轧机组前的转鼓式飞剪进行分段剪切。整条生产线从钢水浇注到带钢卷取，形成全线刚性无头轧制生产模式，对生产线的各个环节的协调控制均提出了极其严苛的要求，一旦某个环节出现故障会造成全线停产。

通常，95mm 的连铸坯经过三机架大压下轧机轧制成 8~20mm 的中间坯，再进入五机架精轧机组轧制成 0.7~4.0mm 的成品带钢。对于少数厚度超过 4mm 的热轧带钢，则采用半无头轧制模式。

ESP 生产线产品主要设计参数如下：

结晶器出口厚度：90/100/110mm；

铸坯厚度（在连铸机末端）：（70）90mm；

带钢厚度：0.7~6.0mm；

带钢宽度：900~1600mm；

最大钢卷重量：约32t；

生产线生产能力：220万吨。

（2）工程案例。意大利阿维迪公司（Arvedi）克雷莫纳厂ESP生产线是世界首套ESP无头轧制生产线——可生产包括低合金高强度钢、双相钢和多相钢等品种，最薄可生产厚0.8mm的产品，可替代部分冷轧板产品。

自2015年，日照钢铁公司引进意大利阿维迪公司（Arvedi）ESP无头连铸连轧带钢生产线投产以来，该公司已有5套ESP生产线投产；截至目前，全国已投产6条ESP连铸连轧生产线，生产能力1300多万吨。日钢的ESP成品带钢厚度范围已达到0.7~4.0mm，5套生产线在宽度规格方面各有分工，可充分发挥出生产水平，带钢厚度小于1.5mm的比例可达到70%以上；从钢水到带卷，生产线成材率可达到98.5%以上，个别负公差交货的品种成材率达到100%；产品表面质量及加工性能接近同规格冷轧板的水平，部分实现以热代冷。生产集装箱板的质量及性能与常规热连轧机相比不相上下，价格低于常规热连轧机同类产品，性价比较高。生产高强板性能指标也达到了普通商用车的强度要求，产品竞争力较强。

在节能环保方面，ESP生产技术优势也很突出。与常规热连轧机相比，在工艺布置上取消了加热炉、粗轧机组、中间辊道等大量设备，工序能耗比常规热连轧机减少约40%，减少温室气体和有害气体50%~70%的排放，降低水耗70%~80%。

虽然ESP的产品与常规热连轧机相比在产品覆盖面上还有一定的差距，但从技术进步发展的角度来看，ESP薄板坯无头轧制生产线是目前国际上生产热轧宽带钢产品的最先进工艺技术，具有很高的推广价值。

B　Castrip技术

（1）技术介绍。薄带坯连铸连轧生产工艺技术是一种短流程、占地少、低能耗、投资省、成本低和绿色环保的新工艺，是当今钢铁工业最具发展潜力的一项冶金前沿技术，是未来热轧宽带钢生产的发展方向。与常规热轧宽带钢生产工艺相比，该工艺技术将连铸、加热、轧制等工序集为一体，可以在较短时间内直接生产出超薄规格产品，简化生产工序，缩短生产周期，在绿色、环保、节能等方面具有明显优势。

Castrip生产线典型工艺装备包括钢水包、中间包、双辊结晶器、纠偏辊、四辊轧机、超强冷却装置、飞剪、卷取机等。主要生产流程是：钢水经中间包进入双辊结晶器的熔池当中，双辊结晶器中两个互为反方向旋转的铜辊为钢水提供凝固表面，钢水紧贴铜辊表面向下运动并逐渐凝固，形成连铸薄带坯。连铸薄带坯从铸辊出口处经纠偏辊进入四辊不可逆轧机轧制成设定厚度的成品带钢，再经过超强冷却装置对成品带钢进行强制喷雾冷却。冷却后的成品带钢经卷取、检查、称重、打捆再吊运至钢卷库存放，等待平整加工，全部钢卷必须经过拉矫平整机组处理后才能外销或者进一步深加工。

（2）工程案例。目前，世界上进入商业化生产的 Castrip 生产线仅有纽柯和沙钢（引进纽柯公司技术建设）。

1988 年，澳大利亚 BHP 公司和日本 IHI 公司开始合作研制双辊铸造技术，1990 年建立试验生产线，成功生产 5t 重、800mm 宽的不锈钢板卷；1994年，BHP/IHI 在澳大利亚建成了一条 1345mm 的薄带坯铸轧生产线，并成功浇铸了宽度 1300mm 的系列低碳钢连铸薄带。2000 年 3 月，BHP、IHI 与美国纽柯钢铁公司合作，在美国纽柯公司克劳福兹维尔厂建起世界上第一条商业化生产的薄带坯铸轧生产线，并将该生产线命名为 Castrip。2002 年 5 月改造后的 Castrip 生产线成功热试车，该产线主要生产低碳钢，产品规格为（0.76~1.8）mm×1300mm（铸机宽度 1345mm），年设计产能为 50 万吨；2009年在阿肯色州又建成一条 Castrip 生产线，产品规格为（0.7~2.0）mm×1640mm（铸机宽度 1680mm），也主要生产低碳钢[54,55]。

2016 年 8 月，沙钢集团正式宣布与美国纽柯公司合作建设国内首条工业化薄带坯连铸连轧生产线，该生产线也是世界上第三条、北美地区以外的第一条超薄带生产线。作为战略合作伙伴，沙钢获得了薄带坯连铸连轧技术在中国的独家使用权及产品销售权。沙钢 Castrip 生产线设计总长度仅 50m，生产能力为 50 万吨/年，超薄热轧宽带厚度范围是 0.7~1.9mm，宽度范围是1175~1580mm，设计生产钢种主要有普通碳素钢、优质碳素钢、耐候钢、双相钢等。从沙钢生产建设实践来看，Castrip 与传统热连轧相比，工艺能耗仅为传统热连轧的 16%、工艺二氧化碳排放量仅为传统热连轧的 25%，在节能减排方面具有极大的优势。

3.7.3　无酸除鳞技术

3.7.3.1　技术介绍

当前对热轧板卷表面进行除鳞处理仍广泛采用酸洗技术，但酸洗中的酸性物质如碳钢酸洗用的盐酸、不锈钢酸洗用的混酸（硝酸、硫酸、氢氟酸）等具有腐蚀性或挥发性，在生产过程中的排放以及跑冒滴漏，会对人体和设备造成损害，并且对环境造成污染。近年来，随着中国对环保的要求越来越高，一些钢铁企业和研究机构把目光转向无酸除鳞技术，已开发出机械除鳞、还原除鳞、等离子体除鳞、激光除鳞等多种方式，实现部分产品对酸洗除鳞的工艺替代。无酸除鳞技术不用酸液而达到除鳞目的，具有环境污染小、没有废酸液及酸雾排放的优点，在热轧薄宽钢带领域，仍以机械除鳞作为主要的无酸除鳞工艺（表3-7）。

表3-7　热轧薄宽钢带无酸除鳞技术介绍

无酸除鳞技术	技术介绍	应用情况
氢气还原法	用还原性气体 H_2 将氧化铁皮还原为金属铁实现除鳞。该方法存在"夹层残留鳞皮"缺陷，需保持持续绝对纯 H_2 环境，能耗偏高，吨钢处理成本较高，推广困难[56]	Danieli 公司开发，已应用于意大利 Ispadue Work 工厂
磨料水射流法（高压水与磨料混合喷射）	以高压水作为驱动源，喷嘴加入磨料，高速喷射实现除鳞。该方法除鳞率高、环保、节能、使用成本低，可前置剥壳机和钢刷除鳞，增强除鳞效果[57]	速度偏低，在热轧薄宽钢带应用较少
生态表面处理技术（Eco-Pickled Surface, EPS）	通过旋转叶轮，喷射钢砂和水的混合砂浆实现除鳞。通过配置模块化的 EPS 单元，年产量可达 30 万~80 万吨。EPS 可处理钢卷和钢板，处理宽带钢时的氧化铁皮清除率以及表面粗糙度均匀性控制一般，且磨料提升通过抽砂器泵送的方式实现，能耗成本略高	国内外已经推广超过 10 条机组，中国的太钢、鞍钢、浙江金固等引进了成套技术装备
宝钢机械除鳞技术（Bao steel Mechanical Descaling, BMD）	采用水、磨料，在喷射系统内进行快速混合并发射，向目标板面击打、磨削，实现目标板面氧化铁皮的快速清除。氧化铁皮残留率与酸洗相当，可达到表面处理的 R_a 3.0 级别，粗糙度值可控	宝武集团宝钢已完成首条 BMD 商业化机组建设，实现工业化生产
谋皮生态清洗技术（Mopper Ecological Clean, MEC）	根据不同热轧钢材表面氧化铁皮的理化性质，研发了可以清洗热轧钢材表面氧化铁皮的纳米水洗材料，可以满足热轧碳钢、优特钢、不锈钢等不同钢种氧化铁皮清洗要求	已经建成两条 MEC 工业化量产机组

3.7.3.2 工程案例

美国 TMW 公司于 2007 年开发出了 EPS（Eco-Pickled Surface）技术[58]，并且建造了首条 EPS 处理线 EPS Alpha Coil Line 以进行工业化生产验证，随后于 2010 年开始市场化推广 EPS 技术核心装置。国内的第一条 EPS 生产线于 2013 年 7 月在太钢正式投产。EPS 技术是目前比较成熟的一种无酸除鳞技术。

太钢 EPS 生产线主要技术参数如下：

设计产能：50 万吨/年。

带钢规格：

厚度 1.2~12.7mm；

宽度 900~2150mm。

带钢强度：

当厚度为 1.2~10mm 时，$\sigma_s \leqslant 900MPa$，$\sigma_b \leqslant 1000MPa$；

当厚度大于 10~12.7mm 时，$\sigma_s \leqslant 750MPa$，$\sigma_b \leqslant 900MPa$。

主要品种：普碳钢、汽车用钢、工程机械用钢、集装箱、冷轧基料（碳钢、硅钢、不锈钢）等。

主要设备组成：由入口运卷小车、开卷机、剪机、矫直机、表面处理单元（3 套）、气刀、张力夹送辊、卷取机、出口运卷小车、出口步进梁、打捆机、称重机、喷印机、防水包装线等组成。

基本工作原理：通过工作介质，即硬钢砂和水的混合物对钢板和钢带上下表面进行喷射处理，在打击力的作用下去除钢板和钢带表面的氧化铁皮，获得光滑、清洁的表面。

产品质量情况：EPS 表面均匀平滑，表面粗糙度集中在低值区域，R_a 值可达到酸洗带钢的 R_a 值水平，可以缓解压坑、锈蚀、辊印等缺陷。通过喷射处理，可以实现对钢板和钢带的单面除鳞处理。

3.7.4 在线热处理技术

3.7.4.1 超快冷技术

A 技术介绍

近年来，直接淬火、回火工艺在中厚板生产中的应用逐渐增多，促进了中厚板生产方法由单纯依赖合金化和离线调质的传统模式转向了采用微合金化和形变热处理技术相结合的新模式。该工艺不仅可使钢材的强度成倍提高，而且在低温韧性、焊接性能、抑制裂纹扩散、钢板均匀冷却以及板形控制等方面都比传统工艺优越。

直接淬火工艺：是指钢板终轧后在轧制作业线上实现直接淬火、回火的新工艺，这种工艺有效地利用了轧后余热，有机地将形变与热处理工艺相结合，从而有效地改善钢材的综合性能，即在提高强度的同时，保持较好的韧性。

直接淬火+在线回火工艺（Super-OLAC+HOP）：经过在线超快速冷却装置（Super-OLAC）淬火的钢板，当其通过高效的感应加热装置 HOP 时进行快速回火，这样可以对碳化物的分布和尺寸进行控制，使其非常均匀、细小地分布于基体之上，从而实现调质钢的高强度和高韧性。将 Super-OLAC 与 HOP 组合起来，在轧制线上完成调质过程，灵活地改变轧制线上冷却、加热的模式，因此与传统的离线热处理相比，过去不可能进行的在线淬火-回火热处理，可依照需要自由地设计和实现，组织控制的自由度大幅度增加。

B　工程案例

近年来，中国新建的宝钢、沙钢、鞍钢中厚板生产线大部分配备了在线淬火设备。其中，直接淬火工艺利用轧制余热直接实现钢材的在线淬火，省去了传统的再加热淬火，能耗大幅降低；直接淬火+在线回火工艺真正实现了轧制与热处理工艺的一体化，省去了传统的离线再加热淬火和离线再加热回火工艺，该工艺在线回火从传统的煤气加热改为感应加热，可节约大量能源，并大幅降低 CO_2 的排放量。

中国钢铁企业通过采用在线淬火工艺生产低合金高强韧厚钢板，克服了常规调质处理方式生产周期长、成本高及传统 TMCP 工艺生产高强韧钢板性能稳定性差的缺点，生产性能稳定的 20~50mm 高强高韧钢板，广泛用于冶金、石化、水电及船舶等行业。直接淬火（在线热处理）与离线保护气体淬火热处理对比，不需消耗燃料和保护气体，可减少离线热处理制造费用，吨产品成本一般可降低 200 元左右，具有较好的经济效益。

日本 JFE 公司采用直接淬火-在线热处理工艺生产的 780MPa 级钢板，超快速冷却与在线快速感应加热的工艺组合，给钢板的组织细化和碳化物分布状态等带来积极的影响，获得在常规再加热淬火-回火条件下很难获得的微细组织和强韧性能。生产的钢板抗拉强度达到 900MPa 以上，0℃冲击功仍能达到 216J 的较高水平，而且屈强比不大于 0.80，焊接施工性能和焊接接头试验的各项力学性能良好，获得了高效、节材、节能和降耗的多重效果。

3.7.4.2　钢轨在线热处理技术

A　技术介绍

钢轨在线热处理是利用钢轨轧制后余热直接淬火，不需要再加热，并且在线热处理钢轨的使用性能与离线热处理钢轨接近。目前，国内外钢轨生产企业普遍采用钢轨轧后余热直接冷却的在线热处理工艺，该工艺具有生产成本低、节省能源、生产效率高、产品综合质量好等显著优势，是目前世界上最先进的钢轨全长热处理工艺。

根据冷却介质的不同，钢轨在线热处理工艺主要有喷水、喷雾、喷压缩空气（喷风）、浸聚合物溶液等4种方式，前3种工艺均采用"走行式"，即钢轨在冷却机组中走行的同时进行热处理，而浸聚合物溶液指将轧后钢轨浸入固定的聚合物溶液槽中进行冷却。以上4种工艺均成功应用于工业生产[59]。

喷水冷却工艺是直接将冷却水喷在轧制后的高温钢轨表面，进行冷却。喷雾冷却采用水与空气的机械混合物，要获得稳定的冷却速度，水与空气要充分均匀混合。由于雾化喷嘴孔径较小，喷嘴容易堵塞，造成雾化效果不好，且对钢轨表面是否有油以及锈蚀程度如何较为敏感，稍有疏忽就会出现脆性马氏体组织，造成使用中剥离掉块，不仅不能延长钢轨使用寿命还影响行车安全[60]。喷风冷却是对高温钢轨表面喷吹一定压力和温度的风，冷却一定时间后空冷至室温。浸聚合物冷却是将高温钢轨后浸入"水+聚合物"溶液中，冷却一定时间后，再空冷至室温。

从实际应用情况来看，喷水、喷雾和浸聚合物冷却工艺，对工艺控制、生产管理和设备维护要求高。尽管喷风冷却工艺冷速较慢，但钢轨组织性能稳定，波动较小，不易出现异常组织，采用单一冷却介质，均匀性好，生产管理相对简单，也是应用最多的一种工艺。

B 工程案例

攀钢是国内最早拥有钢轨在线热处理技术的厂家，同时也是世界上钢轨在线热处理技术最先进的、实物质量最好的企业。

攀钢从1996年开始了在线热处理钢轨的技术研究与生产，创新性地突破了钢轨热矫直、导向约束等一系列技术难题，自主研发了利用钢轨轧后余热连续式喷风冷却热处理技术工艺和装备。在2004年年底生产出100m的钢轨；2006年建成了一条120m的在线热处理冷却机组，生产100m的在线热处理钢轨，进一步提高了生产能力[61]。

攀钢钢轨在线热处理机组，能够稳定可靠不间断地对主要规格50kg/m、60kg/m和75kg/m钢轨进行热处理，其生产节奏快，生产能力大，产品使用寿命是普通钢轨的2~3倍，达到了世界同类产品的领先水平。同时，采用钢轨在线热处理技术，避免离线二次加热，节约了能源，大幅降低污染物排放。

3.7.4.3　无缝钢管在线热处理

A　技术介绍

控轧控冷技术作为一种降低合金消耗、减少生产成本的有效手段，在热轧带钢、中厚板、棒线材及 H 型钢工业生产中应用广泛。与板带的控轧控冷技术相比，由于受钢管几何形状、轧制工艺、轧制设备等因素的限制，无缝钢管在生产过程中的可控、可变因素相对较少；因此，控轧控冷技术在无缝钢管生产中的应用在一定程度上受到制约，仍处于探索发展阶段。虽然无缝钢管控轧控冷技术不能从变形温度、变形量、变形道次、变形间隙时间、终轧温度以及终轧后的冷却工艺等方面形成一套完整的控轧控冷方案，但是目前无缝钢管的控轧控冷技术也形成了包括在线常化、在线淬火和在线快速冷却等多种工艺，呈多样化发展。

在线常化是一种热处理工艺，亦称在线正火，是在热轧生产线上轧管工序之后，使钢管在奥氏体相区内空冷或强制冷却后，得到均匀金相组织的工艺。该工艺将热处理过程与轧制变形过程结合在轧钢连续生产环节，其工艺特点既包含相变，又包含轧制变形，因而属于现代轧制新工艺的一种。通过在线常化工艺，既可以使钢材组织均匀，晶粒细化，为进一步热处理做好准备，又可以改善无缝钢管的综合力学性能。

无缝钢管在线淬火工艺的应用包括奥氏体不锈钢在线固溶处理和碳钢、低合金钢管在线淬火热处理。

无缝钢管在线快速冷却工艺是基于超快速冷却技术为核心的新一代控轧控冷技术在无缝钢管生产中的新工艺。超快速冷却技术是指在精轧机后利用轧制后余热直接进行热处理的工艺，其控制原理是对轧制后的奥氏体施以强化冷却，使金属在很短时间内迅速冷却到铁素体相变温度附近，从而抑制奥氏体晶粒长大，尽量保持奥氏体的硬化状态。目前，无缝钢管在线快速冷却工艺主要受到无缝钢管沿长度方向冷却均匀性和内外表面性能一致性的限制。

B　工程案例

为了将轧后控制冷却技术更好的推广并应用于无缝钢管出产中，宝钢股份烟宝公司开展了一系列无缝钢管轧后控制冷却模拟试验研究。初期研究结果表明：对低 C 低 Mn 的无缝钢管轧后进行快速冷却得到表层高强度、高韧性的针状铁素体组织和回火索氏体组织，晶粒明显细化，钢材综合性能大幅度进步；对于碳素结构钢管和合金结构钢管，轧后采用适当的快速冷却工艺，可在快速冷却和钢材自身余热回火的双重作用下，得到表层具有高强度、高韧性的回火索氏体、针状铁素体、下贝氏体等组织，同时，内部铁素体网状程度减轻，晶粒细化，钢材整体强度和韧性等力学性能同时进步，且在伸长率不降低的情况下冲击韧性大幅度进步，有效改善轧态冲击韧性偏低的状态。轧后快速冷却工艺将使厚壁无缝钢管厚度方向组织复合化，有利于整体综合性能进步。为了将初期研究结果应用于出产实践，共同开发研制了热轧无缝钢管轧后控制冷却系统，以进一步改善产品的综合性能。

热轧后的钢管主要通过辐射、传导和对流3种方式散热。其中，无缝钢管表面与冷却介质之间的对流换热是散热的主要方式。采用水与空气的混合物作为冷却介质，称"气雾冷却"。空冷时，无缝钢管表面散热速度比钢材自身热传导速度慢得多，无缝钢管厚度方向温度较平均；气雾冷却时，无缝钢管表面散热速度大幅度进步，在无缝钢管厚度方向的表层四周存在一定的温度梯度。热轧无缝钢管由950℃左右的终轧温度降至室温的过程中，根据冷却前提的不同，奥氏体将分解为不同组织类型的产物。因此气雾冷却时无缝钢管厚度方向表层四周的温度差异，必定造成钢管厚度方向组织的多样化；因为钢管内部依赖热传导方式传递热量，故各处温度是连续变化的，因此，即使形成不同的组织，组织之间也是存在过渡区的，即：不同的微观组织之间存在一个共存混合区，无缝钢管就似乎由不同类型的组织层层复合而成。组织多样性使钢管的综合力学性能发生改变，表现出新的强度和韧性等力学性能组合；组织连续性使无缝钢管不同类型组织之间通过"过渡区"紧密结合，不发生"分层"现象；组织复合性使无缝钢管在不同厚度处，表现出不同的力学性能，施展复合型材料的特点和长处。

经过多年勤力攻关，宝钢自主集成关键工艺技术，相继突破了：圆形断面钢材、高强度均匀化、冷却机理、装备关键技术开发、钢种及配套工艺策略控制等一系列技术难题。在宝钢股份烟宝公司PQF460热轧无缝钢管生产线开发出在线控冷中试装置。在此基础上开发出中国首套可实现精确控温的热轧无缝钢管控制冷却工业化装备平台2016年4月成功实现热负荷试车。冷后温度控制精度高、冷却均匀、冷后钢管管形良好；吨钢平均降低制造成本200元以上，能耗下降20%以上。

作为一种节约能源的应用技术，控轧控冷技术在中国无缝钢管生产企业中越来越受到重视。对控轧控冷技术的应用体现在两方面：一方面是通过生产线的改造对已成功使用的在线常化、在线固溶、在线快速冷却工艺合理利用并不断优化；另一方面是对未进行大规模工业化生产的在线淬火工艺不断地摸索并最终应用于工业生产。控轧控冷技术必将成为今后无缝钢管生产技术发展的新增长点。

3.8　其他源头减排智能技术

钢铁企业自备电厂超低排放，是指自备电厂锅炉在发电运行、末端治理等过程中，采用多种污染物高效协同脱除集成系统技术，使其大气污染物排放浓度基本符合超低排放要求。《关于推进实施钢铁行业超低排放的意见》对自备电厂有组织污染源排放浓度小时均值指标限值要求如下：燃气锅炉的颗粒物、SO_2、NO_x 的超低排放限值为 $5mg/m^3$、$35mg/m^3$、$50mg/m^3$（基准氧含量 3%），燃煤锅炉的颗粒物、SO_2、NO_x 的超低排放限值为 $10mg/m^3$、$35mg/m^3$、$50mg/m^3$（基准氧含量 6%），燃气轮机组的颗粒物、SO_2、NO_x 的超低排放限值为 $5mg/m^3$、$35mg/m^3$、$50mg/m^3$（基准氧含量 15%），燃油锅炉的颗粒物、SO_2、NO_x 的超低排放限值为 $10mg/m^3$、$35mg/m^3$、$50mg/m^3$（基准氧含量 3%）。

燃煤锅炉是大气污染物的主要来源之一，燃煤锅炉生成机理较为复杂，与燃煤特性、燃烧方式、锅炉和燃烧器结构等因素有关。对于燃煤自备电厂，要想从源头实现超低排放，不仅要考虑燃煤煤质特征等，有条件尽量使用低硫低氮燃煤，燃烧前进行煤炭洗选，还可对煤炭进一步加工，如煤制油、煤制气，燃烧前进一步脱硫，当然也要根据实际情况适时对锅炉燃烧低硫低氮煤适应性进行改造。由于钢铁企业有很多余热余能资源，可充分利用余热余能进行发电，尽可能减少燃煤的使用，从而从源头减少污染物的产生。

下面分别对低氮燃烧技术、"贫改烟"制粉系统、煤气发电、蒸汽发电、TRT 发电、烧结余热发电、煤气动态平衡控制烟气排放等源头减排技术进行介绍。

3.8.1　低氮燃烧技术

3.8.1.1　技术介绍

低氮燃烧技术原理为通过空气、燃料分级燃烧，减少燃料周围氧气浓度，降低火焰峰值温度，及时将已经生成的 NO_x 还原为 N_2。低氮燃烧技术主要有空气分级燃烧、无焰燃烧、燃料分级燃烧以及烟气再循环技术，其中应用最广泛的是空气分级燃烧技术，实现空气分级的手段有燃烧器优化设计、加装一次风稳燃体（火焰稳定船、盾体等）和炉膛布风等，目前常采用燃烧器优化设计和炉膛分级布风来实现空气分级燃烧。近年来，随着环保标准的进一步提高，国内研究开发了基于空气分级燃烧的双尺度低氮燃烧技术和高级复合空气分级低氮燃烧技术。

低低氮燃烧，常规低氮燃烧器约 75% 的 NO_x 是在燃尽风区域产生的，低低氮燃烧器是通过改造燃烧器，调整二次风和燃尽风的配比，增加燃尽风的比例，大幅度减少燃尽风区域产生的 NO_x，从而有效降低 NO_x 排放（示意图见图 3-13）。

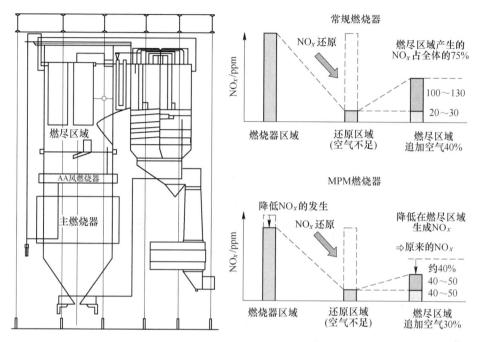

图 3-13　低低氮燃烧器改造的优势分析

$(1ppm = 10^{-6})$

（1）双尺度低氮燃烧技术。双尺度低氮燃烧技术以炉内影响燃烧的两大关键尺度（炉膛空间尺度和煤粉燃烧过程尺度）为重点关注对象，通过系统优化，达到防渣、燃尽、低氮一体化的目的。首先将炉内大空间整体作为对象，通过炉内射流合理组合及喷口合理布置，炉膛内中心区形成具有较高温度、较高煤粉浓度和较高氧气区域，同时炉膛近壁区形成较低温度、较低 CO和较低颗粒浓度的区域，使在空间尺度上中心区和近壁区温度场、速度场及颗粒浓度场特性差异化。在燃烧过程尺度上通过对一次风射流特殊组合，采用低氮喷口、等离子体燃烧器或热烟气回流等技术，强化煤粉燃烧、燃尽及 NO_x 火焰内还原，并使火焰走向可控，最终形成防渣、防腐、低氮及高效稳燃多种功能的一体化。

双尺度低氮燃烧技术通过沿炉膛高度方向合理的分级组织，使常规燃烧组织过程中造成的尖峰温度场趋于平缓，抑制了热力型 NO_x 产生；采用特殊的氧量送入方式，实现了对炉内煤粉燃烧速率的控制，形成了全炉膛特殊的氧量分布，抑制了燃料型 NO_x 的产生。通过对锅炉炉膛及燃烧器的设计，实现对射流的特殊组合，扩大煤粉燃烧的温度场、气固相浓度场、烟气流场两大区域的 3 场特性的差异，形成中心区有较高煤粉浓度、高温、适宜的氧浓度、高燃烧强度，近壁区为较低温、较低 CO 浓度、较高氧浓度；提高了煤粉的稳燃能力，抑制了锅炉水冷壁的结渣。

双尺度燃烧系统采用环涡稳燃技术，在环涡系统内火焰锋面的弯曲使火焰传播速度保持高于"新鲜"风粉涡团向前的速度，环涡内碳粒有较高的内回流率延长了其在环涡内的停留时间，显著提高了环涡内碳燃烧发热量。由于喷口附近附壁小涡的存在，形成了接力式烟气热回流，扩大了回流区域与回流量。为减少该区段散热量，在空间尺度上，根据煤种及设计需求，可强化"中心区"与"着火近壁区"出于稳燃需求的三场特性差异，使得近壁区三场特性利于稳燃。

（2）高级复合空气分级低氮燃烧技术。高级复合空气分级低氮燃烧技术主要通过早期稳定着火和空气分段燃烧技术实现 NO_x 排放值的大幅降低。采用高位燃尽风、低位燃尽风两段式空气分级将炉膛划分为主燃区、还原区、燃尽区Ⅰ和燃尽区Ⅱ4 个区域。

主燃区：煤粉燃烧的主要区域，整个炉膛的大部分热量在该区域被释放出来，煤粉在主燃区着火、燃烧，释放出煤粉中大部分氮元素，生成 NO_x 及 HCN/NHi 等中间产物。

还原区：主燃烧器上部到低位燃尽风之间的区域，主燃区生成的 NO_x 与 HCN/NHi 等中间产物发生还原。

燃尽区Ⅰ：部分燃尽风喷射进入炉膛，促进煤粉的进一步燃烧，同时保持该区域还原性气氛，抑制并还原该区域 NO_x。

燃尽区Ⅱ：剩余的燃尽风喷入炉膛，并在该区域造成富氧状态，以促进所有剩余煤粉的燃尽。

采用两段分离燃尽风，保证炉内空气分布的最优化，降低 NO_x 排放；燃尽风水平摆动作为调整烟温偏差的有效手段；燃尽风上下摆动，可控制燃烧中心，调整炉膛出口烟温。为提高燃尽风的穿透深度和扰动，在燃烧后期提高风粉混合速度，在降低 NO_x 排放的同时提高燃烧效率。

总体上，低氮燃烧技术改造投资比较高，燃烧器改造的一次性投入大，远期投资相对较小。低氮燃烧器改造用于四角切圆直流燃烧器的比较多，改造也都比较成功，而用于对冲布置的旋流燃烧器的案例较少，而且经常会带来屏过结焦严重、超温等影响锅炉安全运行的问题，对于炉膛出口烟温和排烟温度较高、容易结焦的锅炉来说不是太合适。

3.8.1.2　工程案例

（1）双尺度低氮燃烧技术案例。在浙江某机组采用双尺度低氮燃烧技术，技术措施：一次风喷口全部采用上下浓淡中间带稳燃钝体的燃烧器；改变假想切圆燃烧组织方式；二次风射流与一次风射流偏置7°，顺时针反向切入，形成横向空气分级；调整主燃烧器区一二次风喷口面积，并采用新的二次风室，最终使主燃烧器区的过量空气系数为0.75~0.8，形成欠氧燃烧区；调整各层煤粉喷嘴的标高和间距，在原主燃烧器上方约9m处增加7层分离燃尽风SOFA喷口，形成高达9m的超大还原区；采用节点功能区技术，在两层一次风喷口之间增加贴壁风，在紧凑型燃尽风室两侧加装贴壁风，在还原区加装WA贴壁风。

改造结果表明：神混∶石炭煤为4∶1掺烧时，SCR入口实测 NO_x 浓度为125mg/m³，过热器减温水总量为55t/h，再热器减温水总量为24t/h，CO浓度为115μL/L，飞灰可燃物含量为0.75%，修正后锅炉热效率为94.5%，NO_x 浓度、减温水量和锅炉效率可达到最佳平衡点。

某电厂利用双尺度低氮燃烧技术，使锅炉SCR入口 NO_x 排放浓度值从改造前575.6mg/m³ 降低为125.5mg/m³（标态、干烟气），飞灰可燃物为0.59%，锅炉热效率从改造前94.13%增加为94.79%。

（2）高级复合空气分级低氮燃烧技术案例。在某电厂亚临界机组应用了高级复合空气分级低氮燃烧技术，技术措施包括：采用两段空气分级燃烧+紧凑燃尽风技术，分为高位分离燃尽风和低位分离燃尽风，风量各占总风量的20%，另外紧凑燃尽风占总风量的6%；预置水平偏角为22°的辅助风喷嘴（CFS）设计，有效防止炉膛结焦；改造后燃烧器的安装角度不变，AA消旋二次风、OFA消旋二次风、低位分离燃尽风和高位分离燃尽风采用可水平调整偏转角度的设计，偏转角度为±15°，燃烧器采用新的摆动机构，可以整体上下摆动，摆动范围不变；一次风喷口全部采用上下浓淡中间带稳燃钝体的燃烧器。试验结果表明，在70%~100% BMCR工况省煤器出口 NO_x 排放115~150mg/m³，机组安全性、经济性、环保性等各项指标均达到设计要求，再采用SNCR或SCR脱硝技术，实现 NO_x 超低排放要求。

（3）低氮燃烧+低温省煤器案例。某集团设计了超低排放典型技术路线（见图3-14），利用高效低氮燃烧技术+SCR脱硝，利用低温省煤器技术降低进入干式电除尘器内的烟气温度，通过降低烟尘比电阻和烟气体积流量提高干式电除尘器除尘效率；利用脱硫提效+高效除雾技术进行脱硫；利用耦合湿式电除尘器有效降低烟气中的细颗粒物，尤其对 PM_{10} 和 $PM_{2.5}$ 以及 SO_3 的排

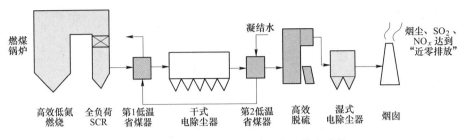

图 3-14　某燃煤锅炉超低排放典型技术路线

放浓度有很好的控制效果，通过系统和单元设备的集成耦合，实现烟尘、SO_2、NO_x 以及重金属的深度净化和协同脱除，最终达到超低排放。根据统计，超低排放改造后，机组烟尘、SO_2、NO_x 的平均排放浓度可达到 2.66mg/m³、11.52mg/m³、26.24mg/m³，实现超低排放。

3.8.2　"贫改烟"制粉系统

3.8.2.1　技术介绍

"贫改烟"制粉系统，即中储式贫煤锅炉到烟煤直吹式制粉系统改造，通过技术改造实现全烧烟煤，由于烟煤相比贫煤具有挥发分高、易着火、易燃尽且 N 含量低的特点，改烧后可以通过采用先进的低氮燃烧措施，充分降低燃烧过程产生的 NO_x 排放。

一般来说，出于稳燃和燃尽的需要，贫煤燃烧锅炉设计炉膛燃烧温度较高，氮氧化物排放量也较高；而烟煤具有高挥发分性能，易于着火和燃尽，内水高，致使炉膛整体温度降低，这有利于低 NO_x 燃烧器和 OFA 分级风等低氮措施的发挥，使得空气分级程度加深，NO_x 排放量相对较低，给脱硝系统降低脱硝压力，同时能够避免长时间过量喷氨导致尾部烟道换热面的腐蚀。同等级容量烟煤锅炉较贫煤锅炉 NO_x 排放量低 30% ~ 50%。对脱硫系统的影响：改烟煤后，由于烟煤中含的水分较贫煤高，同等负荷下整体烟气量会增加。烟煤的硫含量较贫煤低，一般烟煤的硫值在 1% 上下。一般情况下，现有脱硫系统若满足环保要求，脱硫系统无需扩容。

采用正压直吹式制粉系统进行改造，需要拆除部分现有中储式制粉系统设备，新增直吹式制粉系统设备，并根据需要对原有锅炉设备进行改造。需要拆除的设备主要有：粉仓、钢球磨、排粉机、回粉管道、木块分离器、木屑分离器、粗细粉分离器、给粉机、乏气管道、输粉机、锁气器等。需要更换或新增的主要设备有适应直吹式制粉系统的磨煤机、密封风机、分离器（动态分离器或动静态分离器）、正压计重式给煤机、全部煤粉管道及其附件、一次风机和正压制粉系统蒸汽灭火系统等，并根据需要对风烟系统、燃烧系统和汽水系统、受热面和三分仓空预器等进行相应改造。这种改造方式改造后主要适应燃用烟煤需要，贫煤和无烟煤等低挥发分煤不宜燃用。

直吹式制粉系统是在中储式制粉系统之后发展起来的，适用于挥发分比较高的煤种。适用制粉系统主要有两种，一种是将采用低速磨双进双出钢球磨煤机正压直吹式制粉系统，另一种是中速磨正压直吹式制粉系统，而且中速磨煤机又主要有 HP 磨、MPS 磨和 GZM 磨三种不同类型。

根据锅炉改造设计烟煤煤质数据，对双进双出钢球磨和 3 种类型中速磨煤机进行了选型计算。要合理选择中速磨煤机的台数，必须综合考虑燃煤电厂锅炉的容量、燃烧器的数量，以及燃烧区热负荷、单只燃烧器热负荷、主厂房布置、投资及运行费用和检修条件等。

对制粉系统的影响：（1）对煤粉细度的影响：煤种发生变化后，挥发分升高，入炉后着火效果较前期未改造前效果好，所以煤粉细度可以调粗。这样制粉系统整体电耗会降低（由于磨机出入口温度较改造前要低，磨煤机干燥处理降低，整体制粉电耗不一定降低），金属消耗量降低。（2）对送风温度的影响：改烧烟煤后，需要的燃烧初温降低（要求送风温度降至 120℃ 左右），在回抽尾部烟气的同时，需将现有冷风管道加粗。

3.8.2.2 工程案例

某公司 2 号机组烟气处理系统和"贫改烟"制粉系统改造后，已正式投入运行。改造效果具体表现在：

（1）SO$_2$ 排放。由于改造后主要燃用高挥发分烟煤，硫含量由 0.57% 降低至 0.44%，脱硫系统入口 SO$_2$ 浓度降低，减小了脱硫系统工作压力。

（2）NO$_x$ 排放。改造后主要燃用高挥发分烟煤，烟气处理系统入口 NO$_x$ 排放降低到约 250mg/m^3，降低约 100mg/m^3，进一步减小了 SCR 脱硝系统工作压力。

（3）粉尘排放。由于改造后主要燃用高挥发分烟煤，含灰较低，除尘器入口浓度降低，有利于实现超低粉尘排放，并降低除尘系统运行费用。

（4）煤种适应性增强。采用直吹系统进行改造，锅炉更能适应实际煤源为高挥发烟煤和印尼煤的实际情况，对制粉系统和燃烧系统安全有利。

（5）锅炉效率。锅炉制粉系统和燃烧系统能够安全适应高挥发分烟煤的需要，飞灰碳含量、高中低全负荷段都能燃用高挥发分烟煤，锅炉效率提高。

（6）制粉防爆性能提高。由于乏气送粉系统有粉仓、制粉管道、送粉管道及相关设备，在制粉系统防爆性能方面要弱于直吹式制粉系统，因此改造后制粉系统防爆性能显著提高。

（7）制粉电耗。改造后制粉系统电耗比改造前电耗降低约 0.75%。

（8）检修工作量。由于直吹式制粉系统设备及管路较乏气送粉系统少，运行检修工作量相对较小。

3.8.3　煤气发电

尽管对燃煤机组可采取低硫低氮煤种、低氮燃烧技术等措施，但仍不能从源头减少污染物的产生。钢铁企业中的高炉、焦炉、转炉等在内的各工序是巨大的能源转换装置，伴随着煤和焦炭的消耗，生产出大量的副产煤气。煤气介质是钢厂能源转换系统的重要组成部分，充分利用好煤气资源，不仅能够满足从冶炼到轧材全流程的燃料需求，富余煤气还能用于发电，实现钢铁企业"少买煤、少买电、不买油"的环保目标。

一般来说，钢铁联合企业的煤气介质包括高炉煤气、转炉煤气和焦炉煤气，三种副产煤气占企业总能耗的近40%。高炉煤气是高炉炼铁工序的副产品，其特点是热值较低，发生量大，平均每吨铁产高炉煤气 $1500 \sim 1750 m^3$，热值为 $2800 \sim 3500 kJ/m^3$；焦炉煤气是焦化工序的副产品，是钢铁企业中最为优质的气体燃料，平均每吨焦炭产焦炉煤气 $400 \sim 440 m^3$，热值为 $16500 \sim 18000 kJ/m^3$；转炉煤气是转炉工序的副产品，其中含有 $60\% \sim 70\%$ 的 CO，根据装备水平和操作水平，吨钢可回收 $60 \sim 130 m^3$，热值为 $6000 \sim 8000 kJ/m^3$。

目前钢铁行业煤气发电机组根据发电原理不同分为常规锅炉发电和燃气-蒸汽联合循环发电（CCPP）。

3.8.3.1　技术介绍

（1）燃气-蒸汽联合循环发电（CCPP）。燃气-蒸汽联合循环发电（CCPP）的工艺流程见图 3-15，其原理如下：煤气经除尘器净化加压后与经空气过滤器净化加压后的空气混合进入燃气轮机燃烧室内混合燃烧，高温高压烟气直接在燃气透平内膨胀做功并带动发电机完成燃机的单循环发电。燃气轮机做功后的高温排气送入余热锅炉，产生高、中压蒸汽后进入蒸汽轮机作功，带动发电机组发电，形成燃气-蒸汽联合循环发电系统。

（2）常规锅炉发电。常规锅炉发电为较传统的发电方式，由锅炉将燃料燃烧释放的化学能通过受热面使给水加热、蒸发、过热转变为蒸汽，蒸汽进

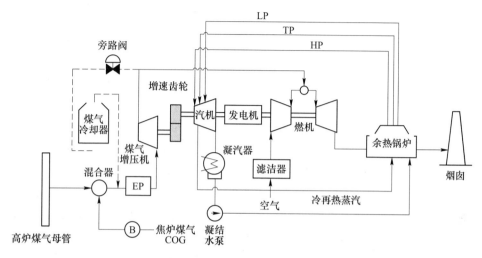

图 3-15 CCPP 工艺流程图

入汽轮机驱动发电机产生电力，主要包括锅炉、汽轮机、发电机三大核心设备（见图 3-16）。全燃煤气锅炉发电技术在过去 20 年中为中国钢铁工业的二次能源利用作出重要贡献，逐步由中温中压发电向高温高压、高温超高压、超高温超高压、超高温亚临界等高参数方向发展。目前高温超高压、超高温超高压、超高温亚临界煤气发电为行业主流煤气发电方式，采用技术成熟的超高压（亚临界）燃气锅炉和一次中间再热汽轮发电机组，提高热能利用效率，发电效率介于 36%~41%，比钢铁企业传统的中温中压发电效率有大幅提升。

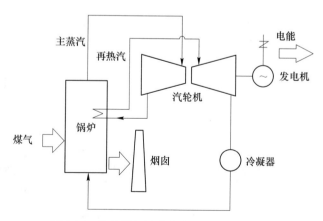

图 3-16 常规煤气锅炉发电工艺流程示意图

3.8.3.2　工程案例

据不完全统计，中国重点统计钢铁企业建有燃气-蒸汽联合循环发电（CCPP）53 台，装机规模包括 50MW、150MW、180MW、300MW 等级，总装机容量 5616MW。

据不完全统计，中国重点统计钢铁企业建有煤气锅炉发电机组 690 余台，装机规模为 3~350MW，总装机容量 31600MW。其中高温超高压机组（含超高温超高压）270 台，占比 39%；高温高压机组 190 台，占比 28%；中温中压及以下机组 170 台，占比 25%；亚临界机组（含煤气煤粉混烧）60 台，占比 8%。

由于 CCPP 机组具有较高能源转换效率，在"十一五""十二五"期间推广较快，但由于投资较大及维护费用较高，近些年逐步被高参数锅炉发电机组取代，仅马钢、本钢等少数企业近些年建设了 180MW 等级的机组。

煤气锅炉发电逐步由中温中压发电向高温高压、高温超高压、超高温超高压、超高温亚临界等高参数方向发展。高温超高压、超高温超高压、超高温亚临界煤气发电技术是目前技术成熟的高参数高效机组，已成为行业主流发电机组，许多企业近些年纷纷淘汰中、低参数机组，建设高温超高压、超高温超高压、超高温亚临界机组，获得了较大效益。

高温超高压机组是指蒸汽压力 13.5MPa，温度大于 535℃的机组（超高温超高压机组温度大于 570℃），过去该压力等级只能用于 135MW 以上的机组，只适用于大中型钢铁企业。但近年在小型化方面有了较快的发展，在 30MW、40MW 等级也有成功案例，为在中小型钢铁企业中推广创造了条件。

目前，九江钢铁、镔鑫钢铁等钢铁企业已经建成超高温亚临界煤气发电机组，南京钢铁、汉中钢铁等钢铁企业的亚临界煤气发电机组正在建设。亚临界机组指蒸汽压力 17.5MPa，温度大于 570℃的机组，热效率能够达到 41%，目前主要机型为 80MW 和 100MW 等级。未来几年，亚临界煤气发电有望得到逐步推广，并成为大中型企业主流机组。未来 5 年，中国钢铁行业预计建设亚临界机组 100 套，超高温超高压机组 100 套，能够大幅提高行业的自发电水平和能源利用效率，社会效益和节能减排效益显著。

3.8.4　蒸汽发电

余热蒸汽发电是指利用 100℃以上的工业余热产生的蒸汽，来推动汽轮机或螺杆机做功发电。该技术不需消耗一次能源，不产生额外的废气、废渣、粉尘和其他有害气体，充分利用余热资源，提高了能源梯级利用水平，增加了全厂自发电量，不仅能使品位较低、很难利用的饱和余热蒸汽得到有效的利用，获得良好的社会效益和经济效益，同时又能减少环境污染，是一项一举多得的资源综合利用工程项目。

目前中国重点大中型钢铁企业大多采用转炉及轧钢加热炉余热蒸汽作为热源。少部分企业烧结工序、焦炉工序没有配套烧结余热发电、干熄焦发电，而将余热蒸汽送至全厂蒸汽余热发电机组集中发电。

转炉一次烟气为高温烟气，在与二次烟气混合降温进入除尘系统前，采用汽化冷却烟道或余热锅炉对烟气进行降温，同时回收大量蒸汽。利用余热锅炉回收这部分蒸汽的物理热，蒸汽回收量≥60kg/t 钢，转炉余热锅炉生产蒸汽可以供蒸汽发电机组。

轧钢加热炉汽化冷却系统采用自然循环，蒸汽引射。系统设备构成分为除氧给水系统、汽包热水循环系统及排污系统。饱和温度的热水从汽包经下降管进入炉底管，在炉底管受热后部分热水汽化，汽水混合物经上升管进入汽包，蒸汽在汽包内通过汽水分离装置经调节阀送入车间管网。

目前，中国重点大中型钢铁企业主要有 3 种蒸汽发电方式，分别是饱和蒸汽发电、过热蒸汽发电及螺杆发电。

3.8.4.1 技术介绍

（1）饱和蒸汽发电。蒸汽首先进入蒸汽滤洁器，该设备能脱除饱和蒸汽所带水分及杂质，使蒸汽在进入汽机前干度得到提高后进入汽轮机中做功。做完功的蒸汽进入空气冷却凝汽器冷凝成水，冷凝水由凝结水泵打进冷凝水池，再由给水泵打进汽化冷却装置的汽包中。工艺流程如图 3-17 所示。

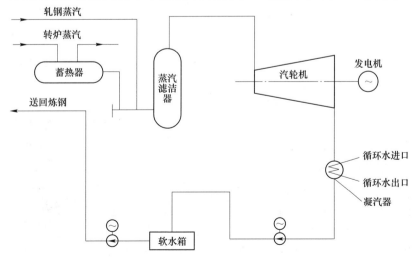

图 3-17 饱和蒸汽发电工艺流程

（2）过热蒸汽发电。蒸汽加热炉实际上是一个带有燃烧装置的过热器。进入过热炉的饱和蒸汽，依次通过低温过热器、减温器和高温过热器后，被加热成过热蒸汽后进入汽轮机发电。工艺流程如图 3-18 所示。

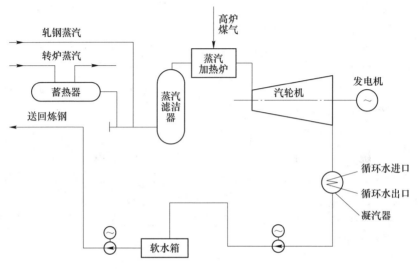

图 3-18　过热蒸汽发电工艺流程

（3）螺杆发电。螺杆膨胀动力发电的主要工作原理是厂内低压饱和蒸汽进入螺杆齿槽，压力推动螺杆转动，齿槽容积增加，蒸汽降温降压闪蒸膨胀做功，实现热能向机械能的转换，进而驱动发电机发电。工艺流程如图 3-19 所示。

3.8.4.2　工程案例

据不完全统计，中国重点统计钢铁企业已建有蒸汽发电机组 288 余台，总装机容量 1910MW。

发电机组一般在 25MW 以下，大都在 6~9MW，属于中低温小汽轮机发电机组。其中，饱和蒸汽发电有 215 台，占比 75%；过热蒸汽发电有 40 台，占比 14%；螺杆发电有 33 台，占比 11%。目前国内绝大多数机组的作业率都未达到设计指标，普遍在设计指标的 80% 以下，个别甚至在 40% 左右运行。

由于螺杆发电效率较低，近些年推广较少。行业主流发电还是饱和蒸汽发电或过热蒸汽发电。

目前行业中蒸汽发电存在蒸汽压损较大、产生的饱和蒸汽压力等级不一、冬季供暖造成汽轮发电机组停运等问题，导致许多企业的蒸汽发电机组不能达到设计指标。针对目前行业普遍存在的问题，通过一系列优化措施提高蒸

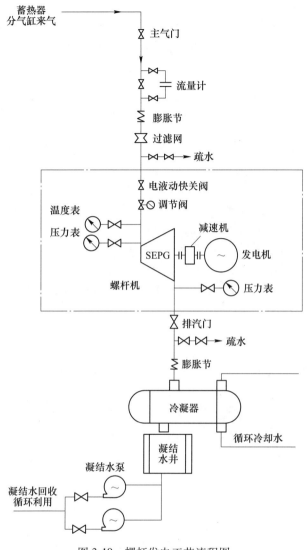

图 3-19 螺杆发电工艺流程图

汽发电的稳定性，主要包括：

（1）提高转炉蒸汽压力增加蓄热器设备合理利用转炉间断式蒸汽。

（2）增设汽机集汽箱，将转炉和轧钢等加热炉产生的饱和蒸汽汇入汽机集汽箱内，通过汽机集汽箱稳压和稳流后再进入汽水分离器，最后进入汽轮机。

（3）充分利用高炉冲渣水、循环水余热回收以保证冬季供暖，确保蒸汽发电机组不停运。

（4）在汽轮机选型时，少选择纯凝式汽轮机，尽量选择低品位热能汽轮机，比如多级除湿汽轮机、机内再热除湿多级冲动式汽轮机等。

3.8.5　TRT 发电

3.8.5.1　技术介绍

进入 21 世纪以来，中国高炉冶炼技术飞跃发展，目前炼铁高炉基本为高压操作，高炉炉顶余压利用取得了长足的进步，利用方式分为两种：一是通过 TRT，即高炉煤气余压透平发电装置回收发电；二是采用 BPRT，即煤气透平与电机同轴驱动的高炉鼓风能量回收成套机组的方式回收能量，减少高炉鼓风电耗。BPRT 技术创新性地提出了煤气透平和高炉鼓风机同轴的技术解决方案，用煤气透平直接驱动高炉鼓风机，将两台旋转机械装置组合成一台机组，既能向高炉供风，又回收煤气余压、余热。另外，随着高炉煤气湿法除尘工艺逐步改为干法除尘的改造，炉顶煤气压力和温度得以提高，余压利用更加高效。

3.8.5.2　工程案例

随着 TRT 设备的国产化，TRT 技术在中国钢铁企业得到快速普及和应用。2000 年，中国钢铁企业仅有 33 套 TRT 设备，据不完全统计，目前中国 970 座高炉余压利用装置的配备率超过 98%。1200m³ 级以上的高炉普遍采用 TRT 形式回收发电，每吨铁的发电量可以达到 30~54kW·h，近年也有个别 1800m³ 级高炉采用了 BPRT；1200m³ 级以下高炉部分选择 TRT 回收技术，部分选择了 BPRT 回收技术，约可节约鼓风机消耗电量的 40%。

目前，中国高炉余压利用装置的配备率已经很高，未配置相关设备的高炉均为早期建成的小型高炉，由于限制类高炉需限期升级为允许类，随着近年来产能置换工作的深度开展，加之高炉节能降本工作的倒逼，预计未来几年高炉余压利用装置的配备率可以达到 100%，下一步的发展趋势主要集中在如何提高余压回收效率。

TRT 方面，已经成功研发出新一代 3H-TRT 系统——提高高炉冶炼强度的顶压能量回收系统，在保持和优化原先 TRT 系统回收发电功能的基础上，通过对高炉顶压进行高精度的智能控制，可以提高高炉顶压的设定值，增大高炉送风的质量和流量，从而提高高炉冶炼强度，达到提高高炉利用系数、降低入炉焦比的功效。其技术核心是根据 TRT 管网系统流体力学原理，结合高智能控制算法，确定静叶或旁通阀的动态开度，以保证顶压的高精度稳定。

BPRT 机组可以将回收的能量直接补充到轴系上,避免能量转换的损失,可提高装置效率,减少环境污染和能量浪费,稳定炉顶压力,改善高炉生产条件,降低成本。另外,BPRT 设备建设投资及劳动定员少,具有显著的经济、环境及社会效益,其缺点是不适合大型高炉使用,目前应用范围有进一步扩大的趋势,最大已用于 1860m³ 高炉。未来,随着国家对重大技术装备国产化的支持,BPRT 必将以其独特的优势得到广泛应用,向全面、大型化趋势发展。

3.8.6 烧结余热发电

3.8.6.1 技术介绍

中国钢铁企业烧结工序能耗仅次于炼铁工序,约占总能耗的 10%,烧结矿余热约占整个钢铁企业余热总量的 12%。烧结余热利用是指将烧结生产工序中产生的废气热量加以回收再利用的技术,主要分两大部分:一是占总带入热量约 24%的烧结烟气余热;另一部分是占烧结过程带入总热量约 45%的烧结矿显热。烧结矿余热高效回收与利用是降低烧结工序能耗的主要方向与途径之一。近年来,中国钢铁企业烧结余热回收平均发电量约 13kW·h/t 烧结矿,按中国约 7.5 亿吨生铁产量、76%烧结矿配比计算,每年烧结矿余热回收发电量约为 90 亿千瓦时,取得一定成效。

3.8.6.2 工程案例

据不完全统计,中国已经建设余热发电机组的烧结机 220 余台,涉及烧结产能 7 亿吨,发电机组一般在 20MW 以下,大都在 10MW 左右,属于中低温小汽轮机发电机组。低温余热发电系统主要有 4 种类型:单压系统、双压系统、闪蒸补汽系统以及带补燃系统,双压系统效率最高,目前在国内应用较广泛,但双压系统投资较高,回收期相对较长。烧结环冷机余热发电主要利用了前两个风机的废气热量,从目前运行情况看,环冷机发电量最高可达到 21kW·h/t,在较高水平运行情况下基本能满足烧结厂约 45%的用电量,但目前国内绝大多数机组的作业率都未达到设计指标,普遍在设计指标的 80%以下,个别甚至在 50%左右运行。

同时,烧结余热能量回收驱动技术(SHRT)快速发展,国内已建成 20 多台套机组,并且成功应用于 400m²级烧结机。SHRT 是将烧结余热能量回收发电机组与电动机驱动的烧结主抽风机系统集成,使得烧结余热汽轮机、烧结主抽风机和同步电动机同轴串联布置,即形成了烧结余热与烧结主抽风机能量回收三机组。SHRT 技术改变了冶金行业用户机组的传统能量转换方式,有效避免了炼铁流程中的能量转换损失环节，提高了余热回收的效率，与余热发电机组相比，节能效率提高 8% 以上。

中国烧结机装备不断实现大型化，新建设备中 360m^2 及以上的大型烧结机数量成为主流，随着淘汰落后进程的进一步加快，大型烧结机、大型密闭性环冷机的比例和产能占比将继续快速提升，烧结机余热发电的潜在装机总量预计在 2500MW。

增加烧结机余热发电设备的同时，提高吨烧结矿发电量也将是重要课题，主要改进和研究方向包括：

一是提高烧结余热发电的热源稳定性。首先是烧结生产的作业水平、作业率不断提高，减少烧结机停机次数与停机时间；其次是通过提高设备和操作水平，降低环冷机的漏风率，采用环冷机底部柔磁性密封、环冷机水密封、台车横梁和烟罩密封等技术，环冷机漏风率降低至 10% 以内，余热利用率可提高 20%。

二是研究烧结矿冷却新工艺，提高热量回收效率。目前，中国已有企业采用竖罐冷却代替环冷机或带冷机，冷却风供风总量可减少一半左右，热烟气 100% 全部回收，且温度约可提高至 450℃，吨烧结矿发电 28kW·h，余热回收效率显著提高，与环冷机余热平均发电量相比提高 40% 以上。

三是提高余热锅炉与汽轮机稳定性能与运行水平。通过合理控制出口烟温，有效布置炉内结构，做好炉墙密封，合理选择炉管形式与材质，采用涂层保护等措施减少余热锅炉的磨损、积灰、漏风和腐蚀等问题。确定合理的汽轮机主蒸汽、再热蒸汽和二次蒸汽的压力和温度参数，尤其是工况波动状况下汽轮机的变负荷运行方式，提高汽轮机运行的稳定性。

3.8.7　煤气动态平衡控制烟气排放

3.8.7.1　技术介绍

通过分析煤气平衡现状及发电机组烟气超低排放指标控制因素，对煤气用户和用量结构进行动态调整，满足煤气发电机组烟气超低排放指标要求。

3.8.7.2　工程案例

A　分析煤气平衡现状及用户

（1）高炉煤气回收及用户。某钢铁公司有 2 座 2650m^3、1 座 4000m^3 高炉，高炉煤气主要回收工艺为：炼铁高炉产出的荒煤气通过重力除尘器、旋风除尘器、干法布袋除尘，经过 TRT 发电或高炉减压阀组至洗净塔，输送至公司高炉煤气管网供用户使用。高炉正常生产时 2 座 2650m^3 高炉每小时各产生高炉煤气约 40 万平方米，4000m³ 高炉每小时产生高炉煤气约 60 万立方米，合计约 140 万立方米/小时。

高炉煤气用户：高炉热风炉、炼铁制粉间；1 台 150MW CCPP、2 台 50MW CCPP、2 台热电锅炉、1 台背压机组；焦化厂 6 座焦炉，其中 4 座焦炉可以烧高炉煤气；1 台热轧加热炉。

（2）转炉煤气回收及用户。某钢铁公司共 5 座 210t 转炉，2 座 8 万立方米转炉煤气柜负责回收一炼钢 3 座转炉产生的转炉煤气，1 座 15 万立方米转炉煤气柜负责回收二炼钢 2 座转炉产生的转炉煤气。正常生产钢产量约 2.3 万吨/天，按转炉煤气吨钢 106m³/t 测算，全天转炉煤气产量约 244 万立方米，每小时平均回收量约 10.2 万立方米/小时。

转炉煤气用户：炼钢套筒窑、热轧加热炉、热电锅炉、背压机组。一热轧、热电、背压机组可作为转炉煤气调节用户。

（3）焦炉煤气回收。某钢铁公司生产所用的焦炉煤气由焦化厂通过煤气管道输送，焦化厂建设有 6 座 55 孔 6m 焦炉，年产冶金焦炭约 330 万吨，焦炉煤气正常生产时产量约为 15 万立方米/小时，焦化厂自用焦炉煤气约 5 万立方米/小时，供出焦炉煤气约 10 万立方米/小时。

B 检测煤气中硫含量

为满足发电机组环保排放 SO_2 限值要求，该公司组织对高炉煤气、焦炉煤气、转炉煤气中硫化氢含量分别进行检测，见表 3-8。

表 3-8　煤气中硫含量　　　　　　　　　（mg/m³）

煤气类型	硫化氢	羰基硫
高炉煤气	20~40	20~60
焦炉煤气	30	50
转炉煤气	1~3	13

通过煤气化验，分析转炉煤气硫含量较低、高炉煤气硫含量较高。

C 煤气平衡总体调整原则

煤气调整主要手段是气柜缓冲、调节用户进行用量调整、过剩放散调整。

（1）正常生产情况下所有煤气优先保证主流程正常生产使用。

（2）煤气不足时主要调整发电机组负荷，异常紧张状况安排停发电机组，保主流程生产。

（3）充分发挥 2 座高炉煤气柜及 2 座焦炉煤气柜的煤气缓冲作用，尽量减少煤气不足对主流程及高效发电机负荷调整的影响。

（4）遇有突发事故，煤气系统供应量异常波动，发电系统已降至最低，安排主流程限制生产节奏或停产线。

D　利用煤气硫含量的不同动态调节发电机组煤气的掺烧量控制 SO_2 的排放浓度

（1）控制措施。以环保指标合格为第一调整目标，背压机组由转炉煤气调节用户，调整为转炉煤气刚性用户，转炉煤气优先供背压机组使用，降低高炉煤气、焦炉煤气用量。

利用 intouch 软件，编制高炉煤气、转炉煤气流程图，实时监控高炉煤气流向、转炉煤气回收及发电机环保指标变化，调度及时对用户用量进行调整，避免出现转炉煤气限收、高炉煤气放散情况。

制定发电机组环保指标控制应急预案，要求相应岗位做好指标监控及调整，确保环保监测仪器正常有效。

（2）煤气平衡控制难点。为保证背压机组 SO_2 指标合格，背压机组由转炉煤气调节用户调整为刚性用户，转炉煤气用量基本不低于 3 万立方米/小时，遇炼钢节奏变化较大时，转炉煤气平衡难度极大，需要炼钢尽量安排均匀冶炼，避免转炉煤气回收波动太大。如果转炉煤气平衡困难，需安排热轧加热炉降低混合煤气用量或安排炼钢套筒窑逐步停产，保证转炉煤气柜安全运行及发电机组指标合格。遇高炉系列检修时，因转炉煤气产量降低，安排热电或背压机组停机配合，热轧及炼钢套筒窑同时配合检修。

（3）CCPP 机组环保指标控制。2 台 50MW CCPP 燃料为高炉煤气、150MW CCPP 燃料为高炉煤气、焦炉煤气。CCPP 是高效率机组，实际运行中经多次试验，3 座高炉正常生产，3 台 CCPP 烟气中颗粒物、SO_2、NO_x 能够达标。

（4）热电、背压机组环保指标控制。2 台热电机组、1 台背压机组燃料为高炉煤气、焦炉煤气、转炉煤气，每台热电机组高炉煤气可调范围约 3 万~13 万立方米/小时、焦炉煤气 0.1 万~1 万立方米/小时、转炉煤气串入高炉煤气中 2 台机组合计 0~4.5 万立方米/小时；背压机组高炉煤气可调范围为 1 万~13 万立方米/小时、焦炉煤气 0.1 万~0.5 万立方米/小时、转炉煤气 0~4 万立方米/小时。

1）热电机组：2 台热电机组颗粒物、SO_2、NO_x 依靠后部烟道增加脱硫、脱硝装置进行控制，环保超低排放执行后整体多用含硫较高的高炉煤气，少用含硫较低的转炉煤气。烟气中颗粒物、SO_2、NO_x 能够达标。

2）背压机组：3 座高炉正常生产时，背压机组颗粒物、NO_x 基本能够满足要求，因无脱硫设施，SO_2 指标控制困难，通过用气结构调整及指标控制措施，少用含硫较高的高炉煤气，多用含硫较低的转炉煤气。烟气中颗粒物、

SO$_2$、NO$_x$能够达标。背压机组未增加烟气脱硫也能够满足超低排放要求。

选取背压机组发电量较为接近时的2天进行比较，燃料结构改变前背压机组高炉煤气日用量182.59万立方米、焦炉煤气3.1万立方米、转炉煤气17.32万立方米，改变后高炉煤气日用量30.4万立方米、焦炉煤气10.14万立方米、转炉煤气69.16万立方米，高炉煤气日用量降低152.19万立方米、焦炉煤气升高7.04万立方米、转炉煤气升高51.84万立方米；2018年10月8日燃料结构调整前SO$_2$每小时平均超过35mg/m^{3}共18次，燃料结构调整后没有超标情况，全天环保指标颗粒物降低1.01mg/m^3、SO$_2$降低18.78mg/m^3、NO$_x$升高12.76mg/m^3。

背压机组超低排放执行前后用气结构变化及烟气SO$_2$排放对比分析，可明显看出燃料结构调整前高炉煤气用量9万~10万立方米/小时，SO$_2$烟气排放35mg/m^{3}以上运行；燃料结构调整后转炉煤气用量3万~4万立方米/小时，高炉煤气用量5万立方米/小时以下，SO$_2$指标30mg/m^{3}以下运行。

通过实际运行经验，摸索发电机组用气结构调整对环保指标的影响，能够实现调节发电机组用煤气的结构达到环保超低排放指标的要求。

参 考 文 献

[1] 曾高强. 原料环保储存技术分析及其在钢铁行业的应用 [C] // 第五届宝钢学术年会论文集，2013.

[2] 金晖. 我国钢铁原料准备技术进步与展望 [J]. 中国钢铁业，2010 (1).

[3] 金晖. 钢铁企业原料场"十二五"发展总结. 钢铁规划研究 (内部资料)，2016 (6).

[4] 代兵. 邯钢第一原料场环保扩容改造 [J]. 河北冶金，2015 (6).

[5] 张毅，李刚. 环保型封闭式料场及其在宝钢原料场改造中的应用 [J]. 烧结球团，2014 (4).

[6] 魏玉林，宋宜富，杨广福，等. 大型原料场智能化系统应用实践 [C] // 第十一届中国钢铁年会论文集，2017.

[7] 刘文权，王则武. 钢铁工业 NO$_x$ 控制技术的应用和创新 [J]. 中国环保产业，2014 (11).

[8] 刘文权，苏步新，舒红英. 兰炭有望成烧结固体燃料的新"菜谱" [J/OL]. "密思拓"公众号，2020-07-06.

[9] 刘文权. 烧结机头除尘灰资源综合利用技术创新和应用. 钢铁规划研究 (内部资料)，2015 (12).

[10] 刘文权. 烧结烟气循环技术创新和应用 [J]. 山东冶金，2014 (3).

[11] 北京中冶设备研究设计总院有限公司. 科技新进展：烧结烟气循环技术研究及应用 [R]. 2020.

[12] 刘文权, 苏步新. 从筚路蓝缕到举世瞩目——中国球团业70年历程回顾和未来展望 [N]. 中国冶金报, 2019-09-24（1），（5）.

[13] 张卫华. 带式焙烧机球团新技术研究与应用 [J]. 世界金属导报, 2019-10-21.

[14] 刘文权, 苏步新. 中国熔剂性球团矿的探索和实践. 钢铁规划研究（内部资料）, 2020（4）.

[15] 白永强. 我国炼铁碳素消耗现状和节碳潜力分析 [J]. 工业A, 2019（9）.

[16] 车玉满, 郭天永, 孙鹏, 等. 高炉冶炼专家系统研发现状与发展趋势 [N]. 中国钢铁新闻网, 2019（12）.

[17] 赵宏博, 刘伟, 李永杰, 等. 基于炼铁大数据智能互联平台推动传统工业转型升级 [J]. 大数据, 2017（6）.

[18] 北科亿力荣获"2016工业大数据应用案例"奖 [J]. 炼铁, 2017（2）.

[19] 北科亿力推动炼铁行业大数据应用 [J]. 世界金属导报, 2017（12）.

[20] 程子建, 高建民, 赵宏博, 等. 炼铁大数据智能互联平台在酒钢的应用 [J]. 世界金属导报, 2017（12）.

[21] 许维康. 山钢日照公司210t转炉"一键式"炼钢技术的研究 [J]. 科技视界, 2019（14）：92~93.

[22] 杨林. 一键式炼钢自动控制系统设计与实现 [D]. 沈阳：东北大学, 2013.

[23] 江腾飞, 朱良, 成天兵. 迁钢210t转炉自动出钢技术的开发与应用 [C]//第十二届中国钢铁年会论文集. 中国金属学会, 2019：5.

[24] 殷瑞钰. 高效率、低成本洁净钢"制造平台"集成技术及其动态运行 [J]. 钢铁, 2012, 47（1）：1~8.

[25] 许红玉, 高卫刚, 王彦杰. 邯钢三炼钢高效低成本洁净钢平台建设实践 [C]//2018年（第二十届）全国炼钢学术会议大会报告及论文摘要集. 中国金属学会炼钢分会, 2018：1.

[26] 杨春政, 魏钢, 刘建华, 等. 高效低成本洁净钢平台生产实践 [J]. 炼钢, 2012, 28（3）：1~6, 10.

[27] 电弧炉炼钢复合吹炼技术的研究应用 [J]. 中国科技成果, 2017（1）：F0002.

[28] 朱荣, 马国宏, 刘润藻, 等. 电弧炉炼钢复合吹炼技术的发展及应用 [C]//2014年全国炼钢—连铸生产技术会论文集. 中国金属学会, 2014：5.

[29] 罗晔. 电炉创新节能技术回顾 [J]. 世界金属导报, 2015-07-14（B08）.

[30] 王新江. 电炉炼钢各炉型孰优孰劣？如何选型？ [N]. 中国冶金报, 2018-4-12（A01）.

[31] 翁玉水. Consteel电炉冶炼工艺生产实践 [J]. 福建冶金, 2018（3）：17.

[32] 朱荣, 吴学涛, 魏光升, 等. 电弧炉炼钢绿色及智能化技术进展 [J]. 钢铁, 2019, 54（8）：9~20.

[33] 张豫川, 杨宁川, 黄其明, 等. 中冶赛迪绿色电弧炉高效智能控制技术 [J]. 冶金

自动化，2019，43（1）：53~58，72.

[34] Apfel Jens, Beile Hannes, Winkhold Achim. EAF Quantum——新型电弧炉炼钢技术［J］. 河北冶金，2018（10）：12~13.

[35] 滕波，肖华生，杨春宝，等. 智能制造在板坯连铸机中的应用［C］//2019冶金智能制造暨设备智能化管理高峰论坛会论文集. 武汉，2019：126~137.

[36] 及文革，李佩泉. 连铸实现"无人浇铸"的探讨［J］. 江苏冶金，2001（4）：9~11.

[37] 王勇，胡建光，孙玉军，等. 智能制造在梅钢炼钢厂的应用实践［J］. 中国冶金，2008，28（1）：32~39.

[38] 陈立新，陈贝. 韶钢炼钢厂连铸大包自动浇钢项目取得圆满成功［J］. 世界金属导报，2020-01-07（A04）.

[39] 黄超. 沙钢智能制造再发力——引进连铸无人化浇钢项目［J］. 世界金属导报，2019-03-12（A05）.

[40] 市场认可！中国首套多功能废钢智能判级项目已成功上线应用！［J/OL］. 镭目公司公众号.

[41] 山西建龙、鲁丽钢铁首先开启废钢人工智能化检验. 工业互联公众号.

[42] 胡广钢. 蓄热加热炉的燃烧及控制技术［C］//全国轧钢加热炉综合节能技术研讨会论文集，2013：51~63.

[43] 曹晓岭，陈锦. 中厚板加热炉汽化冷却系统的改进［J］. 新疆钢铁，2014（4）：36~39.

[44] 黄遵运，刘家彧，陈扬. 步进梁式加热炉汽化冷却系统的设计及应用［J］. 天津冶金，2015（4）：61~63.

[45] 余秋根. 中国第一座步进式加热炉汽化冷却装置的设计和推广价值［J］. 冶金能源，1995（1）：37~40.

[46] 郭晓燕. 水冷却和汽化冷却以及空气冷却探析［J］. 山西建筑，2003，29（8）：115~116.

[47] 杨成文，齐春生，杨永波，等. 步进梁式加热炉汽化冷却技术的研究［J］. 北方钒钛，2017：49~51.

[48] 孙延刚，仵阳. 步进式加热炉节能技术的应用［C］//全国工业炉学术年会论文集，2011.

[49] 李振明. 大棒线加热炉汽化冷却系统蒸汽回收应用［J］. 酒钢科技，2012（3）：282~286.

[50] 秦建超，黄夏兰. 宝钢2050热轧3号加热炉节能改造实践［J］. 工业炉，2013，35（4）：54~56.

[51] 刘常鹏，张宇，李卫东，等. 加热炉不同余热回收方式下节能效果分析［C］//第八届全国能源与热工学术年会论文集.

[52] 张晓力，付成安. 无头轧制技术的发展与应用［J］. 河北冶金，2012（4）：3~7.

[53] 杨茂麟. 棒线材无头轧制综述［C］//全国金属制品信息网第23届年会暨2013金属制品行业技术信息交流会. VIP，2013：1~5.

[54] 赵红阳，胡林，李娜. 双辊薄带铸轧技术的进展及热点问题评述 [J]. 鞍钢技术，2007 (6)：1~5.

[55] 李嘉牟. 双辊薄带铸轧技术 [J]. 一重技术，2019 (3)：1~6.

[56] 房鑫，段明南，杨向鹏，等. 热轧带钢无酸除鳞技术综述 [J]. 宝钢技术，2019 (1)：7~14.

[57] 于邦超. 带钢无酸除鳞技术应用进展 [J]. 金属世界，2019 (3)：6~8.

[58] Voges K C, Critchley S H, Mueth A R. Slurry blasting apparatus for removing scale from sheet metal：US7601226 [P]. 2009.

[59] 费俊杰，周剑华，董茂松，等. 全长在线热处理钢轨生产工艺研究及产品开发 [J]. 钢铁技术，2019 (2)：69~75.

[60] 王树青，詹新伟. 钢轨全长热处理技术 [J]. 铁道建筑，2005 (8)：5~9.

[61] 冯光宏，史秉华. 钢轨在线热处理技术 [J]. 特钢技术，2007 (1)：1~4.

[62] 孙旭东，张博，彭苏萍. 中国洁净煤技术 2035 发展趋势与战略对策研究 [J]. 中国工程科学，2020，22 (3)：132~140.

[63] 崔杨，曾鹏，仲悟之，等. 考虑富氧燃烧技术的电-气-热综合能源系统低碳经济调度 [J/OL]. 中国电机工程学报：1-18 [2020-09-20]. http：//kns. cnki. net/kcms/detail/11. 2107. tm. 20200410. 1006. 012. html.

[64] 李宁，雷仲存. 通过煤气动态平衡控制发电机组烟气环保指标 [J]. 冶金动力，2019 (10)：45~47.

[65] 周阳，周文宣，许立环. 超超临界二次再热机组近零排放技术研究 [J]. 电力设备管理，2019 (5)：61~62.

[66] 李建新. AH 电厂节能减排技术研究及工程应用 [D]. 北京：北京工业大学，2019.

[67] 栾绍峻，吴秀婷. 钢铁企业煤气预测与调度优化系统 [J]. 冶金经济与管理，2018 (6)：17~21.

[68] 于洋. 整体煤气化联合循环发电系统 (IGCC) 中空气分离系统的特性研究 [D]. 天津：天津大学，2018.

[69] 邓俊巍. 某燃煤电厂脱硫及除尘系统超低排放改造和节能技术研究 [D]. 长春：吉林大学，2018.

[70] 王树民. 燃煤电厂近零排放综合控制技术及工程应用研究 [D]. 北京：华北电力大学 (北京)，2017.

[71] 王树民，刘吉臻. 清洁煤电与燃气发电环保性及经济性比较研究 [J]. 中国煤炭，2016，42 (12)：5~13.

4 末端治理控制关键技术

4.1 颗粒物控制技术

4.1.1 袋式除尘

传统袋式除尘器是采用过滤技术，将棉、毛、合成纤维或人造纤维等织物作为滤料编织成滤袋，对含尘气体进行过滤的除尘装置，由于滤袋本身的网孔较大，除尘效率不高，大部分微细粉尘会随着气流从滤袋的网孔中通过，而粗大的尘粒靠惯性碰撞和拦截被阻留。随着滤袋上截留粉尘的加厚，细小的颗粒靠扩散、静电等作用也被纤维捕获，在网孔中产生"架桥"现象，随着含尘气体不断通过滤袋的纤维间隙，纤维间粉尘"架桥"现象不断加强，一段时间后，滤袋表面聚成一层粉尘，称为粉尘初层。在以后的除尘过程中，粉尘初层便成了滤袋的主要过滤层，它允许气体通过而截留粉尘颗粒，此时滤布主要起着支撑骨架的作用，随着粉尘在滤布上的积累，除尘效率和阻力都相应增加。当滤袋两侧的压力差很大时，除尘器阻力过大，系统的风量会显著下降，能耗增加，滤袋工作寿命大大缩短，以致影响生产系统的排风，此时要及时进行清灰，但清灰时必须注意不能破坏粉尘初层，以免降低除尘效率[1]。

袋式除尘的机理主要是依靠含尘气体通过滤袋纤维时产生的筛滤、碰撞、钩住、扩散、静电和重力 6 种效应进行净化，其中以"筛滤效应"为主。在滤料表面复合一层微孔薄膜的过滤称为覆膜过滤，这是一种表面过滤技术。过滤膜通常是由高分子聚合物制成的，厚度一般为 $100 \sim 150 \mu m$，有时也可以制成更薄一些或更厚一些微孔滤膜，微孔滤膜孔径小，捕集率很高，即使对 $1 \mu m$ 以下的微细粒子也有较高的捕集率，并可防止进入滤料深处，不需要形成普通滤料具有的粉尘初层，因此清灰时粉尘很容易脱落，特别是使用表面非常光滑、有憎水性的聚四氟乙烯薄膜时，清灰特别容易。这一特性为袋式除尘器在潮湿条件下工作防止因结露造成滤袋结垢而失效创造了一定的条件，同时防止滤料的堵塞和结垢，降低滤料的阻力，因而有利于降低除尘器系统运行的能耗，若配备变频风机，风机只需达到额定功率的 $60\% \sim 70\%$ 一般就可满足《意见》中 $10mg/m^3$ 以下的超低排放限值要求，以 $1800m^3$ 高炉出铁场除尘为例，风机电耗每年将节约 40 万元电费，同时由于清灰性能好，可节约压缩空气的消耗量。但与传统滤料相比，覆膜滤料的缺点是价格相对较高。钢铁企业袋式除尘设施现场图片如图 4-1 所示。

图 4-1　高炉出铁场袋式除尘器

4.1.2　电除尘

电除尘器对微细粉尘有效捕集效率不高，在钢铁行业超低排放改造过程中应用比例在逐步下降，主要用在袋式除尘器不适用的地方，即烧结机头与球团焙烧烟气、转炉一次烟气（转炉煤气）干法除尘等节点。

电除尘器初始效率较高，能达到 99.0%，耐温高达 350℃，阻力小，为 200~300Pa，处理风量大，达到 100 万立方米/小时以上，在钢铁行业有所应用。但由于其适用粉尘比电阻范围为 $10^4 \sim 10^{10} \Omega \cdot cm$，受粉尘理化性质变化影响较大，不能适应工艺工况和负荷大的变化。而钢铁行业粉尘、烟尘种类繁多，比电阻变化大，很多比电阻超出其适用范围，且有的工艺工况变化大，从而导致其除尘效率不稳定，常会降至 90% 以下，以致排放浓度常易波动，很难在不同的工况条件下长期保持排放浓度（标态）小于 $50mg/m^3$。因此，电除尘器在钢铁行业超低排放改造中均予以替换，目前只在烧结机头与球团焙烧烟气除尘中采用该设备，起到对进入脱硫脱硝系统烟气的预除尘作用，少数大型转炉一次烟气采用了干法电除尘器，烧结机头静电除尘与转炉一次干法除尘见图 4-2 与图 4-3。现有静电除尘器主要依靠对原有工频电源的更换来实现对烟粉尘的高效脱除[2]，具体如下：

（1）软稳高频电源技术。常规静电除尘器配套使用的工频电源，其电源工作频率为 50Hz 工频，供给电除尘器的高压直流电含有近 30% 的波纹，由于

图 4-2　烧结机头静电除尘器

图 4-3　转炉一次干法静电除尘器

工频电源的电压输出特性脉动波形，且控制特性采用的火花率控制，因此，电源电压不能始终工作在最佳高效值附近，即火花放电电压附近的临界电压值，从而不能使电源电压给粉尘最大程度进行荷电导致除尘效率受到影响，同时由于变压器效率低及采用火花率控制等因素，常规工频电源其自身电耗和电场能耗都较高。

　　软稳高频电源谐振输出频率可达 40kHz，经整流以后可输出非常平稳的直流，而高压工频电源输出的是脉动直流，平均电压与峰值电压波动较大；同时软稳高频电源具有根据负载工况变化自动跟踪火花放电电压，从而使电源输出电压始终工作在火花放电临界电压处，此电压值是电晕放电的最高效率，从而最大程度使粉尘荷电，提高收尘效率；软稳高频电源还具有消除反电晕功能，因此在除尘器本体系统状况良好及运行工况一致的状态下，采用软稳高频电源供电比原有的高压工频电源的粉尘排放浓度可降低 30% 以上，从而达到新的排放标准要求。

　　除能提高除尘效率外，软稳高频电源由于其变压器效率高，可达 90% 以上，而工频电源一般在 60% 左右，因此自身电耗大幅降低；软稳高频电源可消除火花放电，节省大量电场火花及电弧放电消耗的能量，还使电晕线的芒刺减少钝化，有效提高除尘器使用寿命和放电频率，除尘系统电耗将大幅降低 40%~50%。以 312m² 静电除尘器为例，实施软稳高频电源改造年可节省电费 40 万元。

　　（2）临界微脉冲电源。临界微脉冲电源是混合供电模式，即在直流（工频或高频高压）供电的基础上叠加脉冲电压。由于脉冲电压上升沿为纳秒级且脉冲持续时间极短，不易触发电场闪络。脉冲电压幅值高，可一定程度上提高平均场强，并产生"微火花"以增加空间电荷。采用间歇脉冲供电技术降低电流可以克服高比电阻粉尘引起的反电晕。该技术突破了现有工频（单相、三相）、高频及脉冲电源增效节能收效有限的瓶颈。不采用"火花监测"方式控制，系统根据电除尘内部工况变化，自动调节动态适应，将输出电压始终控制在瞬时工况下的火花始发点以下临界处，实现了连续场强最高化，同时，采用临界区微脉冲（脉动）荷电方式，使电场一直处于"二次电子崩"和"流注初期"的最佳荷电状态。高有效电压、低电流微脉冲（脉动）供电，有效地抑制了反电晕，降低了粉尘层对极板的吸引力，容易振打脱落，拓宽了捕集粉尘比电阻的范围，大幅度提高了除尘效率。由于采用高频技术使其功率因数高，同时避免了火花放电所造成的能耗，实现了更大幅度的节能。由于其避免了火花放电产生的电腐蚀，本体性能长期高效稳定运行。

4.1.3　其他除尘技术

　　（1）折叠滤筒除尘技术。近年来，滤筒除尘器随着新技术、新材料不断地发展，目前除了以日本、美国等公司为代表的国外技术，中国已通过吸收引进，逐步形成具有自主知识产权的国产滤筒除尘技术，对除尘器的结构和滤料进行了改进。使得滤筒除尘器已开始应用于钢铁工业领域，成为解决传统除尘器对超细粉尘收集难、过滤风速高、场地面积受限、流场分布不均、滤袋易磨损破漏、运行成本高的较佳方案，和市场上现有各种袋式、静电除尘器相比具有有效过滤面积大、压差低、排放浓度低、体积小、使用寿命长等特点，成为工业除尘器发展的新方向。

　　滤筒除尘的机理主要是含尘气体进入除尘器灰斗后，由于气流断面突然扩大及气流分布板作用，气流中一部分粗大颗粒在重力和惯性力作用下沉降在灰斗；粒度细、密度小的尘粒进入滤尘室后，通过布朗扩散和筛滤等组合效应，使粉尘沉积在滤料表面上，净化后的气体进入净气室由排气管经风机排出。滤筒式除尘器的阻力随滤料表面粉尘层厚度的增加而增大，阻力达到某一规定值时通过 PLC 程序进行周期性清灰。滤筒的制作工艺、连接工艺、流场分布等需要进一步把控，防止出现机械强度不佳、褶皱部位积灰等问题，确保排放浓度达到 $10mg/m^3$ 以内的限值要求。目前此项技术在钢铁企业烧结机尾、高炉出铁场、矿槽除尘等环节均有应用，可作为钢铁行业超低排放颗粒物治理的可行技术。

（2）电袋复合除尘。电袋复合除尘技术是指在一个箱体内紧凑安装电场区和滤袋区，将电除尘的荷电除尘及布袋除尘的过滤拦截有机结合的一种新型高效除尘器，见图 4-4。按照结构可分为整体式电袋复合除尘器、嵌入式电袋复合除尘器和分体式电袋除尘器。它具有长期稳定的低排放、运行阻力低、滤袋使用寿命长、运行维护费用低、适用范围广及经济性好的优点[3]，出口烟尘浓度可达 $10mg/m^3$ 以下。目前该项技术主要用于现有烧结、炼铁工序环境除尘节点，具有改造周期短、投资相对较小、对接时间少等特点，适用于新建企业的改造项目。

图 4-4　烧结机尾电袋复合除尘器

（3）湿式电除尘。湿式电除尘工艺具有除尘效率高、克服高比电阻产生的反电晕现象、无运动部件、无二次扬尘、运行稳定、压力损失小、操作简单、能耗低、维护费用低、生产停工期短、可工作于烟气露点温度以下、由于结构紧凑而可与其他烟气治理设备相互结合、设计形式多样化等优点[4]。同时，其采用液体冲刷集尘极表面来进行清灰，可有效收集细颗粒物（一次 $PM_{2.5}$）、SO_3 气溶胶、重金属（Hg、As、Se、Pb、Cr）、有机污染物（多环芳烃、二噁英）等，协同治理能力强。使用湿式电除尘器后，在保证设计流速、有效总横截面面积、关键部位材质等参数满足要求的情况下，颗粒物排放可达 $10mg/m^3$ 甚至 $5mg/m^3$ 以下，见图 4-5。在钢铁行业烧结机头与球团焙烧烟气湿法脱硫之后使用，还可解决湿法脱硫带来的石膏雨、蓝烟、酸雾问题，缓解下游烟道、烟囱的腐蚀，节约防腐成本。

图 4-5　烧结机头烟气湿式静电除尘器

4.2　硫氧化物控制技术

4.2.1　湿法

（1）石灰/石灰石-石膏法。石灰/石灰石-石膏法是燃煤电厂超低排放脱硫的主流工艺，市场占有率在 90% 以上，同样也是目前钢铁行业烧结与球团脱硫领域市场占有率最高的工艺。石灰/石灰石-石膏法脱硫设施一般由吸收剂制备系统、烟气系统、吸收塔系统、副产品处理系统组成[5]。吸收塔是脱硫装置的核心设备，它的结构设计优劣直接关系到脱硫效率的高低，通常有喷淋塔（空塔、喷雾塔）、填料塔，喷射鼓泡塔和双回路塔 4 种类型，不同吸收塔反应原理相同。

主要反应方程式如下：

吸收：
$$SO_2+H_2O \rightleftharpoons H_2SO_3$$

中和：
$$CaCO_3+H_2SO_3 \rightleftharpoons CaSO_3+CO_2+H_2O$$

氧化：
$$2CaSO_3+O_2 \rightleftharpoons 2CaSO_4$$

结晶：
$$CaSO_4+2H_2O \Longleftrightarrow CaSO_4 \cdot 2H_2O$$

石灰/石灰石-石膏法工艺成熟、脱硫效率高、系统稳定性好，已在大量的钢铁烧结机头烟气脱硫工程中得到验证，企业运行实践证明，其应用于钢铁烧结机头烟气超低排放中在技术上可行，但因其吸收塔形式的不同，会导致不同的脱硫效果。在钢铁行业烧结机头烟气脱硫市场上，主要有空塔喷淋塔和喷射鼓泡塔两种类型，其中吸收塔形式为空塔喷淋的效果最好。与喷射鼓泡法相比，空塔喷淋塔结构简单，系统故障率低，喷射鼓泡塔将烟气通过埋在浆液池的喷射管鼓入浆液，在喷射管表面，气液界面由于反应状态的快速变化，容易在喷射管表面形成结垢，影响脱硫设施的同步运行率。石灰-石膏法脱硫系统现场设施见图4-6。

图 4-6　烧结机头烟气石灰-石膏法脱硫装置

烧结机机头与球团焙烧烟气采用石灰/石灰石-石膏法脱硫技术，脱硫效率一般可达98%以上，氟化物、氯化物脱除率大于95%，对烟气 SO_2 中高浓度、大烟气量的烧结机，可满足《关于推进实施钢铁行业超低排放的意见》（环大气［2019］35号，以下简称《意见》）中 SO_2 排放小于35mg/m³（以16%基准氧含量计）的标准要求。具体运行参数为：吸收塔的设计流速宜低于3.5m/s；进入脱硫系统的烟气粉尘浓度应小于100mg/m³；钙硫摩尔比1.03~1.05，吸收液 pH 值控制在5~6；采用石灰石为脱硫剂时，$CaCO_3$ 含量应高于90%；中低浓度硫含量时，脱硫剂粒度250目应大于90%；高浓度硫含量时，脱硫剂粒度

325 目应大于 90%；采用生石灰（CaO）时，其纯度应高于 85%。

（2）氨-硫铵法。氨-硫铵法"十二五"期间在钢铁企业烧结与球团脱硫领域有大量应用，但近年来随着改造的推进，目前主要是柳钢本部应用此技术改进达到超低排放限值要求，其他企业少有采用。系统组成：烟气系统、SO_2 吸收氧化系统、吸收剂（液氨、氨水）供给系统、工艺水系统、硫铵浓缩脱水结晶系统、配套的电气和自动控制系统[6]。反应方程式为：

氧化段（有的在塔外的氧化槽里）

$$SO_2 + H_2O + 2NH_3 =\!=\!= (NH_4)_2SO_3$$

在脱硫塔的浓缩段

$$(NH_4)_2SO_3 + 1/2O_2 =\!=\!= (NH_4)_2SO_4$$

氨-硫铵工艺脱硫效率高，不存在结垢问题，但与之相对的，由于硫铵溶液的强酸性，其腐蚀问题较其他湿法脱硫工艺更加严重，致使装置的同步运行率低。氨逃逸现象以及脱硫后湿烟气中的气溶胶等问题也是氨-硫铵工艺的缺点之一，另外由于烧结机头与球团焙烧烟气中有害物质较多，也限制了副产硫铵的用途。因此，在应用此工艺时必须做好脱硫设施与公辅设施的防腐，同时加强对二次污染的控制。

烧结机头烟气氨-硫铵法脱硫装置如图 4-7 所示。

图 4-7　烧结机头烟气氨-硫铵法脱硫装置

4.2.2 半干法

（1）循环流化床法。循环流化床法也是燃煤电厂所采用的主流脱硫工艺，因其无脱硫废水产生与无烟气拖尾情况，因此在钢铁行业烧结机头与球团焙烧烟气脱硫超低排放改造领域也得到广泛应用，同时在现有高炉热风炉外排烟气末端脱硫中也有部分企业选择此技术，达到《意见》中 SO_2 排放小于 $50mg/m^3$ 的标准要求。循环流化床烧结干法脱硫设施主要由吸收剂制备、脱硫塔、物料再循环、工艺水系统、脱硫后除尘器以及仪表控制系统等组成[7]。循环流化床法反应式如下：

$$Ca(OH)_2 + SO_2 = CaSO_3 \cdot 1/2H_2O + 1/2H_2O$$
$$Ca(OH)_2 + SO_3 = CaSO_4 \cdot 1/2H_2O + 1/2H_2O$$
$$CaSO_3 \cdot 1/2H_2O + 1/2O_2 = CaSO_4 \cdot 1/2H_2O$$
$$Ca(OH)_2 + CO_2 = CaCO_3 + H_2O$$
$$Ca(OH)_2 + 2HCl = CaCl_2 \cdot 2H_2O(约75℃)(强吸潮性物料)$$
$$2Ca(OH)_2 + 2HCl = CaCl_2 \cdot Ca(OH)_2 \cdot 2H_2O(>120℃)$$
$$Ca(OH)_2 + 2HF = CaF_2 + 2H_2O$$

目前钢铁行业烧结与球团烟气脱硫采用的循环流化床法，根据有无烟气循环系统，运行效果有一定的差别，主要体现在对烟气波动的适应性好坏。没有烟气循环系统的循环流化床脱硫塔内的床层在烟气剧烈波动的情况下，容易出现塌床现象，影响脱硫设施正常运行。另外，循环流化床法在脱硫剂投加上有两种方式，一种是消石灰粉和水分别投加，一种是配制好消石灰溶液再投加。循环流化床法要实现较好的脱硫效果，必须控制好温度和出口 SO_2 浓度两个参数，采用脱硫剂和水分别投加的方式，可以对于两个参数进行分别控制，而投加消石灰溶液则在工况变化情况下，控制难度很大。

烧结机机头与球团焙烧烟气采用循环流化床脱硫技术，脱除率可达到96%以上，对于 $2000mg/m^3$ 以下中低 SO_2 浓度的烧结机，可满足《意见》中 SO_2 排放小于 $35mg/m^3$（以16%基准氧含量计）的标准要求，运行参数为：脱硫剂生石灰粉粒度宜小于2mm，CaO含量大于80%；钙硫摩尔比为1.2~1.35；典型工况下，出口烟气温度控制在露点温度以上15~20℃；脱硫塔压力降应控制在2500Pa以下；脱硫塔内粉尘浓度，在标准状态下保持在800~1000g/m³。采用袋式除尘设备，颗粒物排放浓度可小于 $10mg/m^3$ 或更低。具体工程实例现场布置情况见图4-8。

（2）旋转喷雾干燥脱硫技术。旋转喷雾法也作为近年来在钢铁行业烧结机头与球团焙烧烟气超低排放改造的主流半干法工艺，在鞍钢、沙钢、南钢等钢铁企业得到应用。工艺系统基本组成为：吸收剂浆液制备系统、喷雾干

图 4-8　烧结机头烟气循环流化床半干法脱硫装置

燥吸收塔、布袋除尘器等。与循环流化床法类似，都是半干法脱硫工艺，其反应如下：

$$CaO + H_2O \longrightarrow Ca(OH)_2$$
$$SO_2 + Ca(OH)_2 \longrightarrow CaCO_3/CaSO_4 + H_2O$$
$$2HCl + Ca(OH)_2 \longrightarrow CaCl_2 + H_2O$$
$$2HF + Ca(OH)_2 \longrightarrow CaF_2 + H_2O$$

　　旋转喷雾法曾在中国白马电厂、黄岛电厂有过应用，但存在喷嘴磨损严重、系统共振和塔体结垢等问题，导致装置无法正常运行。通过对采用旋转喷雾法的钢铁烧结烟气脱硫装置调研，烧结脱硫装置的喷嘴磨损状况好于电力脱硫，其原因是，与电厂相比，钢铁企业通常都有自己的石灰工序，自产石灰品质高、杂质少、粒度细，减少了对旋转雾化喷嘴的磨损。

　　旋转喷雾法对于中高 SO_2 浓度的烧结机头与球团焙烧烟气具有较好的适应性，但在高 SO_2 浓度情况下，要稳定实现高效脱硫难度较大。旋转喷雾法由于水与脱硫剂配成浆液后，喷入脱硫塔，因此，在烟气 SO_2 浓度较高，而烟气温度较低的情况下，如果为了保证脱硫效率，必须喷入大量脱硫剂浆液，但过多的水分进入塔体，可能会导致温度低于露点，导致腐蚀和结垢；而如果要保证温度高于露点，则喷入的脱硫剂浆液可能难以满足脱硫效率的要求[8]。因此，本技术在超低排放改造过程中对入口烟气的初始浓度有较为明确的要求，一般烟气 SO_2 入口浓度小于 $1500mg/m^3$ 的工况可选用此技术，具备达到超低排放限值的能力，工程现场装置见图 4-9。

图 4-9 烧结机头烟气旋转喷雾半干法脱硫装置

烧结机机头与球团焙烧烟气采用旋转喷雾干燥脱硫技术，脱除率可达 85%，对于入口浓度在 $1500mg/m^3$ 以下中低 SO_2 浓度的烧结机，可满足《意见》中 SO_2 排放小于 $35mg/m^3$（以 16% 基准氧含量计）的标准要求，具体运行参数为：石灰浆液含固率宜控制在 20%~25%，旋转雾化器浆液雾化粒径 30~80μm，双流体喷嘴雾化粒径 70~200μm；脱硫塔阻力应小于 1000Pa，烟气在塔内停留时间宜大于 18s；典型工况下，出口烟气温度控制在露点温度以上 15~20℃。该技术添加活性炭或褐煤可进一步脱除二噁英及汞等重金属。采用袋式除尘设备，颗粒物排放浓度可小于 $10mg/m^3$ 或更低。

（3）密相干塔法。密相干塔法是应用于钢铁行业烧结机头与球团焙烧烟气脱硫的独特工艺技术，属于半干法脱硫工艺，反应原理与其他半干法类似，基本原理是：利用经水洗后的消石灰浆液，与布袋除尘器捕集下来的循环灰一起进入加湿器内进行混合，使混合灰的水分含量保持在 3%~5% 之间。加湿后的大量循环灰经斗式提升机由密相干塔上部的布料器进入矩形的脱硫塔内，与上部进入的含 SO_2 烟气进行反应。为了增加吸收剂与烟气的接触和防止过湿的物料粘壁，在反应器内设有带有链条的类似辫子的机械搅拌器。掉落塔底的脱硫副产物，送至副产物灰仓，然后再经由灰仓排出[9]。

密相干塔系统适用于中低硫工况，烟气与循环灰在塔内发生脱硫作用，通过"双膜"理论反应实现对 SO_2 的净化脱除。目前该技术在首钢迁钢烧结机头烟气与链箅机—回转窑球团焙烧烟气脱硫中予以应用，可满足《意见》

中 SO$_2$ 排放小于 35mg/m^3（以 16%基准氧含量计）的标准要求。此外，与循环流化床工艺类似，其目前也被应用在钢铁企业高炉热风炉外排烟气脱硫项目中，对于 200mg/m^3 以内的 SO$_2$ 排放浓度，该工艺处理后可达到《意见》中 SO$_2$ 排放小于 50mg/m^3 的限值要求。球团焙烧烟气密相干塔法脱硫现场工程案例见图 4-10。

图 4-10　球团焙烧烟气密相干塔法脱硫装置

4.2.3　活性炭/焦干法

活性炭/焦干法是当前较为先进的一种脱硫工艺技术，它不仅依靠炭基材料多孔道结构吸附能力强，脱硫效率高，而且对烧结机头烟气中其他污染物均有脱除效果，如重金属、二噁英、氮氧化物、HF、HCl、SO$_3$ 等，日本在 2000 年后，烧结机头烟气脱硫均采用活性炭/焦干法。从日本和韩国钢铁企业的运行情况看，该技术应用于烧结机头与球团焙烧烟气脱硫是可行的。该技术一次性投资大，且运行成本高，目前在"十二五"期间山西太钢不锈钢有限公司引入日本进口的错流式活性焦一体化项目后，截至目前，宝山钢铁股份有限公司、首钢迁钢、河钢股份有限公司邯郸分公司、沙钢集团、联峰钢铁（张家港）有限公司、河北普阳钢铁、金鼎钢铁等多家企业纷纷建设投运了活性焦干法脱硫措施，在原有错流式基础上，改进并采用了逆流式反应机理，两者在系统设计得当、活性炭/焦装填量适宜的工况下，具备达到超低排放要求的脱硫处理能力，详见图 4-11。另外，根据活性炭/焦自燃的特点，烟气中 SO$_2$ 浓度不应高于 3000mg/m^3，烟气温度不应高于 165℃，否则存在一定的技术风险[10]。该工艺对管理水平、自动化水平要求高，工况条件要求较为严格，企业选用上需结合自身实际。

图 4-11 烧结机机头烟气活性焦一体化设施

烧结机机头与球团焙烧烟气采用活性炭/焦干法脱硫技术，脱除率可达 98%以上，对标况 SO_2 浓度不超过 $3000mg/m^3$ 的烧结机（因吸附 SO_2 放热会使温度升高，不便于控制吸附塔内温度），均可满足《意见》中 SO_2 排放小于 $35mg/m^3$（以 16%基准氧含量计）的标准要求。具体运行参数为：活性炭/焦结构可选用直径 9mm、长度为 $10\sim15mm$ 的圆柱状活性炭，比表面积 $150\sim300m^2/g$；活性炭吸附层温度控制范围：$100\sim150℃$；入口烟气含尘浓度不大于 $100mg/m^3$；活性炭加热解析温度控制在 $400\sim450℃$。

4.3 氮氧化物控制技术

近年来，钢铁工业的发展对中国基础工业建设和世界经济发展起到了举足轻重的作用。然而，全球工业进程的加快和生态环境间的矛盾日益突出，中国钢铁生产环节中的烧结工序，能耗（标煤）约为 48kg/t，高于国际清洁生产能耗标准的 20%，NO_x 的排放量约占中国 NO_x 排放总量的 6.0%，而 NO_x 是造成酸雨、光化学烟雾、臭氧层破坏和雾霾等诸多环境问题的罪魁祸首。中国烧结工艺 NO_x 排放标准经历了排放限值、特别排放限值和超低排放限值的提标过程。2019 年 5 月，中国钢铁工业超低排放意见正式发布，要求烧结工序 NO_x 排放浓度限值由 $180mg/m^3$ 下降到 $50mg/m^3$，烧结工序 NO_x 减排的形势异常严峻。

烧结机排放的 NO_x 主要源自烧结过程中燃料的燃烧，燃烧过程中产生的氮氧化物主要是 NO 和 NO_2，统称为 NO_x，在低温条件下燃烧还会产生一定量的 N_2O。燃烧过程中产生的 NO_x 的种类和浓度与烧结配料的燃料情况、烧结温度和空气系数等燃烧条件有密切关系。一般 NO 占 NO_x 总量的 90% 以上，NO_2 占 5%~10%，N_2O 占 1% 左右。目前，降低烧结烟气 NO_x 排放技术主要分为烧结烟气源头削减法、烧结料层过程控制法及烧结烟气末端处理法。目前烧结烟气脱硝技术主要有四种工艺路线，分别是湿法脱硝工艺、臭氧氧化脱硝工艺、选择性催化还原工艺和活性焦工艺，前面两种工艺是属于湿法，后两种属于干法脱硝[11]。

湿法脱硝工艺的原理是通过液相氧化-还原吸收来达到脱硝的目的，氧化步骤主要选择具有强氧化性的物质来把一氧化氮氧化成高价态的氮氧化物，一般来说是二氧化氮，吸收步骤主要是利用脱硫产生的亚硫酸盐将高价态的氮氧化物还原吸收，使得其最终通过氮气的形式脱离[12]。臭氧氧化脱硝工艺的原理是通过臭氧作为一种强氧化剂来达到脱硝的目的，烟气中 NO_x 的主要组成是 NO，NO 难溶于水，反应活性较差。而臭氧作为一种强氧化剂，可以容易地将 NO 氧化成高价态的 NO_2、N_2O_3、N_2O_5 等，且溶于水生成 HNO_2 和 HNO_3，溶解能力大大进步，从而可与后期的 SO_2 同时被吸收，达到同时脱硫脱硝的目的。

选择性催化还原技术是在催化剂作用下，在烧结烟气中喷入氨，并产生反应。选择性催化还原法的脱硝效率是比较高的，最高可以达到 90%，脱硝反应的产物是氮气和水。SCR 催化剂分为高温催化剂和低温催化剂，催化剂选用条件主要是依照烟气的 SO_2 浓度，在反应温度较低时，由于亚硫酸氢铵在催化剂表面凝结堵塞催化剂的微孔而导致催化剂的活性降低甚至导致催化剂中毒。选择性催化还原技术的整体运行较为稳定，可以依照环保标准运行，但选择性催化还原技术的投资比较高。活性炭吸附法的烧结工艺的脱硝率较 SCR 低，该方法主要应用于同时脱除 SO_2、NO_x 和二噁英等有害物质，但烧结烟气中粉尘易致活性炭堵塞，造成活性下降，进而影响活性炭的循环使用[13]。

中国铁矿石烧结生产中 NO_x 的减排主要通过末端治理，如选择性催化还原法 SCR 脱硝工艺、活性炭一体化脱硫脱硝工艺（交叉流和逆流式）和氧化法脱硫脱硝工艺。目前，国内钢铁企业较被认可的脱硝技术主要有选择性催化还原和活性炭一体化脱硝技术。中国重点地区（如京津冀地区、长三角地区）的钢铁行业对烧结烟气 NO_x 的治理已取得一定成效，如宝钢、邯钢和首钢等大型钢铁企业利用活性炭一体化脱硫脱硝工艺或选择性催化还原工艺处理烧结烟气中的 NO_x，采用上述治理工艺的钢铁企业烧结烟气中 NO_x 排放浓度基本能控制在 50mg/m³ 以下，均能稳定达到超低排放要求。

4.3.1 SNCR 脱硝技术

4.3.1.1 SNCR 脱硝工艺

SNCR 工艺是在 850~1100℃ 下，将含有氨基的氮还原剂喷入烟气中，还原剂快速和烟气中的 NO_x 进行还原反应。一般而言，SNCR 脱硝由还原剂氨水储存供应系统、稀释水系统、喷射系统三个系统组成。20% 浓度氨水由氨水槽车运送至现场，通过氨水溶液卸料泵将氨水输入储罐内储存。氨水储罐内的氨水溶液通过氨水供料泵输送到反应区并经脱硝自动控制系统控制其流量后由墙式喷枪喷射器喷入。氨水进入炉膛后被迅速加热，形成氨气，与烟气中的 NO_x 发生反应。氨水的喷入量满足机组当前运行负荷条件下脱除 NO_x 的需要量。控制系统实时监测 SNCR 投入运行时锅炉出口 NO_x 排放数值，并将计算结果反馈给氨水流量调节阀以控制氨水的供给量。锅炉设置墙式喷枪喷射器，每只喷射器氨水管道上设有气动阀和氨水稀释混合器，每只喷射器可自动退出并在线冲洗。

4.3.1.2 SNCR 脱硝原理

SNCR 技术就是不采用催化剂的情况下，在炉膛 850~1100℃（或循环流化床分离器）范围内烟气适应处均匀喷入还原剂，还原剂在炉中迅速分解，与烟气中的 NO_x 反应生产 N_2 和 H_2O，而基本不与烟气中的氧气发生作用的技术。SNCR 法在调试及试运行时段或阶段性运行时期脱硝效率可以高达 70% 以上，长时间运行脱硝效率可维持在 50%~65%。SNCR 法在火电大机组上效率提高不明显，但在中小锅炉上效率提高非常显著。SNCR 法投资省，可以使用氨水作为还原剂，在中小锅炉脱硝上具有广泛的应用前景。

SNCR 脱硝技术具有以下的优点：SNCR 脱硝系统的建设为一次性投资，运行费用低。在脱硝过程中不使用催化剂，不存在增加系统的压力损失等其他烟气脱硝技术引起的弊端；系统的设备占地面积小；工艺的整个还原过程都在锅炉内部进行，不需要另外设立反应器；工艺简单，施工时间短；SNCR 技术不需要对锅炉燃烧设备和受热面进行大的改动，不需要改变锅炉的常规运行方式，对锅炉的主要运行参数影响很小。

（1）脱硝化学反应方程式。锅炉烟气中 NO_x 的组成，95% 为 NO，5% 为 NO_2。在炉膛内，使用氨水总反应为：$4NO+4NH_3+O_2 \rightarrow 4N_2+6H_2O$。

（2）脱硝效率的影响因素。1）温度：烟气脱硝 SNCR 法，温度适应范围较小。如果反应温度太低，反应速度急剧下降，氨逃逸增加，脱硝效率随之下降，达不到脱硝的效果。如果反应温度太高，NH_3 分解，生成新的 NO_x 的生成量，系统效率下降。2）氨氮比 NSR：SNCR 脱硝的 NSR（NH_3/NO_x 摩尔比值）一般控制在 1.5~2 的范围内比较合适，并且应随锅炉负荷的变化而变化。当 NSR 过小，NH_3 和 NSR 的反应不完全，NO_x 的转化率低；当 NSR 超过 2 时，NO_x 的转化率不再增加，造成还原剂 NH_3 的浪费，泄漏量增大，造成二次污染。3）合适的停留时间：还原剂必须和 NO_x 在合适的温度区域内有足够的停留时间，这样才能保证烟气中的 NO_x 还原率。还原剂在最佳温度窗口的停留时间越长，则脱除 NO_x 的效果越好。NH_3 的停留时间超过 1s 则可以出现最佳 NO_x 脱除率。氨水需要 0.3~0.4s 的停留时间以达到有效的脱除 NO_x 的效果。4）还原剂和烟气的充分混合：还原剂和烟气的充分混合是保证充分反应的又一个技术关键，是保证在适当的 NH_3/NO_x 摩尔比得到较高的 NO_x 还原率的基本条件之一。大量研究表明，烟气与还原剂快速而良好混合对于改善 NO_x 的还原率是很必要的。

4.3.1.3　氨水储存系统

氨水供应系统主要是对来自界区外的氨水进行储存，氨水通过槽罐车或管道运输至场内，通过卸氨泵及管道将氨水送至氨水储罐内储存。一般设置 1 个储氨罐用来满足厂区 2 台锅炉（含预留锅炉）脱硫脱硝装置 7 天的氨水用量。设置 1 台卸氨泵，脱硫系统设置 2 台供氨泵，SNCR 系统设置 2 台供氨泵，一用一备。氨水由槽罐车运至储存系统附近，通过氨水卸料泵及管道将槽罐车罐内 20% 浓度的氨水卸至氨水储罐，卸料泵的输送能力具备在 1h 内将载重量 40t 的氨水罐车分别卸入氨水储罐中，氨水容量要满足 2 台锅炉在额定负荷运行下，正常使用 5 天的 20% 浓度的氨水储存使用量。卸氨泵处设有自来水紧急冲洗装置，用于在卸氨过程中对泄漏的氨水做冲洗处理。设置氨罐安全阀，通常为 2 只弹簧式自启式安全阀，一只真空安全阀，防止氨水卸载过程中发生罐体内负压过高情况的发生，一只是正压安全阀，当罐子内压达到设计压力值时，自动开启释放氨气，当内压逐渐降低到回座压力时关闭。释放的氨气通过氨气吸收罐吸收。设置 1 台回流泵，将氨气吸收罐中的氨水回流至氨水储罐。

4.3.1.4　氨水输送系统和稀释水系统

氨水溶液输送系统采用单元制设置。输送泵设有备用，一运一备，并预留 2 号炉氨水输送泵接口。过流件材质为不锈钢，容量按照满足 1 台锅炉满负荷运行需要脱硝所需的氨水溶液量设计。两台泵均配有就地及远传压力计，实时监测泵压，实现就地及远程控制。为保证一定量液体在泵内循环，通过调整返回线压力进行控制。稀释水采用除盐水，储存系统包括 1 个稀释水罐、稀释水泵以及配套的管路阀门、仪器仪表等。稀释水箱容量按不少于 2 台锅炉 100% BMCR 工况下连续运行 6h 用量设置。脱硝系统稀释水泵设有 2 台，一用一备，并预留稀释水泵接口，流量余量大于 10%，压头余量大于 20%。

4.3.1.5　计量喷射系统

还原剂喷射系统设置一系列喷枪，用于混合氨水溶液。喷枪一般采用墙式喷枪喷射器。喷射器的设计参数依据计算机模拟计算结果，并结合锅炉结构而决定的。向每个喷射器提供厂用压缩空气，雾化喷射器的氨水溶液。进口的压缩空气管道上设置调节阀用来控制雾化介质的压力。从控制系统出来后的氨水溶液通过一系列的气动阀门、手动阀门分别接至每根喷枪，调试阶段将手动阀门调节至适当位置，保证单个区域内每个喷枪的氨水量相同，氨水溶液管道上设置就地压力表及就地流量计。同样雾化空气系统的设计也通过一系列的手动阀门分别接至每根喷枪，调试阶段将手动阀门调节至适当位置后不变，保证单个区域内每个喷枪的雾化空气，雾化空气管道上设置就地压力表。喷枪的布置原则以氨水溶液雾滴能够最大覆盖区域截面，喷枪的数量在设计阶段确定。喷射器上的氨水溶液进口和雾化介质进口通过两根金属软管分别与氨水溶液管路、雾化介质管路连接，采用气力雾化方式雾化后喷入炉膛，雾化介质采用压缩空气。

4.3.1.6　喷枪

喷枪及喷嘴材质耐磨，并能经受 1100℃的环境温度。适用于喷射氨水的二流体喷嘴，构造简单易于维护，细雾平均粒径 50μm 以上。由于氨水溶液存在一定的腐蚀性，一般喷枪套管全部用 316L 不锈钢制造。布置时不能完全垂直于烟气方向布置，而是稍向下倾斜，以防止滴液时液体沿喷枪滴落到炉膛上，导致炉膛积灰。同时布置时绝对不能为了减少磨损，而只是将喷枪的喷头部分紧贴炉膛壁布置，这样会导致雾颗粒喷出时，易受到气流扰动影响，或者喷头堵塞、腐蚀、异物附着喷头表面时，导致液滴飞溅到炉膛上，而造成炉膛壁结块，更严重者造成爆管。必须将喷枪伸出炉膛壁一个合理的距离。每支喷枪的氨水进口管道上设置一支就地显示功能的流量计。流量计可控制喷出液体的流量，方便现场操作人员及时了解喷枪流量的变化，方便现场进行操作。

由于烧结机机头烟气温度较低，基本在 140~180℃ 的范围内，将烧结烟气加热到 800℃ 以上采用 SNCR 脱硝，耗能较大，SNCR 脱硝技术在国内外钢铁行业应用较少，主要应用于水泥、电厂和循环流化床锅炉等烟气温度较高的行业。

4.3.2　SCR 脱硝技术

选择性催化还原法（Selective Catalytic Reduction，SCR）是目前应用最多而且最有成效的烟气脱硝技术之一，广泛应用在铁矿石烧结、焦化、陶瓷和水泥等行业。烧结烟气具有排放量大，污染物成分复杂的特点，是工业领域大气污染控制的重点和难点。烧结烟气净化难点是对 NO$_x$ 的脱除，为达到钢铁企业超低排放要求，国内很多大型钢铁企业烧结烟气通过除尘脱硫后采用 SCR 脱硝。采用 SCR 脱硝技术的企业可以利用原有除尘脱硫设施，后端并入 SCR 脱硝装置，不仅占地空间小，而且改造新建成本相对较低。一般而言，烧结烟气通过四电场静电除尘和石灰石-石膏法脱硫后，烧结烟气的温度较低，脱硫后的烧结烟气需要先经过湿式电除尘器去除烟气中的粉尘颗粒物，再利用 GGH 进行换热，将脱硫后的烧结烟气升温，然后利用热风系统对烟气加热，将烟气升温至与所用催化剂相适应的还原温度进入 SCR 脱硝装置，选择采用中低温或中高温催化剂和喷氨的方式通过选择性催化还原反应脱除烧结烟气中的 NO$_x$，脱除 NO$_x$ 后的烧结热烟气再次经过 GGH 对冷烟气进行换热，将烧结烟气温度降至 100℃ 左右由增压风机排入烟囱，处理达标后的烟气经过烟囱排放。

SCR 脱硝工艺系统主要包括供氨系统、脱硝反应系统、烟气系统、热风系统和控制系统。

（1）SCR 脱硝原理。SCR 脱硝技术是以 NH$_3$ 作为还原剂，在催化剂作用下将工业烟气中 NO$_x$ 还原成 N$_2$ 和 H$_2$O。当采用 H$_2$、CO、CH$_4$ 等作为脱硝还原剂时，它们在还原 NO$_x$ 的同时会与 O$_2$ 作用。而采用 NH$_3$ 作为还原剂时，NH$_3$ 不与工业烟气中的残余的 O$_2$ 反应，因此这种方法被称作"选择性"还原。对于高温、中温、低温脱硝催化剂的活性温度窗口没有明确限定，一般规定高温温度窗口在 420~600℃，中温温度窗口在 280~420℃，低温温度窗口在 120~280℃。对于固定源脱硝来说，主要是采用在 280~420℃ 的烟气中喷入尿素或氨，将 NO$_x$ 还原为 N$_2$ 和 H$_2$O。SCR 脱硝原理的主要反应方程式为：

$$4NH_3 + 4NO + O_2 \longrightarrow 4N_2 + 6H_2O \tag{4-1}$$

$$8NH_3 + 6NO_2 \longrightarrow 7N_2 + 12H_2O \tag{4-2}$$

烧结烟气 SCR 脱硝工艺流程图如图 4-12 所示。

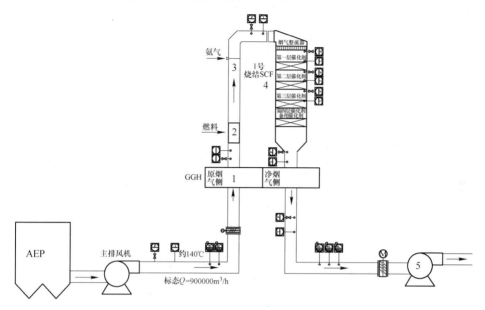

图 4-12　烧结烟气 SCR 脱硝工艺流程图

1—烟气-烟气加热器（GGH）；2—烟道燃烧装置；

3—喷氨格栅；4—SCR 反应器；5—脱硝引风机

（2）SCR 供氨系统。一般采用 20%浓度的氨水作为脱硝还原剂。还原剂氨水用氨水槽车运至现场，通过氨水卸载泵卸载到氨水储罐中，再通过氨水供给泵打入氨水蒸发器蒸发成氨气，用稀释风机稀释成氨含量低于 5%的氨/空气混合气体，通过喷氨格栅与原烟气混合后进入 SCR 反应器。进入低温 SCR 反应器的氨气流量根据反应器进出口的 NO_x 浓度进行自动调节。

1）氨水储存系统。氨水储存系统一般按照一运一备配置卸氨泵。卸氨泵将罐车中的氨水抽送到氨水储罐。1 台储罐容量满足 3 台烧结机烟气 2 套 SCR 反应器的脱硝装置运行，每天运行 24h，按照连续运行 7 天的消耗量设计。氨水储罐上安装有逆止阀、紧急关断阀和安全阀，为储罐氨水泄漏保护所用。储罐还装有温度计、压力表、液位计、高液位报警仪和相应的变送器，将信号送到控制柜，当储罐内温度或压力高时报警。储罐上部设有遮阳篷，氨区四周设置围堰，储罐四周安装有工业水喷淋管线及喷嘴，当储罐罐体温度过高时自动淋水装置启动，对罐体自动喷淋降温；当有微量氨气泄漏时也可启动自动淋水装置，对氨气进行吸收，控制氨气污染，确保正常运行。

2）氨水蒸发系统。氨水蒸发系统采用蒸汽加热器来提供热量。蒸发器上装有压力控制阀将氨气压力控制在一定范围，当出口压力过高时，则切断氨水进料。在氨气出口管线上应装有温度检测器，当温度过低时切断氨水，使氨气至稳压罐维持适当温度及压力，蒸发器也应装有安全阀，可防止设备压力异常过高。蒸发器及气氨管线上分别设置压力和温度检测点，系统气氨压力与蒸汽加热系统加热量连锁，以稳定系统压力。

3）氨稀释和废水排放系统。氨稀释和废水排放系统中稀释罐的液位应由溢流管线维持，稀释罐设计由罐顶淋水和罐侧进水。氨水系统各排放处所排出的氨气由管线汇集后从稀释罐底部进入，通过分散管将氨气分散入稀释罐中，利用大量水来吸收安全阀等排放的氨气。在氨制备区设有排放系统，使氨水储存和供应系统的氨排放管路为一个封闭系统，将经由氨气稀释罐吸收成氨废水后排放至废水池，地下收集废水池还用于收集场地上包括储罐区、卸车区、泵区、罐底放空等无压力废氨水，再经由废水泵送出厂区废水处理系统。

4）氨/空气混合系统。当 NH_3 在空气中的体积浓度达到 16%～25%时，会形成 Ⅱ 类可燃爆炸性混合物。为保证注入烟道的氨与空气混合物的安全，除控制混合器内氨的浓度远低于其爆炸下限外，还要保证 NH_3 在混合器内均匀分布，喷入侧流式反应器，入口烟道的氨气为空气稀释后的含 5%左右氨/空气的混合气体。氨气与稀释风机的空气在氨/空气混合器内混合后，直接通过分配管、喷嘴送至烟道内。每套系统设置一运一备两台 100%容量稀释风机。风量裕度和风压裕度分别不低于 10%和 20%。喷入反应器烟道的氨气为空气稀释后的含 5%左右氨气的空气与氨气混合气体。所选择的风机满足脱除烟气中 NO_x 最大值的要求，并留有一定的余量。一般稀释风机按照单套系统 1×100%容量进行考虑，为确保混合后氨含量，调整气氨与空气进行比值。在氨水储罐、氨水蒸发槽、氨气管道等都备有氮气吹扫管线。在氨水卸料之前通过氮气吹扫管线对以上设备分别进行严格的系统严密性检查和氮气吹扫，防止氨气泄漏和氨气与系统中残余的空气混合造成危险。

（3）SCR 脱硝反应系统。SCR 脱硝反应系统主要由 SCR 反应器、催化剂、氨喷射系统、蒸汽及压缩空气供应系统所组成。将经脱硫除尘后的烟气温度调节至与催化剂相适应的温度，然后烟气进入 SCR 反应器，在反应器内烟气与 NH_3 的混合物在通过催化剂层时，烟气中的 NO_x 在催化剂的作用下与 NH_3 反应生成 N_2 与 H_2O，从而达到标书要求的除去烟气中 NO_x 的目的。脱硝后的烟气经引风机送至烟囱排放。通过对进出口污染物浓度的监测来调节喷氨量，从而满足脱硝效率要求。宝钢烧结机 SCR 脱硝装置如图 4-13 所示。

图 4-13　宝钢烧结机 SCR 脱硝装置

　　1）SCR 反应器。脱硝反应器的上部安装有导流板、整流装置，在反应器的竖直段装有催化剂床。反应器一般采用固定床平行通道型式，按照实际情况设计反应器和催化剂层数，在 SCR 设备运行初期，可按催化剂设计层数减一层的填充量，在催化剂额定寿命后期，当出现有催化剂活性降低，不能保证排放要求时，再安装一层催化剂，当最后一层催化剂安装后排放也不能保证排放要求时，更换第一层催化剂以保证排放要求，依次类推更换其他催化剂，保证排放符合要求。

　　反应器为直立式焊接钢结构容器，内部设有催化剂支撑结构，能承受内部压力、地震负荷、烟尘负荷、触媒负荷和热应力等。触媒层顶部装有密封装置，防止未处理过的烟气短路。催化剂通过反应器外的催化剂填装系统从侧门推入并按设计图纸固定在反应器催化剂梁上。反应器出口一般设有 NO_x/O_2 烟气取样分析系统，采样探头配套自动反吹系统。出口设置一套 NH_3 逃逸分析仪。在催化剂层设置烟气温度和压力监测装置。反应器入口设气流均布装置，反应器入口及出口段应设导流板，SCR 反应器入口设有整流装置。一般确保烟气在进入第一层催化剂时满足速度最大偏差为平均值的±10%，温度最大偏差为平均值的±10℃，烟气入射催化剂最大角度为±5°。

　　2）氨喷射系统。氨和空气在混合器和管路内借流体动力原理将二者充分混合，再将混合物导入气氨分配总管内。氨喷射系统包括供应箱、喷雾格栅和喷孔等。喷射系统配有手动调节阀来调节氨的合理分布，在对 NO_x 浓度进行连续分析的同时，调节喷氨量然后由喷氨格栅中喷出，通过格栅使氨与烟气混合均匀。

　　3）催化剂。催化剂是 SCR 脱硝系统中的重要组成部分，其成分组成、结构、寿命及相关参数直接影响到 SCR 系统脱硝效率和运行状况，催化剂的选型对于整个 SCR 脱硝系统的正常运行至关重要。一般要求脱硝所用的催化剂应具有较高的 NO_x 选择性，在较低的温度下和较宽的温度范围内具有较高的催化活性；具有较高的化学稳定性、热稳定性和机械稳定性，同时成本越低越好。

　　SCR 中常用的催化剂类型包括蜂窝式，板式和波纹板式。板式催化剂一般是以不锈钢金属网格为基材，负载上含有活性成分的载体压制成板状；蜂窝式催化剂是由蜂窝陶瓷基材、金属载体和分散在蜂窝表面的活性组分组成，或金属载体负载活性成分直接挤压成蜂窝状的催化剂，如以 TiO_2 为基材，WO_3 和 V_2O_5 为活性成分。蜂窝状催化剂是将催化剂载体制成浆体挤压成型，经干燥焙烧后浸渍上催化剂活性成分，再经过干燥焙烧后制作成催化剂成品；平板型催化剂是在金属网格上压制催化剂载体，经干燥焙烧后浸渍加入活性成分，再干燥焙烧后成为成品催化剂。

　　蜂窝式催化剂由于具有较大的比表面积，因而在同等工程设计条件下，需要的体积量较小，从而可以减小反应器尺寸，降低建设 SCR 脱硝装置的初期投资成本。而板式催化剂由于具有相对大的开孔率，压力损失就相对较小，可以节省一定的运行成本，同时从大开孔率的角度考虑，在高粉尘浓度的工况下，其抗堵塞性能也具有一定的优势。目前，绝大部分 SCR 脱硝装置都是采用此两种形式的催化剂。一般中高温催化剂配方采用 V-W-Ti 型，工业上已成熟应用的催化剂主要是以 TiO_2 为载体的 V_2O_5 基催化剂，通常包括 V_2O_5/TiO_2、$V_2O_5/TiO_2\text{-}SiO_2$、$V_2O_5\text{-}WO_3/TiO_2$、$V_2O_5\text{-}MO_3/TiO_2$ 等类型。可根据烧结烟气实际情况对催化剂配方进行合理调整，提高其低温下的催化活性。

　　4）吹灰系统和灰输送系统。一般通过安装吹灰装置进一步降低烧结烟气中粉尘颗粒物对催化剂寿命的影响。目前常用的吹灰装置有声波吹灰器和蒸汽吹灰器。声波吹灰器的基本原理是通过声波发生器将压缩空气或高压蒸汽调制成声波，将压缩空气的能量转化为声波。声波在反应器内空间传播，声波循环往复的作用在催化剂表面的积灰上，对灰粒之间及灰粒和催化剂壁之间的结合力起到减弱和破坏的作用，声波持续工作，灰粒之间及灰粒和催化剂壁之间的结合力减弱，当减弱到一定程度之后，灰粒会掉下来或被烟气带走。蒸汽吹灰器则是利用一定压力和一定干度的蒸汽从吹灰器喷口高速喷出，对积灰受热面进行吹扫，以达到清除积灰的目的。SCR 反应器下部不设灰斗，在反应器壁上留有压缩空气接口以备定时吹扫底部积灰。同时进一步优化反应器下部设计，减少积灰可能性。

（4）烟气系统。根据实际设计设置挡板门，烟气入口设压力传感器，通过挡板的调节以保证烟气的平衡。一般根据可能发生的最差运行条件（例如：温度、压力、流量、污染物含量等）进行烟道设计。烟道上按相关标准要求设置人工采样孔和采样平台。烟道的布置尽量减小烟气系统的压降，其布置、形状和内部件等均要求进行优化设计。一般要求烟道内烟气流速不超过15m/s，烟道在适当位置配有足够数量和大小的人孔门和清灰孔。烟道要进行保温处理，为便于开启，人孔门与烟道壁分开保温。

挡板门的设计需承受各种工况下烟气的温度和压力，并且不能有变形或泄漏。挡板门和驱动装置能承受所有运行条件下工作介质可能产生的腐蚀。挡板门可采用双百叶窗挡板结构，但不能有变形现象，为避免产热不均，可采用可拆卸保温结构。挡板门框架采用法兰螺栓连接，每个挡板门和其驱动装置附近均设置平台，以便检修与维护挡板所有部件。在烟道合理位置需设置膨胀节，靠近挡板门的膨胀节应留有充分的距离以预防挡板门的移动部件互相干扰。从现有除尘器出来的烟气，采用回转式烟气换热器加热，通过优化设计，以确保经济适用的加热系统。

烟气换热器（GGH）中进口部件主要包括驱动装置、轴承、清洗装置等部件。一般烟气换热器设两台电动驱动装置，一台主驱动，一台备用。烟气换热器如图4-14所示。烟气换热器的电机采用空气冷却形式，配备密封系统及低泄漏风烟气系统，防止原烟气向净烟气泄漏和烟气向转子、外壳等部件泄漏。换热器有径向、环向和中心筒密封。采取泄漏密封系统，降低未处理

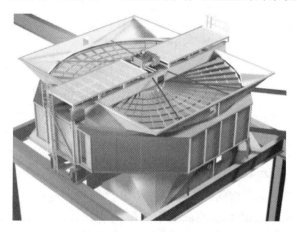

图4-14　烟气换热器示意图

的烟气对洁净烟气的污染。烟气换热器配套低泄漏密封系统，风机与电机采用刚性连接，直接驱动。风机一般选用耐磨、防腐的材料，其相应连接的管道及其管件也考虑耐磨、防腐的措施。沿程烟道、湿式电除尘器、GGH、SCR脱硝反应器等造成烧结烟气压力损失，一般在 GGH 后增设增压风机将脱硝后的烟气排入烟筒。

（5）热风系统。在烧结烟气完成脱硫后有一定的温降，需要对烟气进行加热满足后续脱硝要求。脱硫系统出口烟气温度一般在 55℃左右，为保证脱硝入口温度不低于 280℃，对烟气采用 GGH 进行换热，利用脱硝后热烟气对低温烟气进行加热，并利用热风系统对烟气进行加热。为保证后续的脱硝催化剂温度在有效的温度窗口内，可通过燃烧器/热风炉进行加温，进入到后续的脱硝反应器。热风炉点火可采用焦炉煤气，燃烧可用高炉煤气。

（6）控制系统。一般采用 PLC 系统控制，根据钢铁企业实际情况选择相应的硬件和软件设施。一般每套控制系统（PLC）分别对应 1 台烧结机，运行人员在脱硫控制室内通过 PLC 的 LCD 操作站对整个系统进行启/停控制、正常运行的监视和调整以及异常与事故工况的处理。控制室利用原有脱硫控制室布置 2 台操作站，电子设备间布置有脱硝 PLC 机柜、UPS、热工配电柜。控制系统升级改造过程中，烧结烟气脱硝入口原烟气 CEMS 系统可通过利旧降低成本投入，新增出口 CEMS 与当地环保局联网。

控制系统电源采用双路供电，采用微处理器技术的控制系统，均具有自诊断功能，在内部故障还没有干扰生产过程之前，即能在系统本身范围内探测到故障并实行防止故障扩大的措施，同时进行报警和记录。对于关系到安全或调节品质的重要过程参数，采用冗余测量配置，并对某些参数，不同点的测量值存在差异时，可采取多点测量方式。实现对热工自动化功能的控制，主要包括整个系统的数据采集、控制、调节、报警、计算和报表等功能。控制系统的功能，包括脱硫 DAS、MCS、SCS。

数据采集与处理系统（DAS）连续采集和处理所有与脱硫工艺系统有关的重要测点信号及设备状态信号，以便及时向操作人员提供有关的实时信息。基本功能主要有过程变量输入扫描处理、固定限值报警处理并可报警解除、LCD 显示、打印制表：包括定期记录、事故追忆记录、跳闸一览记录等、历史数据存储和检索（HSR）、性能计算、效率计算和耗电量计算。主要模拟量控制系统（MCS）包括增压风机导叶控制、热风炉煤气阀门开度和配风阀开度控制、氨水汽化器蒸汽阀开度控制和 SCR 区氨气控制。

增压风机导叶控制主要是根据烟气量的变化，自动控制增压风机导叶，保证烟气从烟囱正常排放。热风炉煤气阀门开度和配风阀开度控制是根据烟气温度要求，控制煤气阀门开度，根据煤气量，控制配风阀开度，保证煤气充分燃烧。氨水汽化器蒸汽阀开度控制是根据氨水汽化器出口温度，控制蒸汽阀门开度，保证氨水汽化器气化效果。SCR区氨气控制是通过SCR的前后NO_x及氨逃逸参数调节反应器进口气动调节阀达到调节氨气进入反应区的量，以保证NO_x排放达标。

主要顺序控制（SCS）功能组包括脱硝系统启动、停止顺序控制，GGH启动、停止顺序控制，脱硝SCR反应区自动调节、吹灰定时吹扫等。主要控制功能组包括GGH控制功能组、热风炉控制功能组、SCR功能组和增压风机功能组，此外还包括与系统有关的辅机、阀门也纳入PLC系统实现远程遥控控制。电气控制部分进入PLC有高压柜的开关合闸、跳闸状态、事故跳闸、电流和增压风机的电机前后轴温、定子温度、风机前后轴温等。

在脱硝装置进出口处装设兼有控制与环保监视功能的多组分烟气连续排放监测系统（CEMS），实时检测脱硝入口和出口处的参数。CEMS为全自动化控制，即包括校正程序、冷凝液排放等自动控制，并具有压力、温度补偿功能等；测量值除在就地分析仪上显示外，还将送到DCS进行显示、控制和记录，当参数异常时，通过LCD进行报警并自动打印记录，及时为运行人员提供信息和操作指导。CEMS对烟气中参数的检测分析和数据采集，同时留有与环境监测站的通信接口，该系统将满足环保部门要求。CEMS系统监测入口原烟气和出口净烟气的相应参数。入口原烟气相应参数主要有SO_2、NO_x、O_2、烟气流量、烟尘浓度、压力、温度、湿度。SCR出口净烟气：SO_2、NO_x（NO、NO_2）、O_2、烟气流量、烟尘浓度、压力、温度、湿度、CO、氨逃逸。

国内钢铁行业采用SCR脱硝技术的运行效果表明，SCR脱硝技术的脱硝效率明显高于其他脱硝技术，经过SCR脱硝处理后的烧结烟气中氮氧化物浓度完全可以稳定达到钢铁行业超低排放要求，并且该项技术占地面积和投资较小，能够在原有四电场静电除尘和湿法脱硫的基础上进行升级改造，有利于节约成本，在冶金行业烧结烟气脱硝技术方面具有推广意义。

4.3.3 活性焦脱硝技术

活性焦脱硫脱硝一体化技术能同时脱除二氧化硫、氮氧化物、二噁英、重金属及粉尘等多种污染物，且能回收硫资源制得浓硫酸产品，是一种资源回收型综合烟气治理技术。活性焦脱硝技术按烧结烟气流向与活性炭料层的相对移动方向的不同分为错流工艺和逆流工艺，其中错流工艺是指烧结烟气与活性炭运动方向相互垂直；逆流工艺是指烧结烟气从下往上，活性焦从上往下移动，两者充分接触，逆向运动。

4.3.3.1　错流式活性焦脱硝技术

错流式活性焦脱硝工艺中吸附床层厚度根据污染物浓度及脱除效率要求确定，活性炭流动状态受烟气流量波动影响较小，吸附塔结构设计上容易实现活性炭整体流状态，烟气与活性炭接触均匀。目前已实现工业应用的交叉流吸附装置主要有分层和不分层两种。错流式活性焦脱硝工艺流程和辅助装置与逆流工艺类似，主要区别在于采取从入口到出口贯通的活性炭通道，按照与烟气接触的顺序，设置前、中、后三个吸附通道，可以分开控制各通道内的活性炭下料速度，活性炭传输速度整体减慢，可以有效避免活性炭堵塞等缺点。该技术在日本的烧结烟气治理中得到了大面积应用，但存在吸附和催化效率略低、投资成本高等问题。

（1）错流式活性焦脱硫脱硝技术原理。活性炭净化法利用活性炭吸附性能，能同时吸附粉尘、二氧化硫、氮氧化物、二噁英及重金属等多种有害物质，在活性炭中添加催化剂，能够通过选择性催化还原反应将烧结烟气中的 NO_x 还原脱除。活性炭净化主要包括 SO_2 吸附、活性炭解析再生和活性炭脱硝。SO_2 吸附具体过程如下（ $*$ 表示吸附状态）：

1）物理吸附（SO_2 分子向活性炭细孔移动）

$$SO_2 \longrightarrow SO_2^*$$

2）化学吸附（在活性炭细孔内的化学反应）

$$SO_2^* + O^* \longrightarrow SO_3^*$$

$$SO_3^* + nH_2O^* \longrightarrow H_2SO_4^* + (n-1)H_2O^*$$

3）向硫酸盐转化

$$H_2SO_4^* + NH_3 \longrightarrow NH_4HSO_4^*$$

$$NH_4HSO_4^* + NH_3 \longrightarrow (NH_4)_2SO_4^*$$

解析再生过程包括硫酸的分解反应、酸性硫铵的分解反应、碱性化合物的生成和表面氧化物的生成和消灭。解析再生反应如下所示：

1）硫酸的分解反应

$$H_2SO_4 \cdot H_2O \longrightarrow SO_3 + 2H_2O$$

$$SO_3 + 1/2C \longrightarrow SO_2 + 1/2CO_2（化学损耗）$$

$$H_2SO_4 \cdot H_2O + 1/2C \longrightarrow SO_2 + 2H_2O + 1/2CO_2$$

2）酸性硫铵的分解反应

$$NH_4HSO_4 \longrightarrow SO_3 + NH_3 + H_2O$$

$$SO_3 + 2/3NH_3 \longrightarrow SO_2 + H_2O + 1/3N_2$$

$$NH_4HSO_4 \longrightarrow SO_2 + 2H_2O + 1/3N_2 + 1/3NH_3$$

3）碱性化合物（还原性物质）的生成

$$—C \cdot \cdot O + NH_3 == —C \cdot \cdot Red + H_2O$$

4）表面氧化物的生成和消灭

$$—C \cdot \cdot + O == —C \cdot \cdot O$$

$$—C \cdot \cdot O + 2/3NH_3 == —C \cdot \cdot + H_2O + 1/3N_2$$

活性焦脱硝过程包括了 SCR 反应和 non-SCR 反应。脱硝过程主要在解析塔内进行。烧结烟气中二噁英在吸附塔内被活性炭移动层的过滤集尘功能捕集，气态的二噁英被活性炭吸附。吸附了二噁英的活性炭在解析塔内加热到400℃以上，并停留 3h 以上，在催化剂的作用下将苯环间的氧基破坏，使二噁英结构发生转变并裂解为无害物质。

（2）错流式活性焦脱硝工艺分类。错流式活性焦脱硝工艺主要有分层错流单级吸附工艺、分层错流组合式双级吸附工艺和不分层错流式活性焦脱硝工艺。错流式活性焦脱硝工艺：活性炭床层由上到下充满吸附塔，上部连接塔给料仓，下部连接塔底料斗，排料采用长轴辊式排料装置，活性炭在重力作用下，依靠圆辊与活性炭间摩擦力而下排，保证活性炭在垂直气流的截面上下料速度均衡，根据烟气组分浓度不同和排放要求，设置前、中、后多个通道控制各通道的活性炭下料速度，实现不同污染物的高效协同脱除。

1）分层错流单级吸附工艺。分层错流单级吸附工艺的主要设施为脱除有害物质的吸附塔、再生活性炭的解析塔和活性炭在吸附塔与解析塔转运的输送机。烧结烟气经增压风机加压后进入吸附塔，在活性炭床层中首先主要脱除 SO_2 和粉尘，然后在氨的存在下脱除 NO_x，吸附了污染物的活性炭经输送机运至解析塔再生，活性炭再生时分离出的高浓度 SO_2 进入副产品回收系统，实现副产物资源化利用，再生后的活性炭输送至吸附塔循环使用。

2）分层错流组合式双级吸附工艺。分层错流组合式双级吸附工艺主要分为前后组合吸附工艺和上下组合吸附工艺。上下组合吸附工艺反应器从外形上看为同一个塔，大型烧结烟气净化一般采用双级前后组合吸附工艺。活性炭整体料流方向与烟气气流方向相反，即烟气先过一级塔，再到二级塔，活性炭经解析塔高温活化后到二级塔，然后再从二级塔输送到一级塔，一级塔由吸附了污染物的活性炭再通过输送机送至解析塔中，完成活性炭料流循环。采用两级活性炭吸附工艺，一方面为选择性喷氨、选择性脱除烟气有害物质创造了有利条件，另一方面也为提高氨气利用效率、低温脱硝创造了条件。分层错流组合式双级吸附工艺的开发主要是为了满足钢铁行业日趋加严的污染物排放标准，在单级吸附工艺难以满足排放标准时，基于活性炭在低 SO_2

条件下，具备更好的脱硝效果，继而开发了双级错流式吸附活性焦法烟气净化工艺。

3）不分层错流式活性焦脱硝工艺。不分层错流式活性焦脱硝工艺与上下组合分层错流工艺相似，主要区别为吸附塔内部结构，不分层错流式活性焦脱硝工艺吸附塔为单一通道，上部为脱硝段，下部为脱硫段。不分层错流式活性焦脱硝工艺吸附塔由上下两部分组成，塔内活性炭床层不分层，活性炭在吸附塔内靠重力从脱硝段下降到脱硫段。烟气进入脱硫段的进气室，在进气室内均匀流向两侧吸附层，并与自上向下、缓慢移动的活性炭接触，此时烟气中的烟尘、SO_2、NO_x 等污染物被活性炭吸附。净化后的烟气穿过出气面格栅板进入过渡气室进入脱硝段，并再次与自上向下移动的活性炭接触，提高吸附塔的 SO_2 去除效率，同时可在过渡气室喷入 NH_3，实现同时脱硫、脱硝。完成两次吸附净化后的烟气穿过出气面格栅板，汇入出气室通过出气室排入净烟道系统，最终通过烧结主烟囱排放。

（3）错流式活性焦脱硝工艺系统。活性焦烟气净化工艺主要由烟气系统、吸附系统、解吸系统、活性焦输送系统、活性焦卸料存贮系统组成，辅助系统有制酸系统等。烧结烟气活性焦净化系统如图 4-15 所示。

图 4-15 烧结烟气活性焦净化系统

烧结烟气由增压风机增压后依次送入两级吸附塔，吸附塔入口前喷入氨气，烟气依次经过吸附塔的前、中、后三个通道，烟气中的污染物被活性炭层吸附或催化反应生成无害物质，净化后的烟气进入烧结主烟囱排放。活性炭由塔顶加入到吸附塔中，并在重力和塔底出料装置的作用下向下移动。吸收了二氧化硫、氮氧化物、二噁英、重金属及粉尘等的活性炭经输送装置送往解析塔。解析塔的作用是恢复活性炭的活性，同时释放或分解有害物质。在解析塔内二氧化硫被高温解析释放出来，氮氧化物在解析塔内与氨气进行氧化还原反应，生成无害的氮气和水，同时在适宜的温度下，二噁英在活性炭内催化剂的作用下将苯环间的氧基破坏，使之发生结构转变裂解为无害物质。解析后的活性炭经解析塔底端的振动筛筛分，大颗粒活性炭落入输送机输送至吸附塔循环利用，小颗粒活性炭粉送入粉仓，用吸引式罐车运输至高炉系统作为燃料使用。

1）烧结烟气系统。烧结烟气系统是指从烧结机主抽风机后的烟道引出到净化后烟气进入烟囱的整个烟道系统及设备。烧结机主抽风机的烟气从与烟囱相连的烟道中引出后，依次进入两级吸附塔，烟气在吸附塔中得到净化，净化后的烟气通过烟囱排放。净化系统的风压损失由增压风机克服。增压风机一般安装在吸附塔前。为不影响烧结系统运行，整个吸附系统设置有原烟气、净烟气及旁路挡板。在烟气净化系统检修或其他意外情况时，烟气可不通过烟气净化系统，经旁路挡板门至原烧结烟囱排放，此时原烟气挡板与净烟气挡板关闭，不影响烧结系统生产。烟道挡板采用单轴双挡板，并配套有密封空气系统，密封空气系统含挡板密封风机及密封空气加热器。旁路烟气挡板门为双百叶挡板，当挡板关闭时，在挡板中鼓入密封空气，来隔绝挡板两侧的烟气，使得挡板不漏烟气。当前，随着环保标准的提升，烟气旁路均已取消。

根据烟气系统数量确定主抽风机数量，一般每套烟气系统设置 1 台烟气净化增压风机。增压风机烟气量与烧结主抽风机烟气量确定原则：每台增压风机对应 4 个 1 级吸附单元及 4 个 2 级吸附单元，每个吸附单元都设置有进出口烟气挡板，运行相对独立，2 级吸附单元设置有旁路挡板，当 2 级吸附单元需要检修或污染物浓度较低时，开启旁路挡板，烟气可不经过 2 级吸附单元直接从烟囱排放。氨气通过"氨气/空气混合器"与稀释风机鼓入的空气混合，使氨气浓度低于爆炸下限，稀释后的氨气在吸附单元入口加入烟道，由喷氨格栅均匀喷入。稀释氨气通过喷射格栅喷入吸附塔前烟道，每个吸附单元对应一组喷氨格栅，即将烟道截面分成若干个大小不同的控制区域，每个区域有若干个喷射孔，每个区域的流量单独可以调节，同时喷氨格栅包括喷氨管道、支撑、配件等。烟道内烟气温度高于烟气酸露点，烟道内无需防腐耐磨涂层，烟道外设置岩棉保温层。

2）吸附系统。烧结烟气中 SO_2、NO_x、二噁英、重金属及粉尘等污染物的吸附全部在吸附塔内完成。吸附塔是整个烟气净化的一个关键设备。吸附系统整体装备如图 4-16 所示。

图 4-16 吸附系统装备图

　　吸附塔采用分层移动型吸附塔，烟气垂直于活性炭运动的方向进入吸附塔，分别经过前、中、后三个通道，将有害物质脱除后，经吸附塔进入总烟道，经净烟气挡板后由烧结主烟囱排放。吸附系统套数与烟气系统数量对应，每套吸附系统由 8 个吸附单元组成，其中 1 级吸附单元和 2 级吸附单元各 4 个。每个吸附单元由 3 个通道组成，分别为前、中、后 3 个通道，在不同的部位设有百叶窗、多孔板及格栅。烧结烟气首先通过前通道，主要发生脱硫、除尘、除重金属作用，进入中间通道后以脱硫、除尘、除重金属脱二噁英为主，最后进入后通道脱硝、防止收集的烟尘再飞散，后通道内活性炭层的移动速度非常慢，可防止活性炭粉二次扬尘。

　　每个反应通道中活性炭的移动速度由各自的辊式出料器控制。每个吸附单元从上至下含吸附塔活性炭布料仓，活性炭给料阀，活性炭吸附模块，活性炭下料辊，活性炭下料仓，活性炭下料阀。两级吸附塔污染物的浓度不同，在第 2 级吸附塔中污染物浓度较低，烟气侧吸附推动力较低，吸附塔中采用从解析塔中解析出来的新鲜活性炭，而第 1 级吸附塔中污染物浓度高，烟气侧吸附推动力高，吸附塔中采用在 2 级吸附塔吸附了少量污染物的活性炭，合理的配置大大降低了活性炭的循环量，最大程度地降低了解析系统的解析负荷。

　　3）解析系统。解析系统主要含解析段、冷却段、筛分系统等。解析段与冷却段均为列管换热器。根据解析系统套数确定吸附系统数量，每套解析系统与吸附系统对应。一般每套解析系统含 1 个解析塔，每个解析塔由 2 个解析单元组成，每个解析塔由上至下主要有双层给料阀，进料仓，加热段，冷却段，下料仓，振动筛，粉仓。在解析塔上部，吸附了污染物质的活性炭被加热到 400℃ 以上，并保持 3h 以上，被活性炭吸附的 SO_2 被释放出来，生成富含二氧化硫的气体（SRG），SRG 输送至制酸工段制取硫酸。被活性炭吸附的氮氧化物发生 SCR 或者 SNCR 反应生成 N_2 和水；被活性炭吸附的二噁英，在活性炭内催化剂的作用下，高温下将苯环间的氧基破坏，使之发生结构转变裂解为无害物质。

解析并得到活化后的活性炭进入解析塔下部的冷却段，进行间接冷却。在冷却段，冷却风机鼓入空气将活性炭的热量带出。活性炭冷却到 150℃ 以下经圆辊给料机定量卸到下料仓，再通过下部双层锁风卸料机送入活性炭振动筛。每套解析塔系统对应设置一台冷却风机。解析塔解析后的活性炭经过活性炭振动筛筛分，将小于 1.2mm 的细小活性炭颗粒及粉尘去除，筛上的活性炭通过输送机输送至吸附塔循环利用，筛下物则进入筛下仓，再输送至活性炭粉仓。根据活性焦解析塔的数量确定振动筛数量，一般每个振动筛对应一组活性炭解析塔。解析过程中需要用氮气进行保护，氮气同时作为载体将解析出来的二氧化硫等有害气体带出。

4）热风炉和活性炭输送、卸料存贮系统。烧结烟气净化设施设有两组解析塔，每组解析塔配对应 1 台热风炉。热风炉以高炉煤气为燃料，焦炉煤气点火。煤气吹扫采用氮气，氮气管路随煤气管敷设。在活性炭输送系统中，每套吸附/解析系统的活性炭输送工作主要由 3 条链斗输送机组成。一台活性炭输送机将解析塔下料活性炭输送至 1、2 级吸附塔塔顶。一台活性炭输送机将 2 级吸附塔下料活性炭输送至 1 级吸附塔塔顶。另一台活性炭输送机将 1 级吸附塔下料活性炭输送至解析塔塔顶。

活性炭在吸附和解析过程中存在化学消耗和物理消耗，为了保证吸附、解析系统正常活性炭用量，需向系统补充一定量的新的活性炭，新活性炭因暴露在大气中时间比较长，可能吸附了水分及其他气体，因此补充的活性炭需先经过解析塔高温活化后再补充进入吸附塔。卡车将外购的活性炭输送至活性炭存贮系统，再用叉车将活性焦输送至下料斗，通过下料斗、斗式提升机输送至活性炭储仓存贮待用。当系统需要活性焦时，通过计量输送系统，向活性焦输送机加料。设置 2 套活性炭卸料存贮系统，每套活性炭卸料存贮系统与吸附解析系统对应设置一个活性炭贮仓。

5）吸附塔、解析塔和通风系统。吸附塔单元分左右对称布置，含污染物烟气从中间进气通道进入塔内，烟气通过位于进气通道两侧被活性炭床层吸附净化，经净化后的烟气通过位于活性炭床层两侧的出气通道，汇集后经过烟囱排放到大气。每一侧的活性炭床层都按气流流向从进气通道到出气通道，中间分为前、中、后3个活性炭通道，3个通道分别由百叶窗、多孔板及格栅构成。3个通道中的活性炭从吸附塔上部入口进入吸附塔，烟气通过活性炭3个通道时污染物被活性炭吸附。吸附了污染物的活性炭从吸附塔下部的活性炭出口排出去。每一个通道内的活性炭都由一个圆辊给料机来控制活性炭的排出量。烟气温度远高于酸露点，烟气对壳体无腐蚀性。一般1台主抽风机对应8个吸附塔，其中4个1级吸附塔，4个2级吸附塔。

解析塔主要包括由多管换热器组成的加热段和冷却段。活性炭在加热器中加热到400℃以上，释放或者分解吸附的污染物实现活性炭再生。再生后的活性炭在冷却段中冷却到150℃以下后，输送至活性炭振动筛。解析塔内温度较高，为了防止解析塔内的活性炭自燃，在解析塔内通入氮气隔绝氧气防止活性炭自燃。1套吸附解析系统共需3台活性焦链斗式输送机，每台增压风机风量对应1台主抽风机，主抽风机入口温度一般为100℃。

活性炭转运过程中会产生粉尘，因此对生产过程中活性炭各产尘点、产尘设备以及转运环节采取如下技术措施：对产尘设备以及产尘点采取必要的尘源密闭措施，设置抽风罩或密闭罩，并采用机械抽风系统，确保系统和罩内负压，以控制粉尘外逸。采用高效率的脉冲袋式除尘器为净化设备，采用除尘管道阻力平衡专有技术控制系统各分支管的阻力平衡避免发生失调现象，确保系统运行可靠。可依据《钢铁企业采暖通风设计手册》及类似规模的烧结脱硫工程实际运行情况，确定各产尘点、产尘设备以及转运环节的除尘风量。除尘器收下的粉尘先卸至粉尘仓，再通过罐车外运。

对于采用错流式活性焦脱硫脱硝的钢铁企业，其烧结烟气经活性焦净化后，烧结烟气中粉尘颗粒物、二氧化硫和氮氧化物浓度分别能够满足钢铁行业三项污染物指标的特别排放限值要求。随着国家环保政策的加严，为满足钢铁超低排放要求，早期采用错流式活性焦脱硫脱硝的钢铁企业需再建一套活性焦吸附塔或串联一套SCR脱硝工艺，使烧结烟气处理后粉尘颗粒物、二氧化硫和氮氧化物在基准氧含量16%的条件下，分别不高于10mg/m³、35mg/m³和50mg/m³。

4.3.3.2　逆流活性焦脱硝技术

逆流活性焦脱硝工艺最早由奥地利英特佳公司开发，其优势在于可以在一套装置中完成吸附及催化反应过程。烧结烟气自下而上流动，活性焦自上而下传输，吸附塔底部排出的活性炭经输送系统进入解析塔解析，再回到吸附塔上部进入系统循环使用。逆流式活性焦脱硝工艺如图4-17所示。

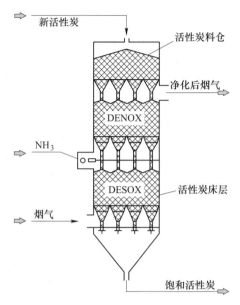

图4-17 逆流式活性焦脱硝工艺

逆流活性焦脱硝工艺具体工艺流程：烧结烟气通过变频增压风机增压后进入吸附塔，为控制吸附塔入口烟气温度在140℃左右，系统设置了兑冷风装置。整个烟气净化系统包括2组吸附塔，由64组模块组成。每组模块由脱硫段和脱硝段叠加而成。烧结烟气向上进入逆流单元到达脱硫活性焦床层脱硫，烧结烟气离开脱硫床层后经过气体分配器进入下一个逆流单元，即脱硝活性焦床层。活性炭由塔顶加入到吸附塔脱硝段，并在重力和塔底出料装置的作用下向下移动依次通过脱硝段和脱硫段。烧结烟气在脱硫床层后的气室内与雾态氨水混合，再穿过脱硝床层进行脱硝。烧结烟气中的 SO_2 和 NO_x 被活性炭层吸附或经过选择催化还原反应，污染物达到排放标准后通过主烟囱排入大气。

吸收了 SO_2、NO_x、二噁英、重金属及粉尘等的活性炭先经过筛分，筛上的大颗粒活性炭通过链斗机输送到解析塔进行解析，活性炭首先在解析塔内被加热至 $390 \sim 450$℃，去除吸附的污染物及硫化物，被活性炭吸附的二氧化硫被释放出来，生成富含二氧化硫的气体送至制酸工段制成98%浓硫酸，解析后的活性焦经冷却和振动筛筛除粉尘，通过链斗机输送到吸附塔循环使用，从而完成整个系统的物料循环过程，新活性炭通过活性炭仓经振动给料机加入到系统中，用于补充系统损失的活性炭。筛下的小颗粒活性炭、粉尘送入分仓，经气力输送装置输送至烧结配料室作为燃料使用。

为了使烧结烟气中粉尘颗粒物、SO_2 和 NO_x 达到超低排放要求，河北钢铁集团邯钢分公司分别于 2017 年 3 月和 2018 年 2 月自主设计、建成投运两套逆流式活性焦脱硫脱硝（CSCR）一体化工艺。逆流活性焦脱硫脱硝技术不但实现多污染物协同处理等优点外，脱硫效率更高，系统压降小且使用范围广。烧结烟气与活性焦逆向流动，在排出净化装置前，SO_2 含量已很低的烟气仍可被顶部不断装入的新活性炭所吸附，保证更高的脱硫效率。烧结烟气与活性炭逆向流动，在活性炭床层最下部的排料装置能够将脱硫床层下吸附饱和含尘量高的活性炭迅速连续地排出，降低系统压降。床层高度可调，可以适应不同浓度的烧结烟气，且饱和活性炭和粉尘能够迅速排出，保证了净化装置内烟气的均匀分布及装置的稳定性和安全性。

相比其他烧结烟气脱硫脱硝工艺而言，逆流活性焦脱硫脱硝技术共用一套装料、排料装置，与单层相比装备复杂程度小。同时，避免硫酸氢铵等铵盐生成，解决了困扰交叉流的活性焦板结问题。设备上部只承担脱硝任务，有利于烧结烟气净化效率的提高。逆流活性焦脱硫脱硝工艺中吸附塔上的料仓将活性炭装入吸附塔上方的料斗，料仓上部有若干个密封阀，若干个模块连接到一个料仓。料仓上部设有活性炭输送机，活性炭通过输送机装入料仓。料仓中的活性炭，流入每个模块上的料斗，然后装入上部的活性炭分配料仓、脱硝床层、再继续流入脱硫床层。排料装置为气动活塞驱动，安装在气体分配装置下方，该装置每次启动会降低吸附塔活性炭床层高度，不足的活性炭从料斗进入吸附塔活性炭上下床层。

错流式活性焦脱硝工艺与逆流式活性焦脱硝工艺最大的不同点在于烧结烟气和活性焦的接触方式，错流工艺中烧结烟气和活性焦流向垂直交叉，而逆流工艺烧结烟气和活性焦流相向接触。这两种截然不同的气固接触方式决定了两种工艺的吸附塔具有明显不同的结构形式和吸附特点。相对而言，错流式活性焦脱硝工艺中烧结烟气和活性焦为独立两相，干扰较小，活性焦下料更顺畅。错流式活性焦脱硝工艺中烧结烟气在通过活性焦床层时，气流横向穿过床层，对活性焦流动干扰较小；而逆流式活性焦脱硝工艺中烧结烟气与活性焦层流动方向相反，运行过程中烧结烟气的波动可能影响活性焦层的流动状态。错流式活性焦脱硝工艺吸附塔排料易于控制，安全性更高。而逆流式活性焦脱硝工艺中烧结烟气与活性焦的接触面积更大，脱硝效率更高。

活性焦脱硫脱硝工艺的不足主要是其投资高、占地面积大，运行成本高，存在氨逃逸问题且脱硫副产品硫酸储运困难，此外由于活性炭脱除污染物的过程为放热过程，若吸附污染物的活性炭长期滞留在塔内，会导致热量蓄积，更严重的是造成活性焦自燃。为避免这一现象发生，要求烟气与活性炭均匀接触，活性炭呈整体流动状态，没有滞留现象。

逆流式活性焦脱硝工艺烧结烟气由吸附塔底部进入，为使烟气均匀进入，同时使活性炭顺利排出，需设置更多个锥形下料口，烟气由活性炭下料口的锥面百叶窗进入；错流式活性焦脱硝工艺中，排料由长轴辊式排料，排料口少，料流易形成整体流状态，烟气垂直穿过呈整体流活性炭层时，均匀与活性炭接触，接触时间由长轴辊式排料机控制，脱除效率高，控制更稳定、安全。经过活性炭逆流脱硫脱硝处理后的烧结烟气中二氧化硫、氮氧化物浓度完全可以稳定地达到超低排放要求，并且副产品浓硫酸可全部企业内部消化使用，变废为宝，节约成本，为冶金烧结领域实现循环经济提供了成功范例，该工艺具有适应范围广、气流分布均匀、系统压降小等优点，在冶金行业烧结烟气脱硫脱硝技术方面具有推广意义。

参 考 文 献

[1] 聂雪丽，李清，沈恒根.钢铁行业袋式除尘用滤料孔径与微细粉尘捕集特性关系研究 [J].环境工程，2016 (9)：70~72.

[2] 赵甲斌.高压静电除尘在山东钢铁210t转炉烟气净化中的应用 [J].电气技术，2019 (5)：84~86.

[3] 李雪娥，向晓东，李梦玲，等.双极电袋复合除尘器的增效减阻效应 [J].环境工程学报，2019 (1)：141~143.

[4] 杨丽萍.湿式电除尘器的高压恒流源供电及其能效分析 [J].环境工程学报，2020 (3)：730~736.

[5] 雷桂华，张艳丽.烧结机烟气石灰湿法脱硫技术 [J].一重技术，2013 (2)：39~40.

[6] 程仕勇，王彬.氨-硫铵法和石灰-石膏法烧结烟气脱硫工艺的应用对比 [J].烧结球团，2012 (5)：65~67.

[7] 罗峰.对循环流化床半干法烟气脱硫超净排放技术的几点分析 [J].装备维修技术，2020 (5)：176~179.

[8] 朱廷钰，刘青，李玉然，等.钢铁烧结烟气多污染物的排放特征及控制技术 [J].科技导报，2014，32 (33)：1~6.

[9] 卢熙宁，宋存义，童震松，等.密相塔半干法烟气脱硫塔内加湿降温及其对脱硫效率的影响 [J].环境工程学报，2015 (6)：2955~2960.

[10] 缪小林，匡磊.活性焦一体化脱硫脱硝烟气净化技术应用 [J].化工设计通讯，2018 (5)：19.

[11] 李俊年，姚群，朱廷玉.工业烟气多污染物深度治理技术及工程应用 [M].北京：

科学出版社，2019：540~565.

[12] Dong W K, Park K H, Hong S C. Enhancement of SCR activity and SO₂ resistance on VOₓ/TiO₂ catalyst by addition of molybdenum [J]. Chemical Engineering Journal, 2016, 284：315~324.

[13] Córdoba, Patricia. Status of flue gas desulphurisation (FGD) systems from coal-fired power plants：Overview of the physic-chemical control processes of wet limestone FGDs [J]. Fuel, 2015, 144：274~286.

[14] Sun F, Gao J, Liu X, et al. A systematic investigation of SO₂ removal dynamics by coal-based activated cokes：The synergic enhancement effect of hierarchical pore configuration and gas components [J]. Applied Surface Science, 2015, 357：1895~1901.

[15] Fu Y L, Zhang Y F, Li G Q, et al. NO removal activity and surface characterization of activated carbon with oxidation modification [J]. Journal of the Energy Institute, 2017, 90 (5)：813~823.

[16] Guo Y Y, Li Y R, Zhu T Y, et al. Effects of concentration and adsorption product on the adsorption of SO₂ and NO on activated carbon [J]. Energy and Fuels, 2013, 27 (1)：360~366.

5 无组织排放智能管控治一体化技术

焦化企业经过近些年综合治理，污染物的治理已经从常规污染物逐渐过渡到非常规污染物，而 VOCs 具有排放节点多、差异大、组分复杂、异味重等特征作为无组织排放类非常规污染物的典型代表。由于焦化行业各工段 VOCs 废气特性差异很大，采用单一技术难以成为最佳解决方案。因此，在焦化行业 VOCs 废气治理过程中，必须结合焦化行业治理有机废气的实践经验将各技术进行分级耦合，才能优化出理想的适用技术。此外，近年来重点地区钢铁企业基本淘汰了原料系统的防风抑尘网，改为更为先进的封闭料场，大幅减少了无组织的排放。但原料场仅是钢铁企业无组织排放的一部分，钢铁行业无组织排放颗粒物占比超过 50%，而且排放源点多、线长、面广，阵发性强，治理难度大，无组织排放的有效治理一直以来是钢铁行业大气污染治理的共性难题。因此，需要根据钢铁行业无组织排放特征，构建智能化的管控治一体化系统，从而保证无组织超低排放长期科学管控。

5.1 焦化 VOCs

5.1.1 焦化 VOCs 来源

焦化 VOCs 废气主要来源于化产区域和污水处理区域。化产区域分为冷鼓工段、脱硫工段、硫氨工段、粗苯工段，在不同工段内其特征污染物有所不同、排口形式不同。焦化 VOCs 废气排放点位及产排特征见表 5-1[1,2]。

表 5-1 焦化 VOCs 废气排放点位及产排特征

工段	污染点位	污染产生原因	污染因子	污染物特性	排放特征
冷鼓工段	焦油储槽、焦油中间槽	蒸发排放、气体夹带（通入蒸汽保证焦油流动性）	焦油、萘、酚、苯系物、氨气、硫化氢、苯并芘等有机无机混合物	易燃易爆、毒性强、易结晶、易胶黏、腐蚀性强、异味重	排气浓度低、温度高（<80℃）；排气连续、稳定
	氨水槽、地下水封	液位波动、呼吸排气			
	焦油船	蒸发排放、气体夹带			
	焦油渣出口	焦油船排出的焦油渣的无组织扩散			

工段	污染点位	污染产生原因	污染因子	污染物特性	排放特征
脱硫工段、硫铵工段	母液槽	热料挥发	氨气、硫化氢和少量 VOCs	有毒、腐蚀、异味	排气连续、稳定、常温；VOCs 浓度低、氨高、气量较大
	氨水槽、事故槽	液位波动、呼吸排气			
	熔硫釜	热料挥发、出料无组织扩散			
	再生槽	气体夹带、挥发排放			
	结晶槽	挥发排气			
洗脱苯工段、苯储槽及装车	贫油槽	热料挥发	苯系物、萘、重苯等	易燃易爆、有毒、易结晶、胶黏、异味重	气量波动大、浓度高、常温排放等特点
	粗苯储槽、洗油槽、富油槽、地下槽等	冷料液面波动、罐区物料挥发			
	再生器放渣口	苯渣无组织挥发			
	装车点	蒸汽平衡			
水处理工段	曝气池	曝气过程加快了液相的均混、气体夹带及挥发排放	苯系物、硫化氢、氨	易燃易爆、腐蚀、异味重	常温、连续排放、浓度低、臭气浓度高、气量较大
	非曝气池	蒸发排放或挥发排放			

5.1.2　VOCs 控制技术分类及应用

VOCs 的控制技术分为预防性措施和控制性措施，以末端治理为主。总体来说，治理技术主要分为回收技术和销毁技术，以及两种技术的组合[3,4]。

回收技术主要是吸附、吸收、冷凝和膜分离技术，基本思路是通过物理方法，对排放的 VOCs 进行吸收、过滤、分离或富集，然后进行提纯等处理，再资源化循环利用。销毁技术包括燃烧（直接燃烧和催化氧化）、光催化氧化、生物氧化、低温等离子体及其集成的技术，主要是由化学或生化等反应，用热、光、电、催化剂和微生物把排放的 VOCs 分解转化为其他无毒无害的物质。

VOCs 控制技术分类见图 5-1。

对国内外的 VOCs 控制技术应用比例进行统计比较，结果如图 5-2 所示[5]。可知，国内外催化燃烧、吸附和生物处理是目前应用较多的 VOCs 处理技术，而国内主要选择低成本的吸附技术。

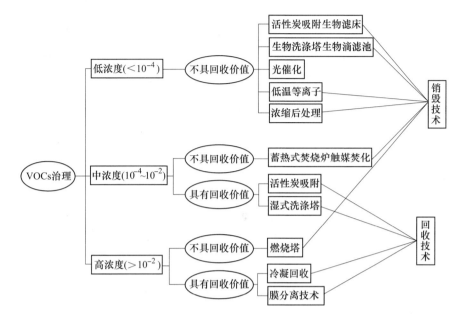

图 5-1 VOCs 控制技术分类

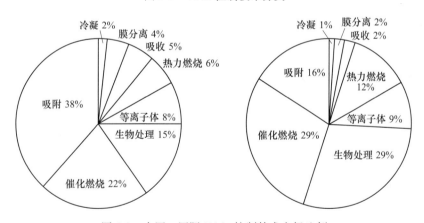

图 5-2 中国、国际 VOCs 控制技术市场比例

5.1.3 VOCs 控制技术对比

由于焦化行业各工段 VOCs 废气特性差异很大，而且近两年才提出了对于 VOCs 的治理。因此，上述应用比例高的技术不一定适合焦化行业。目前，VOCs 治理方式在焦化行业的应用主要包括液体洗涤吸收法、洗涤燃烧法、直接燃烧法、活性炭吸附法、引入负压系统、等离子法、光解净化法等，各处理方式的利弊和适用范围见表 5-2[6]。

表 5-2　焦化 VOCs 处理工艺对比

工艺类型 特点	适宜净化的气体	净化效率/%	使用寿命	投资费用	运行费用	安全指数	环保形势要求	其　他
引入负压系统	中小风量粗苯等密闭储槽所产废气。不适合开放式排放部位的收集，造成煤气系统氧含量升高，无法控制氧含量	收集率低，开口式设备无法收集	收集管道为碳钢，寿命 5 年	中等	不高	氧含量无法控制，会造成负压系统氧含量升高同时影响下游甲醇，LNG		(1) 较为成熟的工艺；(2) 不能处理开放式尾气，只适合储槽气体，收集量苯储槽气少，收集率低
各工段分散洗涤+吸收法	超大风量常温有机废气适用于焦化化产有机废气	70~80	设备管道材质为 PP 材质，寿命 2~3 年	中低	相对较高	工艺成熟无安全风险	排放点位多，在线上传费用高，每台在线监测仪市场价格为 80 万~120 万元，工艺指标难控制	(1) 较为成熟的工艺，但工艺已落后，尤其是满足环保要求；是酸洗、碱洗或水洗无法满足环保要求；(2) 吸收液饱和后需人工及时更换；(3) 有的无活性炭工艺
多级洗涤吸收+活性炭吸附集中净化法	超大风量常温有机废气适用于焦化化产有机废气	>90	设备为全不锈钢材质，寿命 15 年以上	中低	较低	工艺成熟无安全风险	整个化产只有一个排放点，引入在线上传只需上一台在线监测，投资费用低，指标易控制	(1) 较为成熟工艺；(2) 无任何二次污染，吸收液全部回化产原系统；(3) 活性炭更换频次低
多级洗涤吸收+燃烧	超大风量常温有机废气适用：焦化化产污水、油库有机废气	>98	设备为全不锈钢材质，寿命 15 年以上	中低	较低	有机废气经过预处理后，含量均在远低于爆炸范围，无安全风险	整个化产无 VOCs 排放点，无需安装在线监测装置，投资费用低	(1) 较为成熟工艺；(2) 无任何二次污染，吸收液全部回收化产原系统；(3) 特别适应焦化生产工艺

续表 5-2

工艺类型 特点	适宜净化的气体	净化 效率/%	使用寿命	投资 费用	运行 费用	安全指数	环保形势要求	其 他
直接 燃烧法 (或 RTO)	大风量中高浓度含使催化剂有毒物质废气适用:光电、制药等产生废气	>90	设备正常工作达 10 年以上	较高	需不间断的提供燃料维持燃烧,运行维护费用最高	危险系数高,不适合在化产区域使用	燃烧后二氧化硫、颗粒物超标,难控制	(1)较为成熟工艺;(2)废气浓度不高于 4000mg/m³;(3)废气浓度较低时运行能耗很高
等离子法	小风量低浓度不含尘干燥用的常温气,只适用于焊接烟气、污水池臭气等	40 左右	只能在废气及湿度极低情况下使用	中高等	系统用电量大,需要清灰,运行维护成本高	焦化有机废气为易燃易爆,会发生爆炸		目前还处在研究开发阶段,对易燃有机物处理性能的可靠性和稳定性不适合焦化行业
UV 高效 光解净化法	小风量低浓度不含尘干燥的废气,只适用于实验室、油烟等	50 左右	高能紫外灯管寿命短,容易爆管、触电	中高等	系统用电量大,需要清灰,运行维护成本高	工艺不成熟,存在安全风险		目前还处在研究开发阶段,对易燃有机物处理性能的可靠性和稳定性不适合焦化行业
生物法	大风量低浓度废气,适用于焦化水处理系统废气	>90	填料需更换,寿命一般 5 年	中低	较低	无安全风险		(1)很少会形成二次污染;(2)由于微生物对于其生长的环境要求非常严格,对其中的湿度和温度的轻微变化都非常敏感,如果处置不当,容易造成微生物的死亡,运营维度较大

5.1.4　焦化 VOCs 适用控制技术

根据焦化行业 VOCs 废气排放特征，关联各技术的环境性能、技术性能和经济性能，对焦化各工段的适用控制技术进行整理归纳，具体结果见表 5-3[6]。

表 5-3　焦化 VOCs 适用控制技术

工　段		特　点	可用处理工艺
化产回收	冷鼓工段	氧含量高、浓度低，回收价值较低	吸收法、燃烧法
	硫铵工段		吸收法、生物法、燃烧法
	脱硫工段		吸收法、生物法、燃烧法
	脱苯工段	污染源密闭性好、污染物回收价值高	引入煤气负压系统、吸附回收法、冷凝回收法、燃烧法
污水处理	调节池和生化池	大风量、低浓度、高含水等	吸收法、吸附法、等离子催化法、光催化法、生物法

5.1.5　焦化 VOCs 综合治理工艺

根据焦化厂各工段 VOCs 排放特征，采用单一技术难以成为最佳解决方案。因此，在焦化行业 VOCs 废气治理过程中，必须结合焦化行业治理有机废气的实践经验及现场位置，根据处理要求将各技术进行分级耦合，才能优化出理想的适用技术。

对于化产回收系统产生的 VOCs，负压煤气净化系统是焦炉化产回收必不可少的环节。因此，将具备回收条件的 VOCs 放散气引入负压煤气系统应是焦化企业优先考虑的工艺流程。同时，不具备回收条件的 VOCs 放散气经过多级洗涤后进行活性炭吸附或送入焦炉燃烧通常也是经济有效的措施。

对于污水处理系统产生的 VOCs，采用吸收法、吸附法、等离子催化法、光催化法是目前的主流技术，但污水处理区域废气组分大多具有极低的臭味阈值，对污染物去除率要求较高，选择生物法进行治理更加合适，但由于运行难度较大目前应用并不广泛。

焦化 VOCs 主流控制技术路线见表 5-4。

表 5-4　焦化 VOCs 主流控制技术路线

工　段		主流技术路线	
化产回收	冷鼓工段	多级洗涤+吸附脱附	多级洗涤+送至焦炉进行焚烧
	硫铵工段		
	脱硫工段		
	脱苯工段	引入负压煤气系统	
污水处理	调节池和生化池	吸收法、吸附法、等离子催化法、光催化法	生物法

5.2　封闭料场技术

2008 年宝钢湛江开始建设的我国钢铁企业首座大型封闭原料场，开启了我国钢铁企业原料环保储存技术的应用之路。"十二五"期间，原料环保储存技术已在宝钢股份、宝钢湛江钢铁、宝钢八钢、宝钢宁钢、邯钢、包钢、唐钢、攀钢西昌、湖北新冶钢、江阴兴澄特钢、营口京华钢铁、邢台德龙钢铁等中国多个原料场工程中得到应用，"十三五"期间，随着环保政策的加严，尤其是"超低排放"技术的要求，重点地区钢铁企业料场已基本实现封闭。此外，全国还有多家钢铁企业正在制定或开始实施原料场封闭改造，以实现钢铁企业原料封闭储存。

"储料场的储料装置及封闭式储料场"是中冶赛迪二代环保原料场科技成果的核心专利。该专利创造性地将原来一代环保原料场 B/C/D/E 型封闭料场技术进行融合，并在诸多工程项目中得到推广或应用。本节按照中冶赛迪对封闭料场形式的分类进行说明。

5.2.1　国内外现有封闭料场类型

目前，料场形式除露天原料场（A 型）外，还有 B 型、C 型、D 型、E 型四种环保型封闭式料场，以及在这四种料场基础上设计的新型料场[7]。

5.2.1.1　长形网壳结构封闭式料场（B 型）

B 型料场是在普通露天方形料场的基础上增加网壳结构封闭厂房，常用于一次料场和混匀料场。B 型料场屋面为钢结构，外铺彩色压型钢板，为改善厂房内部通风环境，屋面彩板铺至离地面 7~9m 处，下面设置挡风板。为了满足料场内的采光需要，在屋面上均匀布置 2mm 厚玻璃纤维增强聚酯板采光带[7]。在有效解决扬尘及雨水等因素影响的情况下，B 型料场是改造工程量最小、施工周期最短、工程投资最少的一种最佳可行的解决方案。

B 型料场效果图见图 5-3。

图 5-3　B 型料场效果图

5.2.1.2　长形隔断型封闭式料场（C 型）

C 型料场为长形隔断型封闭式料场，常用于一次料场。C 型料场为大型坡屋顶结构，屋面及墙体为全钢结构，外铺设彩色压型钢板。C 型料场内设有 2 个料条，由中间纵向挡墙，按一定间距设置横向隔墙将料条分隔成若干个小料堆。该类型料场通过设置在顶部的卸矿车进行卸料和堆料，并采用刮板取料机取出供料。C 型料场占地小、堆取流程简单、贮量大、输出稳定，料场工艺的改变对现有输入系统和输出系统的影响较小，是料场产能提升封闭改造的理想之选。

C 型料场效果图见图 5-4。

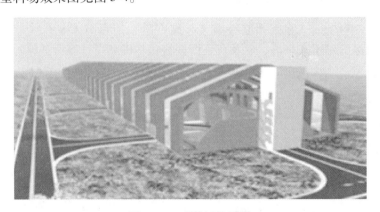

图 5-4　C 型料场效果图

5.2.1.3 圆形封闭式料场（D 型）

D 型料场为封闭式半球体的储料场。该类型料场在料场周围设置挡墙以提高堆料能力，圆形料场底部料堆外径一般为 60~120m，内部设置顶堆侧取式的圆形堆取料机，堆料机可实现以中间立柱为中心的 360°回转堆料作业，刮板取料机根据结构形式的不同，通常可采用悬臂刮板取料机或半门式刮板取料机[7]。圆形封闭式料场具有技术先进、程控水平高、环保性能突出等特点，是新建料场的理想之选。

D 型料场见图 5-5。

图 5-5　D 型料场

5.2.1.4 筒仓（E 型）

除了上述三种封闭类型料场外，对于煤，还可以采用 E 型料场（筒仓）进行贮存。筒仓通常以筒仓群的形式设计和布置。筒仓上部采用胶带机输入，并在筒仓群上部设置移动卸料设备，向筒仓内卸料。仓内物料经筒仓底部给料机放出，通过筒仓底部的胶带输送机输出。比较常用的给料机有旋转给料机和圆盘给料机。

E 型料场见图 5-6。

5.2.2 国内外现有封闭料场特点

环保型封闭料场各有特点，从国内外建成实例来看，都能满足环保方面

图 5-6　E 型料场

的要求。但 4 种新型料场的储存能力各异，投资概算各异，运用范围也不尽相同，选择哪一类型的封闭料场，需结合企业实际，从经济性、能力需求、建设特点等多方面充分考虑，从而选出适合自己的最优组合。环保新料场参数比较见表 5-5。

表 5-5　环保新料场参数比较表[7]

比较项目	B 型料场	C 型料场	D 型料场	E 型料场
运用范围	矿石料场和煤场	矿石料场和煤场	煤场和混匀料场	煤场
投资概算（单位成本）/万元·3 万吨$^{-1}$	约 1200	约 1900	约 15000	约 5100
单位储量/m³·m^{-2}	5.5~7	11~16	6~13	30~35
缺点	单位面积储量低，占地面积大，贮量受分堆影响较大，料条成对布置，灵活性差，堆取合一设备，作业受限	固定式分堆，适应性较差，卸料点落差大，刮板取料机磨损严重，工程直接成本增加	储量受分堆影响特别大，不适应多品种，卸料点落差大，刮板取料机磨损严重，工程直接成本增加	主要储存煤，适应范围窄，存在煤自燃问题，大规模筒仓建设综合投资高
优点	节能环保，工艺布置灵活，自由分堆，适应性强，工艺及设备成熟可靠，工程投资适中	节能环保，单位面积储量高，占地面积小，适合多品种，堆料设备简单，堆取作业分开	节能环保，单位面积储量高，占地面积小，堆取作业分开	节能环保，单位面积储量高，占地面积小，堆取作业分开，工艺流程及设施简单，物料遵循先进先出原则

5.2.3 封闭料场效果

（1）环保效益：料场封闭从源头治理扬尘污染，使无组织排放得到全面控制，环境效益明显。

（2）经济效益：原料场实现储存、装卸过程全封闭，可减少因物料扬尘、雨水冲刷带来的损失，减少因物料水分造成的能耗损失，带来可观的经济效益。

（3）社会效益：料场总占地面积减少，可用于建设厂界林带和景观绿地公园，既美化环境，又形成钢厂和居民区的有效缓冲，实现花园式原料场的愿景。

5.3 无组织排放管控治一体化系统技术

冶金工业规划研究院、柏美迪康环境科技（上海）股份有限公司根据钢铁行业无组织排放特征，针对其管控难点，将图像智能识别技术首次应用于钢铁生产颗粒物无组织排放控制，并高效应用了生物纳膜、超细雾炮、双流体干雾等抑尘技术装备。同时，运用大数据、模型优化算法、机器学习自适应算法等信息技术建设了钢铁生产无组织管控一体化平台建设，在首钢迁钢开展了工程应用，从而保证了无组织超低排放长期科学管控。本节将以首钢迁钢为例，介绍该无组织排放管控治一体化系统技术。

5.3.1 技术思路

5.3.1.1 物料存储管控治一体化系统技术

通过物料存储区域无组织排放源及时精准的系统化治理，有效减少物料存储无组织源头排放。

（1）视觉识别技术：通过车辆污染行为识别和粉尘烟羽特征图像识别技术，精准定位无组织排放源时空特征，配合超细雾降尘技术精准源头治理。

（2）超细雾降尘技术：采用先进超细雾装置，搭载定位技术，高效精准降尘。

5.3.1.2 物料输运管控治一体化系统技术

通过物料运输环节无组织排放源及时精准的系统化治理，有效减少物料输运无组织源头排放。

（1）生物纳膜源头抑尘技术：采用先进专利生物纳膜技术，从源头减少物料输运系统的无组织污染排放强度，实现源头减排。

（2）密闭导料技术：采用加强版皮带输运封闭技术，有效减少物料转运过程中的无组织污染物排放。

（3）负压收尘控制系统技术：采用物料输运除尘管路智能化控制系统，高效分配管路风量，对无组织污染排放进行针对性治理，有效节约除尘设备工作能耗。

5.3.1.3　厂区环境管控治一体化系统技术

通过厂区道路环境无组织扬尘源及时精准的系统化治理，有效减少道路扬尘无组织源头排放。

（1）厂区道路扬尘特征识别技术：通过融合气象数据、省控站数据、厂区内监测微站数据及厂区生产活动数据，采用因子分析技术判断厂区内道路扬尘特征，为道路扬尘治理提供依据。

（2）厂区环境清洁车辆精准调度技术：通过识别判断厂区道路扬尘特征，结合空间热力分析结果，锁定道路扬尘污染坐标区域，采用优化调度算法，调度环保清洁车辆快速前往精准治理。

5.3.1.4　系统化建设应用技术

（1）AI人工智能技术：实现智能化工厂，无人作业减少人工的干预，使设备使用和工艺深度结合，减少人工成本投入。

（2）物联网技术：实现对物料存储、物料运输、厂区环境管控的虚拟数字化，通过AI人工智能技术实现全厂无组织污染超低排放系统管控。

（3）4G/5G通讯技术：使采集数据传播速度更快，能极大提高治理效率，处理更及时、更精准、更高效。

（4）大数据分析技术：将前端采集以及各子系统报送的大量数据，在一体化系统中进行数据挖掘，提炼重要影响因子并让数据可视化，以提供系统智能决策参考依据。

（5）污染预测模型：通过建立污染扩散中小尺度数学模型，预测未来污染扩散情况，动态调整全厂无组织污染排放管控全局策略。

（6）系统软件及功能建设：通过优化系统建设及软件架构，使系统能够应对兆级数据，对数据读取、调用、统计、分析、再生等工作流畅稳定开展。

无组织排放管控治一体化系统由多项先进技术支撑，如图5-7所示。

图 5-7　无组织排放管控治一体化系统技术支撑

5.3.2　关键技术开发

5.3.2.1　排放源清单编制技术

　　排放源清单是研究复合污染问题的重要基础数据，所有的控制措施最终需要作用在排放源上。因此，编制了详细的污染物排放源清单，建立了系统化的标准。开展全厂无组织尘源点的清单化管理，实现治理设施工作状态和运行效果的实时跟踪和适时核查，如图5-8所示。

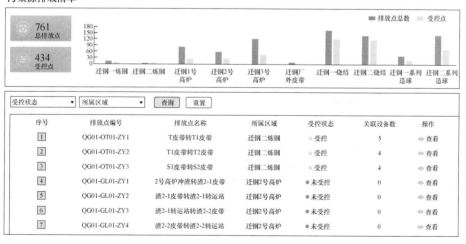

图 5-8　BME 污染源排放清单示意图（首钢迁钢）

5.3.2.2　大数据分析

通过前端采集数据，在后台进行数据治理、数据融合，让数据可视化，使管理者、决策者可以直观了解关键性数据，大数据分析见图5-9。

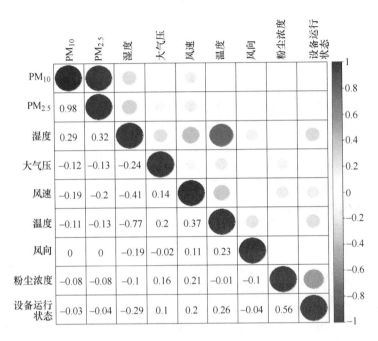

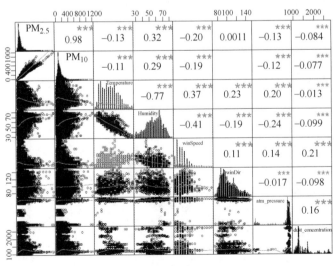

图5-9　大数据分析

5.3.2.3 污染预测模型

管控治系统通过建立污染扩散中小尺度数学模型，可以准确预测未来污染扩散情况，如图 5-10 所示。

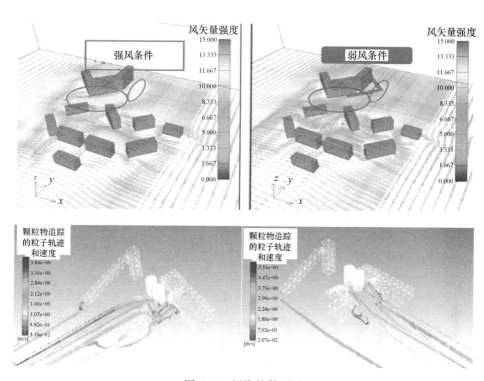

图 5-10 污染扩散预测

以大数据、模型优化算法、机器学习自适应算法等信息技术为手段，建立钢铁生产无组织管控一体化平台，实现了数据互联互通，集中智能管控，节能降耗，优化管理，提高效率，保证了无组织超低排放长期科学管控。

5.3.2.4 平台架构开发

（1）整体架构。管控治平台整体架构主要由基础依据层、物联网系统、智慧云平台、应用层以及用户层五个部分组成，如图 5-11 所示。基础依据层的主要标准是工厂的排放源清单以及政府颁布的政策、条令等相关文件；物联网系统主要由两部分组成：一是设备层，包括感知设备和治理设备，负责收集数据，并对采集到的信息进行预处理，包括信息过滤、信息分类等；二是传输层，由 4G/5G/光纤网络构成，负责把感知设备以及治理设备采集到的各项数据导入系统中枢。同时在云计算中心发出指令后，将信号传输至治理设备，使治理设备针对污染点自动治理；智慧云平台负责在云端服务器进行大数据分析，建立模型，将数据可视化，能更好地呈现和展示业务；应用层是与用户交互的平台，在多种终端上提供应用程序；用户层是本平台的服务对象，本平台使工厂内部的管理人员、运维人员日常对工厂各部分的管理更为方便快捷，也能让管理人员对工厂的治理效果有更直观的了解。

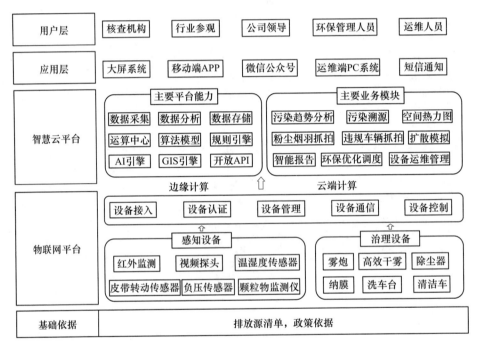

图 5-11　平台架构示意图

（2）软件架构（图 5-12）。代理访问层主备确保内部处理核心业务的服务器不对外暴露任何端口。主备：考虑如果有一台宕机能保证继续正常服务；业务处理网关、服务集群，如数据采集服务：处理数据采集业务、提供数据服务业务等；数据库存储层提升查询数据性能，提供基础数据管理，提供指标数据存储等，在超大数据量情况下保证性能。

（3）联网结构。治理设备及部分联网的设施对接逻辑结构图如图 5-13 所示，考虑钢铁企业现有的通信网络水平及监控监测条件，在企业内容部署私有云服务器。

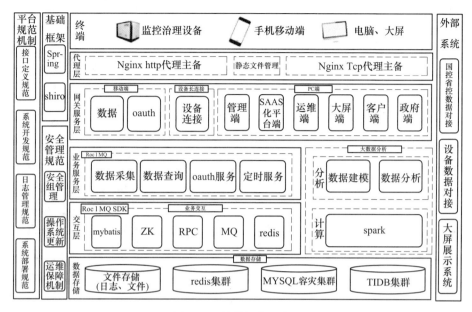

图 5-12 软件架构示意图

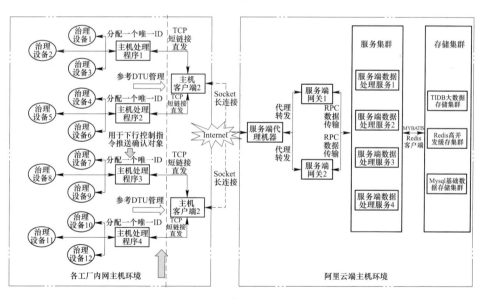

图 5-13 联网结构示意图

5.3.3 系统功能

系统功能汇总见表 5-6。

表 5-6　系统功能汇总

需求类别	序号	平台功能	功能描述	功能展示
集控系统	1	数据详情与对比	用户可以查询全厂任意点位的详细实时监测数据，同时系统连接国控点/省控点，与工厂环境数据进行对比	
	2	污染热力图分析	系统在采集监测数据后，自动生成整个厂区范围内各监测因子的实时分布图和动态变化图，并且通过扩散模型，实现由"点"到"面"的污染分布展示	
	3	污染物扩散预测预警	系统结合气象模型与排放源清单，以大气动力学理论为基础，以气象监测数据和污染监测数据为输入，模拟大气中的扩散模型，通过污染物的扩散变化，预测污染物潜在影响区域，同时提供相应的快速解决方案	

续表 5-6

需求类别	序号	平台功能	功能描述	功能展示
集控系统	4	污染物溯源	平台能够利用厂界的监测以及厂区内各种监测设备所取得的数据，通过污染传输扩散模块、多维度快速解析技术、污染源排放清单技术，双方复合精准定位技术，快速精准确定目标区域的污染成因，分清本地源与输入源以及各种污染源的贡献，真正达成源头治理	
	5	记录率	系统保存治理设备状态、治理过程、治理前后的污染数据等，确保所有的治理有迹可循，方便未来可能有的治理优化、方案整改等	

续表 5-6

需求类别	序号	平台功能	功能描述	功能展示
集控系统	6	视频库	依照环大气 [2019] 35 号要求，系统提供视频库，可保存自动监控、DCS、监控等数据一年，视频、库监控数据数据三个月，库内视频可随时回放	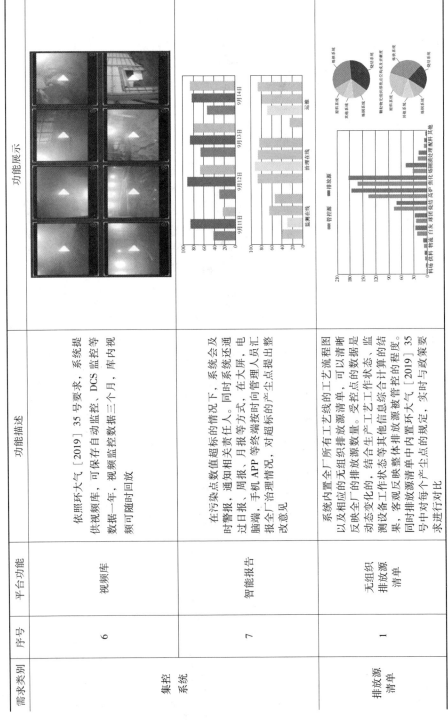
	7	智能报告	在污染点数值超标的情况下，系统会及时警报，通知相关责任人。同时系统还通过日报、周报、月报等方式，在大屏、电脑端、手机 APP 等终端按时向管理人员汇报全厂治理情况，对超标的产尘点提出整改意见	
排放源清单	1	无组织排放源清单	系统内置全厂所有工艺线的工艺流程图以及相应的无组织排放源清单，可以清晰反映全厂的排放数量。受控点数据是动态变化的，结合生产工艺工作状态，监测设备工作状态等其他排放源信息综合计算的结果，客观反映整体排放源被管控的程度。同时排放源清单中内置环大气 [2019] 35 号中对每个产尘点进行对比	

续表 5-6

需求类别	序号	平台功能	功能描述	功能展示
监测监控系统	1	全厂三维网格化监测与管理	系统采用 GIS 地图技术与 3D 数字引擎，对整个企业的厂界、道路、工艺生产线、厂区环境等在内全部监测点的站点信息和精测数据进行可视化展示。通过建立网格，实现 7 天×24h 厂区全方位覆盖监测	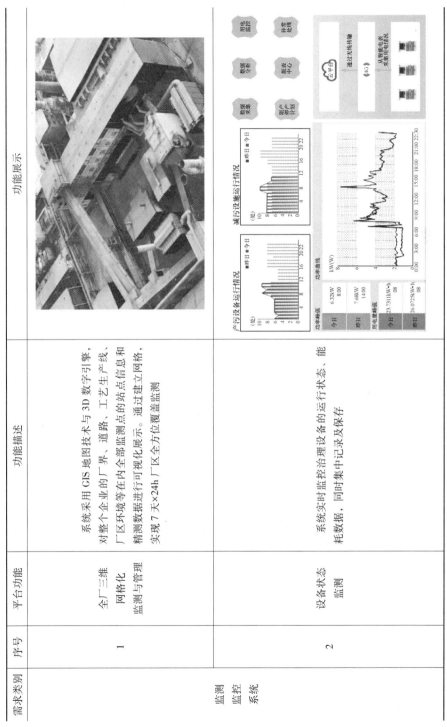
	2	设备状态监测	系统实时监控整治治理设备的运行状态、能耗数据，同时集中记录及保存	

续表 5-6

需求类别	序号	平台功能	功能描述	功能展示
车辆管理	1	车辆违章管理	通过视觉识别技术，系统实时抓拍违规车辆，对车牌号、车标特征进行识别记录，对车辆未清洗、车辆未盖等行为进行管理，实现源头卡点对运输车辆进行取证	
	2	厂内调度	平台中设计有环保车辆优化调度，通过大密度监测监测网络、污染溯源、污染排放清单等技术，实时调度环保车辆运行，针对性地解决厂内问题。避免全厂地毯式部署环保车辆，节约成本	
治理系统	1	自动治理	系统连接厂内监测设备，通过粉尘烟羽特征识别以及鹰眼系统，能实时对产尘点的治理设备开关、调节，精准打击对污染点，实现对无组织排放的全自动智能治理	

5.3.4 技术组成及系统平台

5.3.4.1 物料储存环节无组织排放智能控制技术

根据料棚粉尘排放特征，开发并采用以物料装卸行为鹰眼图像识别技术、超细雾炮装置和干雾抑尘机为核心技术的一体化管控治集成系统。

A 料棚无组织排放特征研究

对封闭料棚内粉尘进行粒度分析，发现料棚内颗粒物粒径以 PM_{10} 为主，如图 5-14 所示。

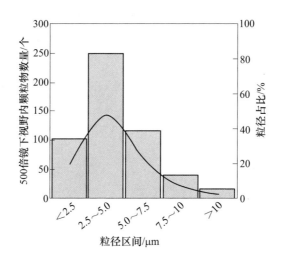

图 5-14 料棚内颗粒物粒径分布（首钢迁钢）

图 5-15（a）为迁钢某料场的平面布置图。该料场共有 5 个车辆出入口，3 处料堆。1 号料堆存放烧结矿，2 号和 3 号料堆存放铁精粉。经实地勘察，料棚内部共有 1 号料堆与 2 号料堆处各有 1 处铲车作业点，3 号料堆有 2 处铲车作业点。对料场内部署 4 个点位进行颗粒物采样分析，表明在卸料车附近 PM_{10} 的浓度最高；随着污染物向料棚外部扩散，2 号和 3 号点位 PM_{10} 浓度逐渐降低。在料棚出口外部 4 号点位，PM_{10} 受到外部大气稀释作用降到最低，如图 5-15（b）所示。可见，物料装卸行为是料棚内 PM_{10} 浓度过高的主要原因。

对不同风向和风速条件下，对料棚内颗粒物中 PM_{10} 分布进行模拟，发现 PM_{10} 的高浓度区域对应于低风速区，同时 PM_{10} 的高浓度区域的分布也会受到风向条件和料堆布置的影响，如图 5-16 所示。

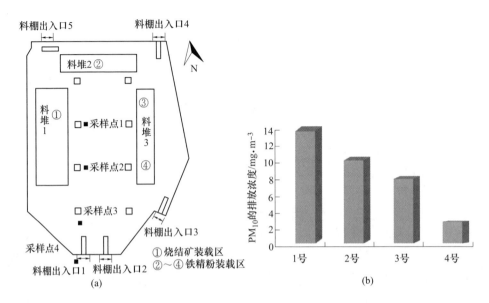

图 5-15　迁钢某料场平面布置图和点位 PM_{10} 浓度情况

（a）迁钢某料场的平面布置图；（b）点位 PM_{10} 浓度情况

B　物料装卸行为的鹰眼图像识别技术

（1）技术思路。前述研究表明，物料装卸行为是料棚内 PM_{10} 浓度过高的主要原因。因此需在物料装卸行为的起始阶段，快速、灵敏地识别产尘行为，是实现高效抑制粉尘的重要手段。传统的图像识别技术，反应时间长、识别准确率低，不能对物料装卸的动态行为进行快速、精确识别。因此，在传统图像识别算法的基础上，增加了坐标定位算法、烟羽识别算法和污染源时空分布特征识别算法，同时在传统车辆照片数据库中，进一步增加了产尘行为及烟羽数据库。实际应用后发现，识别反应时间 1s 以内，识别准确率达 99%。其技术路线如图 5-17 所示。

（2）难点攻关。关于视觉识别技术，由于传统图像识别技术多应用于人脸及车辆识别，准确判断无组织污染排放又是一个技术难题（图 5-18、图 5-19）。

在管控治一体化系统中，若要成功运用于识别污染行为及粉尘烟羽，必须要进行算法改进。

鹰眼视觉识别技术采用陷阱的时域热气方差分析算法来检测潜在目标点和空间域方差分析来压制由于摄像头抖动造成的误检。不同口径下时域方差变化提供了自适应的检测阈值和低噪声的目标分割。该目标检测方法无需复

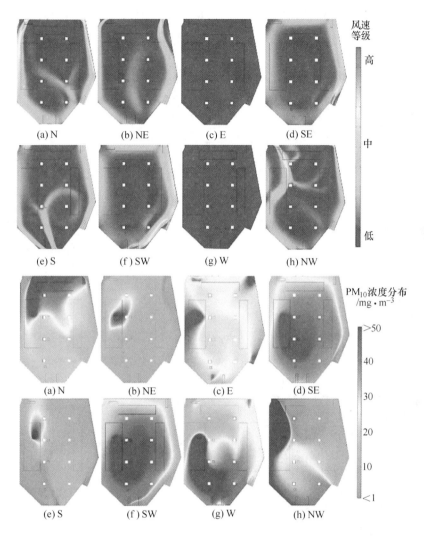

图 5-16 风向和风速对 PM_{10} 浓度分布的影响

杂的背景建模，对存储要求小，计算优，尤其适用于对噪声环境下细小目标的检测。其算法原理如下[8]：

$$L_{os} = P'_{co} L'_{po} + P''_{co} L''_{po} + L_{cls. obj} \qquad (5-1)$$

式中　L_{os}——识别模型的损失函数；

L'_{po}——预测框和目标框中与中心点有关的损失；

P'_{co}——该损失所占的权重；

L''_{po}——预测框和目标框中与长宽维度有关的损失；

P''_{co}——该损失所占的权重；

$L_{cls.obj}$——预测框中是否包含物体的损失和包含物体的类别与真实类别之间的损失。

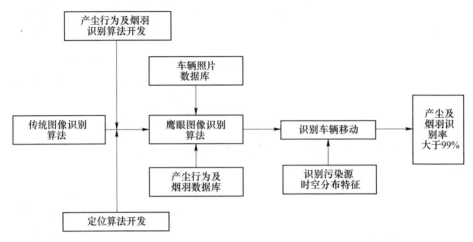

图 5-17　鹰眼图像识别技术开发路线

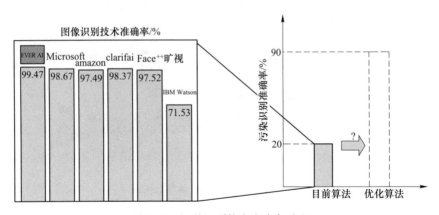

图 5-18　视觉识别技术准确率对比

图像 k 在点 (i,j) 的时域方差为：

$$\sigma_{2(i,j,k)} = S_{2(i,j,k)} - \mu^2_{(i,j,k)} \tag{5-2}$$

式中　$\sigma_{2(i,j,k)}$——时域方差；

i,j——图像像素坐标，坐标轴原点在图像左上角；

k——k 帧图像。

图 5-19 视觉识别技术现场应用设想

其中:

$$S_{2(i, j, k)} = \frac{1}{L}f^2_{(i, j, k)} + \frac{L-1}{L}S_{2(i, j, k-1)}$$

$$\mu_{(i, j, k)} = \frac{1}{L}f_{(i, j, k)} + \frac{L-1}{L}\mu_{(i, j, k-1)}$$

$$S_{2(i, j, 1)} = f^2_{(i, j, 1)}$$

$$\mu_{(i, j, 1)} = f_{(i, j, 1)}$$

式中　$f_{(i, j, k)}$——图像 k 在 (i, j) 点的灰度值;
　　　　L——时域参数。

当一点满足以下条件时就识别为目标点:

$$\sigma_{2(i, j, k)} \geqslant \mathrm{Max}(T, \sigma_{2(i, j, k-1)})$$

式中　T——阈值参数,取决于图像质量、相机运动和背景噪声水平。

鹰眼视觉识别技术采用高清摄像机来实现目标实时检测,其过程中的主要控制参数为图像坐标与物理空间坐标,涉及的关键因子为上述算法中的时域参数 L 和阈值参数 T。例如,当运料卡车进入料棚作业时,目标检测效果如图 5-20 所示。图 5-20(a)为原始图像;图 5-20(b)为前面 4 帧图像的时域方差在阈值 T 下的二值图。

C　物料储存区治理系统集成研发

前述研究表明,料棚粉尘以 PM_{10} 为主,且 PM_{10} 的高浓度区域的分布也会受到风向条件和料堆布置的影响。因此,物料储存区治理系统研发重点考虑对 PM_{10} 颗粒物的抑制,并确定超细雾炮、双流体干雾及其与鹰眼图像识别技

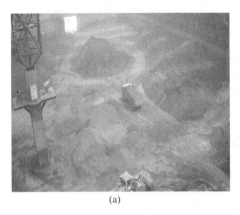
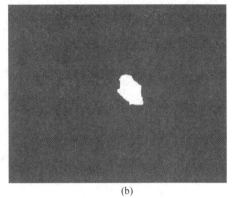

（a）　　　　　　　　　　　　　　　　（b）

图 5-20　前面 4 帧图像的时域方差在阈值 T 下的二值图

（a）原始图像；（b）二值图

术的智能化集成及联动的开发思路。

　　水雾抑尘基本原理如图 5-21 所示。主要是依靠水/纳膜对粉尘进行包裹或浸润，来实现粉尘的沉降。超细雾炮喷嘴高效抑尘试验表明，供水压力在 0.35~0.5MPa 时，雾滴平均粒径为 25~33μm，PM_{10} 去除率可达 85%。雾炮射程可达到 40~80m，如图 5-22 所示。

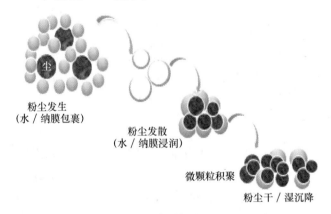

图 5-21　水雾抑尘原理

　　筒体转动电机以直流电机代替传统交流电机，转速快、平稳，易于控制，无卡顿感；定位控制采用编码器的控制方式，可精准、快速定位指定角度，角度定位值偏差小于±5°。雾炮结构图如图 5-23 所示。

　　双流体干雾抑尘机由空压机、储气罐和干雾机组成如图 5-24 所示。其中关键设备干雾机主要采用基于高压云雾技术、超声波超细雾技术和电离子水技术。

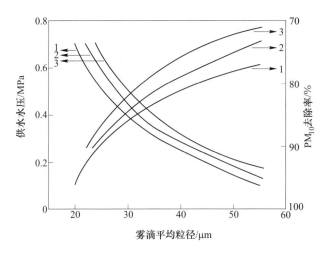

图 5-22　雾炮喷嘴高效抑尘试验
1—喷嘴 1；2—喷嘴 2；3—喷嘴 3

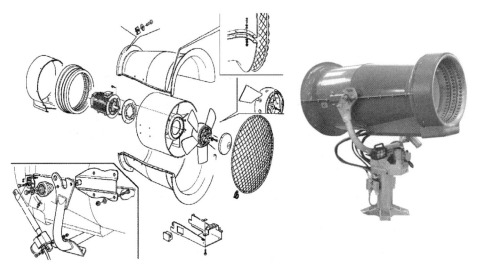

图 5-23　雾炮结构与实物图

干雾抑尘机采用水和空气双流体驱动，随着水压与气压逐渐增大，其雾滴粒径逐渐减少，平均粒径可达 10μm 以下。试验结果表明，当水压大于 0.2MPa 且气压大于 0.3MPa 时，干雾抑尘机喷雾对 PM_{10} 去除率达到 95% 以上。单个喷嘴覆盖范围：$2\sim4m^2$，单台含 $200\sim300$ 个喷嘴，见图 5-25。

通过控制中心和云计算，实现鹰眼图像识别模块、智能超细雾炮和智能干雾抑尘机的一体化闭环联动，精准抑尘，从发现污染到进行治理，时间周

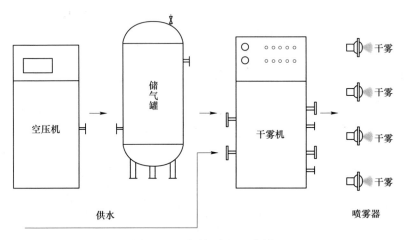

图 5-24　干雾抑尘机组成图

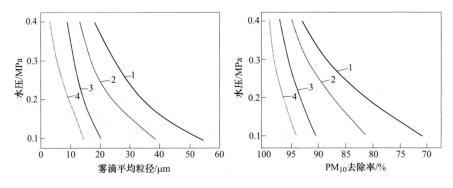

图 5-25　干雾机运行参数调控试验

1—气压 = 0.1MPa；2—气压 = 0.2MPa；3—气压 = 0.3MPa；4—气压 = 0.4MPa

期大幅提升至 5s 以内，PM_{10} 降尘率可达 90% ~ 98%；无组织污染物排放大幅削减，约 80% 以上，耗水量大幅降低 30% ~ 50%。物料储存一体化管控治系统构架如图 5-26 所示。

5.3.4.2　物料输运环节无组织排放智能控制技术

A　输运过程无组织排放特征研究

对一条 3m×3m×50m 皮带通廊输运过程进行仿真研究，发现皮带周边的空气流速由皮带中心向两侧逐渐减小，说明通廊内的气流主要受皮带的粗糙壁面在水平运动时产生的边界层影响。皮带顶部的高速流动区、粉尘泄漏风险点如图 5-27 所示。

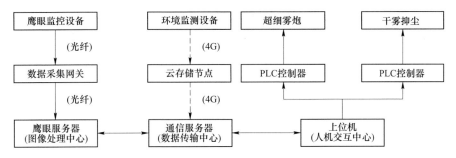

图 5-26　物料储存一体化管控治系统构架

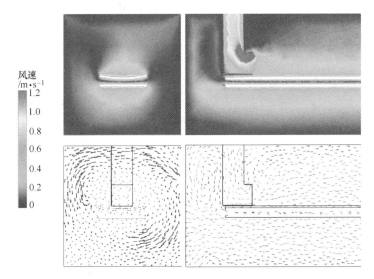

图 5-27　皮带通廊横截面气流速度及矢量图

图 5-28 为迁钢某皮带输运线采集的颗粒物样品的扫描电镜图，皮带输运

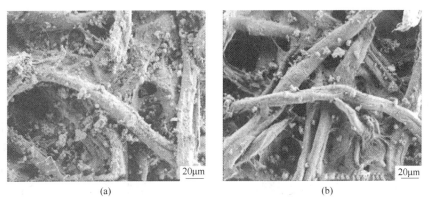

(a)   (b)

图 5-28　物料输运区无组织颗粒物的 SEM 图

过程的粉尘形态主要为不规则型颗粒物。针对迁钢皮带输运过程中的粉尘进行了粒度分析，发现料棚内颗粒物粒径以 $PM_{2.5}$ 和 PM_{10} 为主，如图 5-29 所示。通过对物料输运过程粉尘排放的模拟分析，发现输运过程粉尘扩散具有以下特征：

（1）物料在落料点处粉尘排放浓度最大；

（2）从落料点开始，粉尘以点源与线源扩散方式分别沿皮带行进方向和宽度方向扩散；

（3）皮带输运前端收尘点负压越大，皮带区域粉尘浓度越低，治理效果越好，如图 5-30 所示。

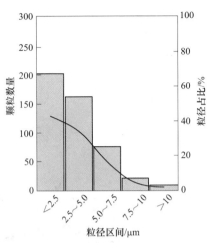

图 5-29　输运过程中颗粒物粒径分布

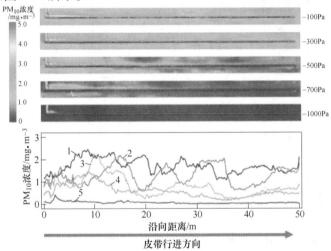

图 5-30　物料输运过程粉尘浓度分布

1——-100Pa；2——-300Pa；3——-500Pa；4——-700Pa；5——-1000Pa

B　物料输运管控治系统集成开发

根据皮带输运过程粉尘排放特征，物料输运管控治系统集成开发以生物纳膜抑尘装置、皮带密闭导料装置、负压收尘装置及其智能联动控制为主。

生物纳膜抑尘装置是一种应用于固体物料加工或运移过程中的粉尘抑制的新型抑尘设备，其结构图如图 5-31 所示。该抑尘机主要由水箱 1、抑尘原液存储箱 2 和精确比例混合装置 5 构成抑尘溶液制备部，水从水箱 1 经由泵 3 和阀门 4 供应到精确比例混合装置 5，抑尘原液从抑尘原液存储箱 2 经由另一支路中的泵 3 和阀门 4 供应到精确比例混合装置 5，水和抑尘原液经精确比例混合装置5混合后供应到液膜发生器7。同时，空气压缩机6将压缩空气供应至液膜发生器7，抑尘原液和压缩空气在液膜发生器7中经过充分搅动和多级过滤而形成薄壁密集细胞状的抑尘液膜。所形成的液膜经液膜喷施部8在抑尘工作区中进行喷施。

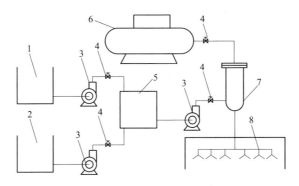

图 5-31　生物纳膜抑尘设备结构

1—水箱；2—抑尘原液存储箱；3—泵；4—阀门；5—精确比例混合装置；6—空气压缩机；

7—液膜发生器；8—液膜喷施部

图 5-32 为图 5-31 中液膜发生器的结构图。压缩空气输入端 1 和抑尘溶液输入端 2 设置在液膜发生器壳体 4 的下端，液膜输出端 3 设置在壳体 4 的上端。壳体 4 内的下部安装有下叶轮 5 和上叶轮 6，叶片方向相反，之间由隔套 7 隔开，上部安装有多孔粒状滤层 8，与上叶轮 6 之间利用细网状隔膜 9 隔开。下叶轮 5 和上叶轮 6 转动时，对进入液膜发生器内的抑尘溶液和压缩气体进行搅动，产生液膜，此液膜接着经由多孔粒状滤层 8。经过充分搅动和多级过滤从而形成薄壁密集细胞状的抑尘液膜，使液膜的壁厚更薄，同时使液膜的延展面最大化，其总体积膨胀 25～50 倍，液膜与空气接触面积增加 180～600 倍。产生的抑尘液膜的液泡半径 ≤2mm，抑尘液膜壁厚 ≤0.2mm，并且在无干扰环境中的滞留时间 ≥30min。

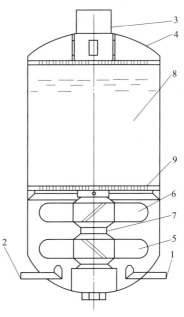

图 5-32　液膜发生器结构

1—压缩空气输入端；2—抑尘溶液输入端；

3—液膜输出端；4—壳体；5—下叶轮；

6—上叶轮；7—隔套；

8—多孔粒状滤层；9—细网状隔膜

生物纳膜抑尘原液是一种无毒无害，可生物降解的新型环保抑尘剂，基本组成如表 5-7 所示。利用纳膜电离性吸附，充分团聚小颗粒粉尘，从而凝结并形成大颗粒，达到源头抑尘的目的。

表 5-7　生物纳膜抑尘原液组成

序号	成　　分	比例/%
1	日用品级生物蛋白	7~15
2	食用级生物多糖	5~10
3	去离子水	65~83
4	氟碳复合表面活性剂	2~5.5
5	偏磷酸铵	1.5~3
6	防冻剂	1
7	缓蚀剂	0.5

在实际使用过程中，生物纳膜抑尘剂原液与水容积比例范围为 0.5∶100~10∶100。针对物料原有粉状细粒级含量和破碎后可产生的粉状细粒级比例，该范围内选择合适的抑尘原液添加比例，抑尘原液的比例越高，最终形成的液膜体积和接触面积越大，固尘抑尘效果也越好。图 5-33 为生物纳膜抑尘剂对皮带行进方向 PM_{10} 浓度分布的影响。

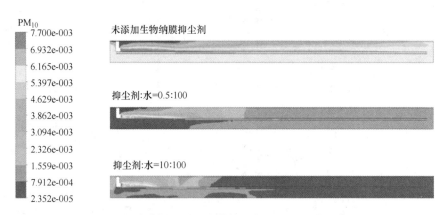

图 5-33　生物纳膜抑尘剂对皮带行进方向 PM_{10} 浓度分布的影响

由图 5-33 可知：

（1）在物料输运过程中，不使用生物纳膜抑尘剂时，PM_{10} 颗粒物充满了皮带，行进沿途分布比较均匀，并且高浓度 PM_{10} 区扩散至整个皮带通廊内；

（2）在皮带转运点处喷洒生物纳膜抑尘剂后，PM_{10} 在皮带通廊内浓度水平有所下降，离落料点越远 PM$_{10}$ 浓度越低；

（3）随着生物纳膜抑尘剂浓度的增大，抑尘效果也更加明显，图 5-34 为生物纳膜喷头实际工作状况。

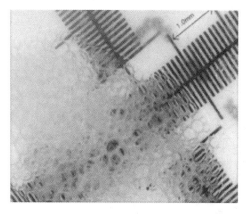

图 5-34　生物纳膜喷头实际工况

同时，针对物料在输运过程中，粉尘在皮带宽度方向上的扩散行为，对物料输运过程进行了仿真分析。结果表明，只有当皮带完全密封的情况下，才能实现物料输运过程粉尘逸散浓度最低，如图 5-35 所示。因此开发了皮带密封导料装置，采用了以下设计：

（1）顶部采用 Y 型双层扩容式和弓形顶设计；

（2）内层采用混炼型聚氨酯橡胶，防止漏料；

（3）外层采用复合聚氨酯耐磨层，寿命长且不伤皮带，如图 5-36 所示。

由于皮带输运末端收尘点负压越大，皮带区域粉尘浓度越低，治理效果

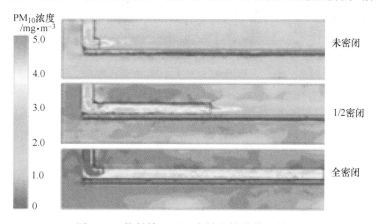

图 5-35　物料输运过程中粉尘扩散模拟结果

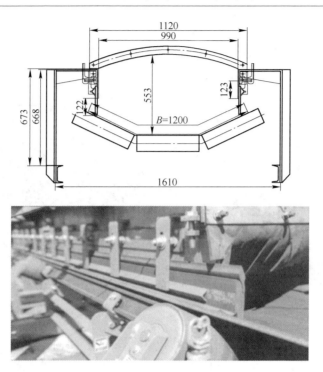

图 5-36　皮带密封装置结构图

越好。因此，在皮带末端安装负压收尘装置，如图 5-37 所示。负压收尘试验表明，负压达到 800Pa 以上时，除尘效率可达到 80% 以上，如图 5-38 所示。

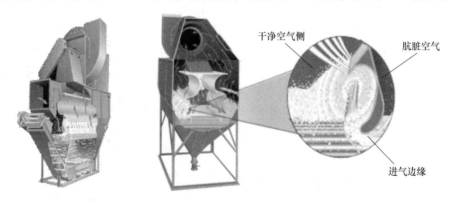

图 5-37　负压收尘装置

通过尘源点监测仪实时监测，实现了落料点的生物纳膜源头抑尘技术、输运过程的皮带密封装置和皮带末端的负压收尘装置的一体化结合，实现了对物料输运过程粉尘的有效抑制，如图 5-39 所示。

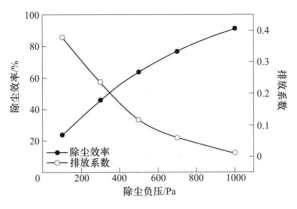

图 5-38 负压收尘试验

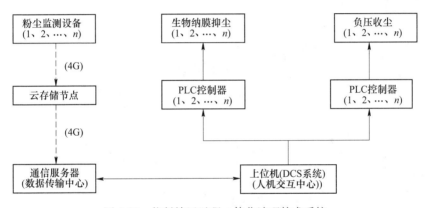

图 5-39 物料输运过程一体化治理技术系统

5.3.4.3 厂区道路无组织扬尘清洁车辆智能调度技术

A 厂区重点污染点位分析

（1）分析原理。

1）调度阈值逻辑原理：结合不同道路监测点位，通过比对各点位的污染数据并进行挖掘分析，找到污染扬尘事件特征规律，分析智能调度阈值逻辑。

2）数据图谱筛选：通过收集到的各道路环境监测点位的污染值数据，对比各污染值数据趋势变化，观察非道路区域和道路区域污染的数据趋势变化图的趋势折线图，选取变化趋势类似的区间图谱，截取该段时间的数据集，进行细节对比分析。

（2）数据分析。以首钢迁钢厂区环境 2019 年 8 月 1~15 日部分监测点位数据为分析依据，例如厂区交叉路口 1 号监测点、相邻道路 2 号监测点（最接近 1 号监测点的道路点位）以及 3 号非道路监测点（最接近 1 号监测点的非道路点位）和 4 号非道路监测点（最接近 2 号监测点的非道路点位）的 PM$_{10}$ 浓度趋势变化如图 5-40 所示。对数据进行整理，分析后得出图 5-41 所示结果。

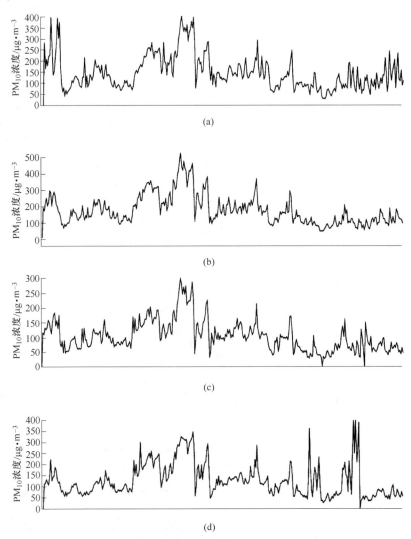

图 5-40　首钢迁钢道路监测点的 PM$_{10}$ 浓度变化趋势图

（a）首钢迁钢 1 号道路监测点的 PM$_{10}$ 浓度变化趋势；（b）首钢迁钢 2 号道路监测点的
PM$_{10}$ 浓度变化趋势；（c）首钢迁钢 3 号道路监测点的 PM$_{10}$ 浓度变化趋势；
（d）首钢迁钢 4 号道路监测点的 PM$_{10}$ 浓度变化趋势

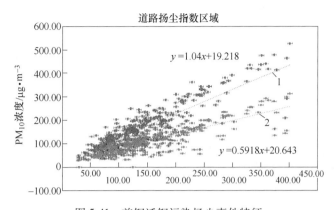

图 5-41　首钢迁钢污染扬尘事件特征
1—线性（道路区域）；2—线性（非道路区域）

以首钢迁钢南料场 2 号棚为例，清洁车智能调度逻辑为：

扬尘污染函数：$g(x) = 1.04x + 19.218$

污染事件函数：$f(x) = 0.5918x + 20.643$

全厂适用性：由于首钢迁钢南料场 2 号棚附近点位数据聚合分类属性较为明显，其区域总污染值和道路扬尘污染的区分较为明显，便于分析。全厂不同主干道的扬尘污染会有不同的变化趋势线，但上文所述的判定关系原理可以普遍适用。

影响条件：针对函数斜率，不同道路附近的工作性质决定函数斜率的大小。不同季节、工厂产量也决定斜率的大小。

B　清洁车辆智能调度技术应用

厂区环境无组织粉尘主要来源于车身粉尘和卡车对道路粉尘的二次碾压的道路扬尘。现有清理方式存在有效清洁效率低和清洁车调度冗杂的问题，因此，急需开发出以颗粒物浓度监测数据为依据，通过数据分析、数据挖掘、路径优化算法等作为手段的清洁设施智能调度系统。

（1）逻辑分析。

1）阈值逻辑：从历史数据中选取污染数值超标次数阈值选取方法：按照《中华人民共和国国家标准环境空气质量标准》并结合当地去年实际污染平均值，设定在 150s 之内 PM_{10} 污染平均值不小于 $300\mu g/m^3$ 为调度清洁车阈值。

2）调度逻辑：历史实时数据中，筛选出所有超过 $300\mu g/m^3$ 的数据，包括设备编码，记录时间，PM_{10} 和 $PM_{2.5}$ 的数值和工厂信息。综合总计所有的超标数据和超标次数，筛选出重点超标点位。

（2）实现路线。以首钢迁钢为例，结合厂区环境管理特点，厂区道路污染数据通过环境道路监测探头收集至数据库，采集的数据主要包括：实时污染数据，小时污染平均数据，日污染平均数据，设备编码，地点信息，车辆类型，道路信息等。然后对取得的数据进行分析，通过重点污染点位统计分析，并结合各厂不同类型的多因子数据进行清洁车调度，实现路线如下：

1）确定污染值超标阈值：现阶段根据现场管理情况采用 $300\mu g/m^3$ 为污染值超标阈值。

2）重点污染点位的分析：通过以往历史数据，筛选出污染超标次数阈值。

3）污染点与车辆的距离计算：污染点位 GPS 信息和车辆 GPS 信息的比对，判断情节车辆的距离信息。

4）多因子耦合：判断道路类型，车辆类型，污染信息，并发送调度指令至调度设备。

5.3.4.4　全厂无组织排放环保智慧平台

通过现场原位测试、数据挖掘，建立了高分辨率的无组织排放源清单、污染预测模型，把全厂 2551 个无组织排放源清单化、信息化、可视化，提炼出 12 种排放特征，归纳成 3 类阵发性排放模型，为治理的智能决策提供支撑；采用集成分析治理技术，以大数据、模型优化算法、机器学习自适应算法等信息技术为手段，建立了迁钢钢铁生产无组织管控一体化平台，实现了数据互联互通、集中智能管控、节能降耗、优化管理，提高效率，保证了无组织超低排放长期科学管控。

平台构架见图 5-42，打通了从尘源点数据、扬尘行为、治理设备状态到污染治理效果的整条数据链，打破传统单点治理模式，无组织排放源"有组织化"，实现环保系统自动化运行。

5.3.5　无组织排放治理效果

2019 年 8～9 月国家监测总站对迁钢无组织排放控制技术进行评估。具体核查工作主要采用现场实地检查及数据分析相结合的方式开展具体核查工作。

监测点分为厂内车间监控点和厂界监控点两类。

监测时间：2019 年 8 月 26～30 日、9 月 1～6 日，共 11 天。具体废气无组织监测内容见表 5-8。

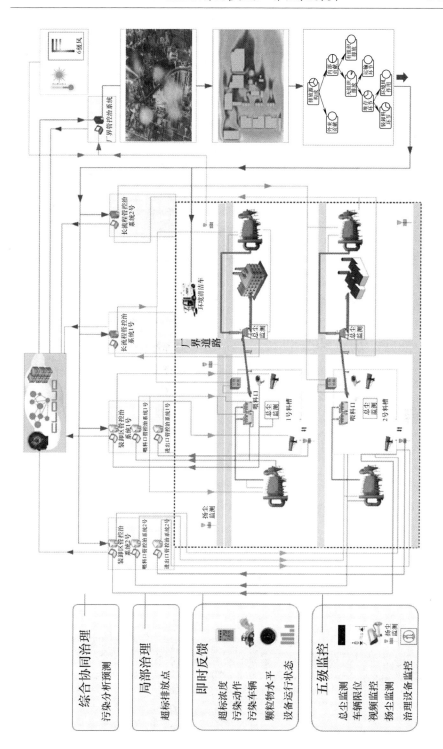

图 5-42 无组织排放管控治一体化系统架构

表 5-8　具体废气无组织监测内容

项目	监测点位	点位编号	布设位置说明	监测项目	监测频次
6×99m² 烧结	厂房门窗边	O1~O2	原料筛分处，烧结不具备条件	颗粒物	监测 11 天，1 天 4 次
360m² 烧结	厂房门窗边	O3~O5	配料车间设 2 个、烧结设 1 个		
球团	厂房门窗边	O6~O7	造球车间两个系列各设 1 个		
高炉	出铁场门窗边	O8~O10	3 个控制室门前各设 1 个		
转炉	厂房门窗边	—	车间负压，不具备条件	—	—
热轧	厂房门窗边	—	车间负压，不具备条件		
硅钢	厂房门窗边	—	车间负压，不具备条件		
厂界	厂界外 1m	O11~O14	上风向布置 1 个、下风向布置 3 个	颗粒物	监测 11 天，1 天 4 次

　　监测结果：10 个车间监控点颗粒物无组织最大排放值为 $1.44\mathrm{mg/m^3}$，厂界监控点的颗粒物无组织最大排放值为 $0.96\mathrm{mg/m^3}$，未超过河北省地方标准《钢铁工业大气污染物超低排放标准》（DB13/2169—2018）中规定的 $5.0\mathrm{mg/m^3}$ 和 $1.0\mathrm{mg/m^3}$ 的标准限值。

参 考 文 献

[1] 李兵，等. 焦化行业 VOCs 深度综合治理方案研究 [J]. 洁净煤技术，2019，25（6）：32~38.

[2] 周朋燕. 焦化厂 VOCs 治理措施分析 [J]. 化工设计，2019，29（3）：48~50.

[3] 王志伟，裴多斐，于丽平. VOCs 控制与处理技术综述 [J]. 内蒙古环境科学，2017，29（1）：1~4.

[4] 李鑫. 焦化厂 VOCs 的治理与浅谈 [J]. 天津冶金，2018（5）：49~52.

[5] 席劲英，王灿，武俊良. 工业源挥发性有机物（VOCs）排放特征与控制技术 [M]. 北京：中国环境出版社，2014：13.

[6] 胡江亮，等. 焦化行业 VOCs 排放特征与控制技术研究进展 [J]. 洁净煤技术. 2019，25（6）：24~31.

[7] 陶伟平. 宝钢环保封闭料场选型及特点分析 [J]. 环境与发展，2018（4）：242~243.

[8] Li B, Chellappa R, Zhang Q, et al. Model-based temporal object verification using video [J]. IEEE Transactions on Image Processing, 2001, 10（6）：897~908.

6 清洁运输关键技术

6.1 大宗物料运输台账智能管理系统

6.1.1 技术介绍

根据《钢铁企业超低排放评估监测技术指南》要求，作为超低排放评估监测基本条件之一，企业应建立进出厂大宗物料和产品运输基础台账。其中，汽车运输应有地磅记录台账，铁路运输应有磅单记录台账，水路运输应有水尺记录台账，管状带式输送运输应有皮带秤记录台账，管道输送应有磅单记录台账或皮带秤记录台账。

大宗物料运输台账应包括企业各项原辅材料登记，登记内容应包括原辅材料名称、运输方式、进场时间、运输量（吨、升等）。所有原辅料的采购协议应存档备查，进出场有地磅的，应做好地磅记录，每日原辅料消耗情况应登记存档及场内原辅材料库存量应记录。

（1）铁路专用线运输。铁路专用线运输进场，应做好进场材料登记，并每日汇总存档，分级管理中有铁路专用线运输的，企业应根据日进场原辅料总量确定专用线运输比例。

（2）公路运输。采用公路运输方式，以每日运输车辆数量为基础，登记每车运输货物数据统计。

（3）水路运输。采用水路方式运输，以每日船只运输为基础，登记每船水尺记录数据统计。

（4）管状带式输送。采用管状带式输送，以每日运输管状带式输送机数据为基础，应有皮带秤记录数据统计。

（5）管道输送。采用管道输送，以每日运输磅单或管状带式输送机数据为基础，应有磅单记录台账或皮带秤记录数据统计。

超低排放现场评估监测包括清洁方式运输符合性评估，即调取企业近三个月所有大宗物料（包括铁精矿、煤炭、焦炭、废钢以及外购烧结矿、外购球团矿、石灰、石灰石、铁合金、钢渣、水渣等）和产品（包括钢材、外售中间产品等）的运输量，以及铁路、水路、管道或管状带式输送机等清洁方式运输大宗物料和产品的运输量、运输方式及相关台账。同时企业应对清洁方式运输合同和进出厂凭证等进行存档备案。

清洁方式运输比例计算方法如下：

$$\eta = \frac{A + B}{C + D}$$

式中　η——企业超低排放清洁运输比例，%；

　　　A——企业评估期内采用清洁运输方式的大宗物料运输量，包括铁精矿、煤炭、焦炭、废钢，以及外购烧结矿、外购球团矿、石灰、石灰石、铁合金、钢渣、水渣等，万吨；

　　　B——企业评估期内采用清洁运输方式的产品运输量，包括钢材、外售中间产品等，万吨；

　　　C——企业评估期内全厂大宗物料运输量，包括铁精矿、煤炭、焦炭、废钢，以及外购烧结矿、外购球团矿、石灰、石灰石、铁合金、钢渣、水渣等，万吨；

　　　D——企业评估期内全厂产品运输量，包括钢材、外售中间产品等，万吨。

钢铁超低排放评定，进出企业的大宗物料和产品采用铁路、水路、管道或管状带式输送机等清洁方式运输量比例达到80%及以上；或清洁方式运输量比例达不到80%但进出企业公路运输车辆全部采用新能源汽车或国六排放标准的汽车（2021年年底前可采用国五排放标准的汽车）。

6.1.2　工程案例

6.1.2.1　大宗物料和产品运输基础台账

××公司大宗物料和产品运输基础台账一览表见表6-1。

表6-1　××公司大宗物料和产品运输基础台账一览表

序号	台账名称	台　账　内　容
1	铁精矿水路运输表	序号、计量汇总单号、质检委托单号、物料编码、物料名称、计量单位、总重量、总干基、总杂质、运输方式、记账日期、采购订单号、供应商、收货工厂、收货库存地
	铁精矿铁路运输表	车号、计量申请单号、汇总单号、接车单号、物料编码、物料名称、运输方式、净重、扣杂量、扣包装量、毛重、皮重、计量单位、采购订单号、供应商、收货工厂、收货库存地、卸货工厂、卸货库存地

序号	台账名称	台账内容
2	焦煤水路运输表	序号、计量汇总单号、质检委托单号、物料编码、物料名称、计量单位、总重量、总干基、总杂质、运输方式、记账日期、采购订单号、供应商、收货工厂、收货库存地
	焦煤铁路运输表	车号、计量申请单号、汇总单号、接车单号、物料编码、物料名称、运输方式、净重、扣杂量、扣包装量、毛重、皮重、计量单位、采购订单号、供应商、收货工厂、收货库存地、卸货工厂、卸货库存地
3	喷吹煤水路运输表	序号、计量汇总单号、质检委托单号、物料编码、物料名称、计量单位、总重量、总干基、总杂质、运输方式、记账日期、采购订单号、供应商、收货工厂、收货库存地
	喷吹煤铁路运输表	车号、计量申请单号、汇总单号、接车单号、物料编码、物料名称、运输方式、净重、扣杂量、扣包装量、毛重、皮重、计量单位、采购订单号、供应商、收货工厂、收货库存地、卸货工厂、卸货库存地
	喷吹煤汽车运输表	车号、计量申请单号、汇总单号、接车单号、物料编码、物料名称、运输方式、净重、扣杂量、扣包装量、毛重、皮重、计量单位、采购订单号、供应商、收货工厂、收货库存地、卸货工厂、卸货库存地
4	动力煤铁路运输表	车号、计量申请单号、汇总单号、接车单号、物料编码、物料名称、运输方式、净重、扣杂量、扣包装量、毛重、皮重、计量单位、采购订单号、供应商、收货工厂、收货库存地、卸货工厂、卸货库存地
5	废钢水路运输表	序号、计量汇总单号、质检委托单号、物料编码、物料名称、计量单位、总重量、总干基、总杂质、运输方式、记账日期、采购订单号、供应商、收货工厂、收货库存地
	废钢汽车运输表	车号、计量申请单号、汇总单号、接车单号、物料编码、物料名称、运输方式、净重、扣杂量、扣包装量、毛重、皮重、计量单位、采购订单号、供应商、收货工厂、收货库存地、卸货工厂、卸货库存地
6	石灰汽车运输表	车号、计量申请单号、汇总单号、接车单号、物料编码、物料名称、运输方式、净重、扣杂量、扣包装量、毛重、皮重、计量单位、采购订单号、供应商、收货工厂、收货库存地、卸货工厂、卸货库存地
7	石灰石水路运输表	序号、计量汇总单号、质检委托单号、物料编码、物料名称、计量单位、总重量、总干基、总杂质、运输方式、记账日期、采购订单号、供应商、收货工厂、收货库存地

序号	台账名称	台 账 内 容
7	石灰石汽车运输表	车号、计量申请单号、汇总单号、接车单号、物料编码、物料名称、运输方式、净重、扣杂量、扣包装量、毛重、皮重、计量单位、采购订单号、供应商、收货工厂、收货库存地、卸货工厂、卸货库存地
8	铁合金汽车运输表	车号、计量申请单号、汇总单号、接车单号、物料编码、物料名称、运输方式、净重、扣杂量、扣包装量、毛重、皮重、计量单位、采购订单号、供应商、收货工厂、收货库存地、卸货工厂、卸货库存地
9	钢渣汽车运输表	序号、日期、产品名称、外销重量、运输方式、备注
10	水渣（超细粉）水路运输表	序号、离港日期、托运人、船名、货物名称、吨数
11	钢材水路运输表 钢材铁路运输表 钢材汽车运输表	码单号、车号、核对、预车号、码单日期、运输方式、合同性质、合约号、合同号、交货状态、最迟交货期、送达方名称、售达方名称、货权用户、仓库代码、材料号、牌号、材料净重、材料毛重、材料厚度、材料宽度、材料长度、材料实际外径、交货地点名称、专用线名称、合同终交点、结算区域、准发日期、合同订货月、计划号、品名名称、计重方式、发货人工号、码单类型、承运商、运费结算方式、发票抬头、销售渠道、产品大类、原料使用重量、炉号、班组、销售品种、最终用户

6.1.2.2 与生产消耗数据核验

××公司20××年1~3月生产消耗与运输对比情况见表6-2。

表 6-2 ××公司20××年1~3月生产消耗与运输对比情况 （万吨）

名 称		1月	2月	3月	平均
原辅燃料	生产消耗量	234.59	249.85	271.56	252.00
	运输量	251.58	288.51	261.26	267.12
	相差	16.99	38.66	-10.30	15.12
钢产品	产量	93.10	105.16	115.36	104.54
	运输量	86.17	101.58	119.47	102.41
	相差	6.93	3.58	-4.11	2.13

从表6-2来看，××公司20××年1~3月，吨产品原辅燃料生产消耗量为2.41t，吨产品原辅燃料运输量为2.61t，扣除库存、铁矿和煤含水率变化等因素，进入厂区大宗物料运输量与实际生产消耗量基本一致，钢产品产量与运

输量基本一致。

6.1.2.3 凭证和票据校核

（1）火车运输校核。××公司20××年1月火车运输台账与票据校核表见表6-3。

表6-3 ××公司20××年1月火车运输台账与票据校核表

大宗物料和产品	运输票据（20××年1月）			运输台账/万吨
	票据名称	数量/张	净重/万吨	
自产粉	《××公司自产铁精矿火运结算汇总单（1月份）》	1	27	27
地方粉	《××公司地方铁精粉火运结算汇总单（1月份）》	1	3	3
进口矿	《××公司进口矿火运结算汇总单（1月份）》	1	48	48
烟煤	《××公司计控室物资计重计量清单》	143	11	11
无烟煤	《××公司计控室物资计重计量清单》	29	1	1
钢渣	《20××年1月××物资倒运货票汇总表》	1	9	9
产品	《××公司20××年1月（棒线）钢铁产品火车运费结算明细表》	2	27	28
	《××公司20××年1月（板卷）钢铁产品火车运费结算明细表》	1	1	

通过对《××公司自产铁精矿火运结算汇总单（1月份）》《××公司地方铁精粉火运结算汇总单（1月份）》《××进口矿火运结算汇总单（1月份）》《××公司计控室物资计重计量清单》《20××年1月物资倒运货票汇总表》《××公司20××年1月（棒线）钢铁产品火车运费结算明细表》《××公司20××年1月（板卷）钢铁产品火车运费结算明细表》全部票据进行校核，运输台账与票据完全一致。

（2）皮带运输校核。××公司20××年1月皮带运输台账与票据校核表见表6-4。

表6-4 ××公司20××年1月皮带运输台账与票据校核表

大宗物料和产品	运输票据（20××年1月）			运输台账/万吨
	票据名称	数量/张	净重/万吨	
自产粉	《××公司自产粉皮带秤计量确认单（1月份）》	1	12	12
进口粉	《××公司自产粉皮带秤计量确认单（1月份）》	1	3	3
焦炭	《××煤化工有限责任公司供焦炭计量单》	1	22	22
水渣	《水渣用量对账单（20××年）》	1	15	15

通过对《××公司自产粉皮带秤计量确认单（1 月份）》《××煤化工有限责任公司焦炭计量单》《水渣用量对账单（20××年）》全部票据进行校核，运输台账与票据完全一致。

（3）汽车运输校核。××公司 20××年 1 月 15 日汽车运输台账与票据校核表见表 6-5。

表 6-5　　××公司 20××年 1 月 15 日汽车运输台账与票据校核表

大宗物料和产品	运输票据（20××年 1 月 15 日）			运输台账/t
	票据名称	数量/张	净重/t	
外购废钢	《××公司废钢铁送货验收单》	20	815	815
石灰石	《××公司物流管理单》	6	474	474
产品	《××公司产成品发货清单》	75	184	2562
	《××公司汽运产品发货清单》	144	2378	

汽车运输随机选定 1 月 15 日作为校核对象，对外购废钢、石灰石和产品进行校核。通过对《××公司废钢铁送货验收单》《××公司物流管理单》《××公司产成品发货清单》《××公司汽运产品发货清单》全部票据进行校核，运输台账与票据完全一致。

6.2　智能门禁和车辆管理平台技术

6.2.1　技术介绍

6.2.1.1　智能门禁系统

根据超低排放，要求建立全厂的门禁管理系统。智能门禁管理系统是针对工业企业复杂人员车辆流动条件下存在的管理混乱等问题而建立的一体化人员车辆识别管理系统，其主要包含图 6-1 所示的系统及功能。

智能门禁管理系统负责对全厂生产作业区域内的车辆进出进行智能管理，并实施将数据上传至全厂集中控制系统进行分析统计和记录备档。智能门禁系统主要分为 4 个子系统：

（1）建立学习型数据库，即车辆人员电子台账，主要包括厂内车辆台账、外部运输车辆台账和非道路移动机械台账。台账内容包含但不限于车牌所对应车辆的车型、使用人信息、车况、排放标准等基本信息，且电子台账管理与维护的完善，可扩展加装升级系统及功能，加强厂内车辆的流动与调度。

（2）车辆管理以电子台账数据库信息为基础，结合国家政策及厂区管理制度，依据厂区运营基本需求对行驶进出车辆符合性进行识别与判断，指导

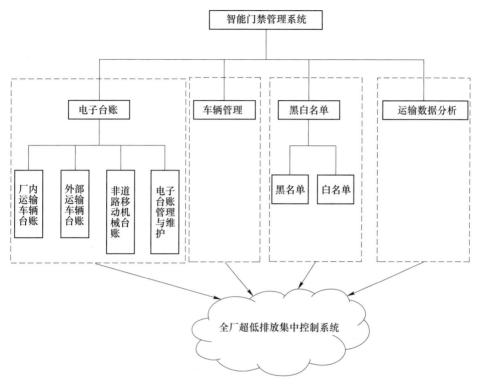

图 6-1 智能门禁管理系统及功能

车辆的通过放行与调度。

（3）黑白名单子系统根据车辆台账基本信息与实际运行记录，对车辆进行黑白名单分类。对不符合环境标准或运营标准的车辆列入黑名单；对合规车辆列入白名单且予以放行，并定期排查。

（4）运输数据分析系统通过记录的车辆管理累计数据和物流信息，对运输数据进行汇总收集以及统计分析，建立合理的模型用于台账档案的完善[1]。

6.2.1.2 车辆管理平台技术

各钢铁企业在建立物流优化及物流管控模式基础上，为加强汽运物流车辆进出厂计划性、预知性智能管控、车辆的排队管理，通过实施门禁管理、物流 IC 卡管理、GPS 或北斗车辆跟踪等系统，实现对车辆进出钢铁企业厂区的有效控制，实现对物流车辆行驶路线、速度、时间的管理和控制，实现物流车辆从进厂、检验、过磅、卸货及出厂全流程监控和调度。

钢铁企业传统物流系统各自独立，通过何种方式将各系统有机集成，形成以车辆信息、业务信息、计量信息、形式路线信息等为主的进厂物流数据成为摆在各钢铁企业面前的一个困难，而汽运平台管理系统正是为解决此问题。车辆管理系统，对即将进厂的车辆信息以及拉运物资信息等（具体信息包括车牌号、订单号、物料名称、卸货地点、进厂大门、出厂重量、相关检化验数据等），通过与相关系统进行接口，为其提供系统运行的基础数据，从而保证了门禁系统、IC 卡现场制卡、GPS 系统或北斗系统的有效运行。系统主要功能如下：

计划管理模块即在系统中将进厂供应商及销售商的订单号（合同号）、进厂日期、进厂大门、进厂物料、进厂总量、卸货地点等信息进行管理。上述信息中，进厂大门和卸货地点用于绑定车辆进厂行驶路线，为后续 GPS 车辆或北斗系统跟踪提供基础数据；进厂总量用于控制供户当天供货数量，防止用户超量供货导致现场无库位卸货的情况发生。计划管理模块的进厂数量限定了车辆实际进厂数量不得超出上限，如果超出，则供货商不能操作车辆详细预报，车辆也就无法进厂完成业务。需要向仓储单位申请后，更改总量预报，车辆方可预报进厂。

具体执行模块主要由供应商及销售商在系统中根据总量预报信息详细预报每一车辆的车牌号、出厂毛重/ 皮重/ 净重以及相关检化验分析、结算等。其主要作用为后续现场制卡或实时结算以及检斤数据比对等提供基础数据。该模块为保证供户预报方便，可以通过互联网直接访问。

密码设置为了保证各供应商及销售商只能看到自己的供应商预报信息，执行模块采用了 SAP 系统中的供户主数据作为用户名进行登录。登陆后，提供了密码修改功能，用于供户设置密码。

质量管理用于供应商及销售商录入供应物料的进出厂质量检验数据，用于后续与企业进厂的质量检验数据进行比对。

在车辆具体执行模块管理界面，供应商及销售商对应总量预报录入车牌号、原过毛重/ 净重信息。预报完的信息将传至门禁管理系统，相关信息将根据车辆详细预报信息依托车号或 IC 卡等媒介进行存储。除业务信息外，原过毛重/净重信息将记录入相关的数据库中，用于车辆在进厂检斤环节。

排队系统模块：到场车辆进行实时调度与信息传输，包括到厂时间、排队时间、进厂呼叫以及进出场的自动门禁系统的信息连问与拍照存储。

信息查询管理模块：单车预报查询信息，用于查询总量预报下的单车预报情况信息。预报实重查询，在车辆完成进厂后的业务流程后，在该界面可查询到车辆的预报重量、进厂时间、过磅重量及时间等相关信息，可了解车辆亏吨情况。

实施效果：实现汽运采购车辆进厂计划管理，现进出料场汽运供应业务及销售业务车辆均提前一天预报第二天进厂供应商及销售商的订单号、进厂大门、卸货地点及装货地点、进厂数量等信息。一方面规范进厂车辆的秩序，进厂车辆必须按照企业预报的大门、卸货及装货地点进入厂区，不得随意更换供料区域及装货区域，同时要求供户必须按照预报数量去组织运输，不得随意增加或减少预报数量；另一方面通过进厂大门、卸货及装货地点信息为北斗车辆管理系统提供路线基础数据，确定车辆厂内行驶路线。实现汽运车辆进厂预确报管理，汽运供应及销售车辆进厂预报功能将实际业务与系统有机结合，在系统中规范并真实体现了车辆的拉运信息，为后续 IC 卡现场制卡或以车号识别为依托的车辆确认业务、净重数据比对业务、车辆排队系统等功能的实现提供可靠的基础数据[1]。

6.2.2　工程案例

6.2.2.1　门禁系统

首钢迁钢：迁钢公司设置了门禁和视频监控系统（图6-2、图6-3），用于监控并记录运输车辆进出厂情况。门禁系统在厂区各物料进出口均设置了摄像头，实现全场实时监控运输车辆进出厂情况。门禁和视频监控系统具备车牌号智能识别功能，可自动识别进出厂车辆车牌信息并上传至后台管理端，且具备视频监控数据保存 3 个月及以上时间能力。

图6-2　门禁视频采集中控室画面　　　图6-3　门禁和视频监控系统现场图

首钢京唐公司：京唐公司现有 3 个大门，大宗物料和产品汽车运输车辆仅通过 2 号大门进出厂。2 号大门设置了门禁和视频监控系统，4 个车道均单独配备摄像头，用于监控并记录运输车辆通过该大门进出厂情况，并集成到全厂的安保中控系统统一监管，如图 6-4 所示。门禁和视频监控系统具备车牌号智能识别功能，可自动识别进出厂车辆完整车牌号，上传至后台管理端，且具备视频监控数据保存 3 个月及以上时间能力，并通过与国家相关平台数据对接方式实现车辆排放阶段的识别。

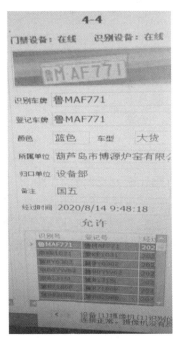

图 6-4   2 号大门门禁和视频监控设施

2 号大门监控系统（图 6-5）配备了总存储容量为 8T 的硬盘，视频存储格式为 WD1，码流大小为 1024Kbps，监控 4 路画面，按照 3 个月 92 天、每天 24h 计算，3 个月监控视频的存储大小约为（1024×3600×24×4×92）/8/1024/1024 = 3881.25G；实际监控录像存储时，单日单车道监控录像大小为 15 ~ 18G，以 92 天计，3 个月视频监控录像数据大小约 6.5T，具有可保存 3 个月及以上数据能力。

纵横钢铁：纵横钢铁现有 7 个大门，大宗物料和产品汽车运输车辆通过 2 号、3 号、4 号、6 号、7 号大门进出厂。各大门均设置了门禁和视频监控系统，并根据车道的多少单独配备摄像头，用于监控并记录运输车辆通过该大门进出厂情况，并集成到全厂的安保中控系统统一监管。门禁和视频监控系

图 6-5 2 号大门监控系统

统具备车牌号智能识别功能，可自动识别进出厂车辆完整车牌号，上传至后台管理端，且具备视频监控数据保存 3 个月及以上时间能力，现阶段采用事前审核方式实现车辆排放阶段的识别，符合《意见》中门禁和视频监控系统建设要求，建议进一步利用国家相关数据资源，实现进出厂区车辆的自动审核，见图 6-6。

现阶段事前审核流程如下：车辆司机提供运输车辆行驶本、环保随车清单或者车辆排放情况提供给门禁保卫，由保卫对车辆通过环保车辆的网站进行查询排放阶段，保卫在其系统上通过车辆审核确认后，到厂车辆才能够通过审核后系统确认的信息刷身份证入厂。

图 6-6 7 号大门门禁和视频监控设施

门禁监控系统：存储能力超过 90 天，每台硬盘录像机有 8 块 4T 硬盘，15 路摄像机，单路流量 4M，每路每天存储需 21G，视频格式采用 H265，分辨率为 1920×1080（1080P）。

6.2.2.2　车辆管控平台

山钢日照钢铁精品钢基地的车辆管理是支撑业务经营中的重要环节,每年数千万吨的原料、产品、备件及社会车辆每天频繁地进出厂,但长期无车辆统一管理规划而增加无谓的成本。同时企业面临环保标准的严苛要求,对于货运车辆的环保信息、采购及成品销售车辆的精准定位也对车辆统一管理提出更高的要求。较为突出的问题包括车辆环保信息收集困难,根据环保要求,需要精准提供进出厂货运车辆的环保信息,该类信息查询收集困难,目前部分车辆在公开的查询网站上查询不到,无法验证车辆环保信息,且需人工将环保需要的信息分别维护到物流管理系统、进出厂管理系统(门禁系统)、远程计量系统等多个系统,造成业务人员劳动强度较大,工作效率低,执行意愿低;社会车辆定位困难,针对长期合作的承运单位的固定车辆,目前已经采购并安装了 500 套 GPS 定位设备,基本具备车辆定位功能;但对于非固定车辆,如供应商送货上门、成品销售出场、客户自提等类型的车辆,由于社会车辆占比超过 80%,无法做到由日照公司采购并安装 GPS 设备进行监管;多系统导致车辆信息维护困难,车辆信息不能共享。目前日照公司参与车辆进出厂管理的系统较多,物流系统负责厂内倒运、采购进厂(大宗物料)、销售出厂、采购短倒;计量系统负责计量服务;进出厂门禁系统负责 BOO\BOT 单位车辆、设备(备件)运输车辆、社会车辆(小车)等。

这些问题的解决需要利用信息化手段,优化管理流程和制度,建立统一的车辆数据管理平台。根据日照公司管理流程创建和信息化顶层设计的成果,在其他核心信息系统已经建设成功的情况下,完成车辆统一管理这块"拼图"的意义显得更加重要。

公司为实现所有进出厂车辆信息统一管理,在系统间自动传输并自动校验,保证车辆基本信息、环保信息维护的准确、高效,同时大大降低人的工作量,避免人为原因导致的信息录入不准确;为解决现有系统业务范围内的车辆定位跟踪以及物流数据的统计分析等问题,建立各业务系统之上的车辆监控数据中台,在保证现有业务流程不变的前提下,完成车辆信息的统一管理。

公司规划新增的车辆统一管理平台具体包括车辆数据中台、运输业务全流程实时监控、物流信息定位展板、车辆道路偏移预警、停车预警、预计到达、违章统计与报警、物流运输里程统计等功能。

A　平台架构

以车辆统一管理为目标,充分考虑钢铁行业的产品外发、采购进厂、厂内运输等方式,社会车辆占比大、监管难的现状,利用外部支撑企业货运平台数据（同步全国货运平台数据），在不额外加装 GPS 硬件设备前提下解决所有进出厂车辆的基本信息、环保信息、定位信息的获取。同时，为了保证客户使用时的便捷性、友好性，增强用户体验，本平台在不改变现有业务流程情况下，采用接口对接方式，系统自动获取数据予以展示，保证界面及操作简洁、友好。

B 功能板块

（1）车辆实时监控。根据下游业务系统提供的车牌号信息，作为中交兴路平台查询条件，以全国地图为基准，实时展示进厂车辆定位信息，并在进入厂区范围内，提示到达提醒，支持地图显示车辆位置、厂区围栏和基本地图操作功能。

（2）物流定位展板。根据下游业务系统提供的物流预约信息，包括：运输公司、客户＼供应商、运输货物清单，配合北斗定位信息提供展示看板，同时根据预约信息及定位预估进场时间，可为进场业务提供准备时间。地图上显示车辆最新位置，并弹窗显示基本资料、最新位置、状态、滞留时长，显示字段包括车牌号、进厂时间、注册日期、车架号、发动机号码、排放阶段、行驶证照片等。

（3）异常预警展板。提供多种维度的统计，包括偏离预警、停车预警、离线预警、异常停车、预计到达等。

（4）车辆统计展板。展示进出车辆信息，包括总数、在线车辆数、离线车辆数、排放预警车辆数，可根据匹配的运输任务，按物料种类、运输类型、车辆类型等维度进行展示。显示半年内入园车辆的进出记录表，支持按车牌号、车架号、起止时间段、围栏名称、排放标准等查询条件，支持导出车辆详细信息（行驶证照片仅可以导出 URL 链接）。

6.3 气力输送技术

6.3.1 技术介绍

6.3.1.1 气力输送历程

（1）国外历程。气力输送方法距今已经有 200 多年的历史，早在 19 世纪初，梅德赫斯特就大胆设想风送邮件；到了 1853 年欧洲制造出首套简单的气力输送系统；8 年后，Bammell 设计建造了第一套筒车气力输送系统。受加工制造水平的约束，气力输送在很长时间内几乎处于停滞状态。到 20 世纪初，由于大风量和风压装置的加工制造水平越发成熟，气力输送逐渐由码头装卸发展到车间的物料输送，经过此后 30 年间的发展，气力输送已经广泛应用于车间内部。

在第二次世界大战期间，固体流态化技术发展迅猛，从而有力地推动了对气力输送的研究。1960 年后，众多学者试着构建气固流运动的模型。随着稀相输送本质不足的逐渐暴露，研究者开发出密相输送方式，由于该输送方式具有低速、耗气量小、能耗低等特点吸引了广大学者的进一步研究。近 10 年来，随着节能减排的提出，对密相输送方面的研究以及稀、密相对比研究也多了起来。

（2）国内历程。中国的气力输送系统研究起步晚、起点低，如今集中运用在炭黑输送、高炉喷煤、除尘灰、水泥输送以及粉煤灰输送等应用领域，设备通常采用引进消化再仿制，自主创新能力薄弱。

中国学者最早是将气固流看作气相流和固相流，通过两相流态化从而作进一步分析。一直以来，中国研究人员始终围绕着气力输送的机理、压力消耗和按比例放大应用等方面，对稀、密相输送形式的能量消耗考虑较少。

6.3.1.2　气力输送系统简介

气力输送是进行物料输送的一种方式，通过空气作为动力源，在输送管路上产生静压或者动压使物料沿着管线输送，最终在管线末端通过料气分离装置使气体和物料分离，从而达到输送物料的目的。

一般情况下，可以将气力输送系统各部分按照功能进行划分，即气源设备、喂料装置、管道及仪表、分离除尘设备等 4 大部分，各基本部分的位置和选择不同，就构成了不同形式的气力输送系统。正压气力输送系统布置见图 6-7。

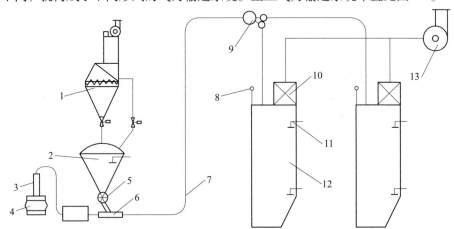

图 6-7　正压气力输送简图

1—拆包机；2—发送罐；3—隔音器；4—罗茨风机；5—旋转给料机；6—加速室；7—管道；
8—压力表；9—换向阀；10—除尘器；11—料位开关；12—料仓；13—离心风机

6.3.1.3 气力输送的特点

气力输送系统具有明显的特征,属于管路输送,没有回程。管路输送是指输送线完全为管道,没有机械传动部分,输送时不占地面,而且输送中物料与外界隔绝,不受外界的影响,也不会对外界造成污染等影响,设备简单。车船或专用容器输送等间歇式输送和链式、带式运输机等循环输送,需有返回加料,而气力输送则没有回程,这就减少了额外的动力消耗,并且无需占据较大的空间。气力输送的输送介质为空气,在多数情况下到终点后即排入大气,没有必要再送回始端。

A 气力输送的优点

(1) 输送管道占地面积最小。

(2) 管路柔性灵活,设备投资少。可以因地制宜选择最优方案,如进行由数点集中送往一处,或由一处分散送往数点的远距离操作。

(3) 清洁、低污染。密封系统能防止被输送物对环境的污染,通过合理的设计,能使得气力输送系统做到真正的无尘,这在负压输送中尤为明显。

(4) 输送效率高,可将输送过程与工艺过程相结合,简化工艺设备和过程。

(5) 作业人员与输送量无关,人员配置可以最少,管理方便。

(6) 可用于长距离输送。

(7) 对于化学性能不稳定的物料,可以采用惰性气体输送。

B 气力输送的不足

(1) 物料的特性很大程度上决定了是否能够进行气力输送,如对于易碎、黏性较大、吸潮结块、易氧化的物料不适合气力输送。

(2) 气力输送系统动力消耗大,与其他散装物料输送设备相比,气力输送方式能耗较大,特别是负压稀相输送。稀相气力输送的动力消耗为斗式提升机的 2~4 倍,为带式输送机的 15~40 倍。而且,输送距离越近,这种现象越明显。

(3) 伴随高速高能耗的运行,气力输送也存在设备磨损和被输送物的破损问题。

6.3.1.4 气力输送的分类

气力输送的分类方法较多,主要有两种分类方式:一种是依据装置类型,使得管道内成正压状态或者负压状态;另一种是根据管道中物料的流动状态进行划分,其依据为料气比值、物料输送相图、输送能力等。

A　按输送装置分类

按输送装置不同，气力输送可以分为吸送式、压送式、混合式。

（1）吸送式。吸送式气力输送又称为负压输送，是通过罗茨风机或真空泵安装在系统末端使得管道中的空气压力低于外界大气压力，物料和空气通过吸嘴或者旋转阀喂料一同进入输送系统，被吸送至料气分离器，经过料气分离后，空气通过除尘器的过滤又回到大气中。吸送式气力输送的基本布置见图6-8。

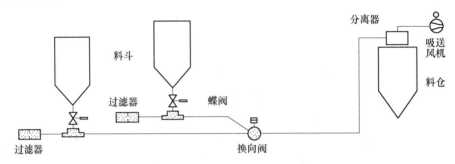

图 6-8　吸送式气力输送简图

（2）压送式。压送式气力输送是将风机安装在输送系统的起点，使得管道系统的压力大于大气压力，高压气体与喂料器供给的物料一同沿着输送管道压送至料气分离器，物料进入料仓，而气体经过除尘器过滤后排入大气，如果是惰性气体则回收再次利用。压送式气力输送的典型布置见图6-9。

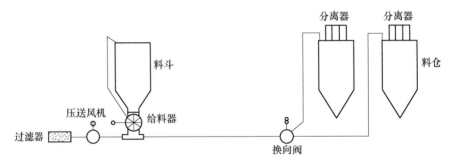

图 6-9　压送式气力输送简图

压送式输送对风机磨损较小，对于分离器和除尘器结构要求也比较简单，适合于大批量、长距离输送。其不足之处在于，装置比较复杂，对系统密封性能要求较高，维修保养工作量大。

压送式气力输送装置根据压力的大小又可进一步分为低压压送、中压压送和高压压送3种形式。表压在0.05MPa以下为低压输送，空气密度变化不大；表压在0.05~0.1MPa之间时为中压输送，低中压输送速度在25~30m/s，输送速度高，管壁磨损剧烈，耗气量大，并且对除尘器要求也高，一般适合中短距离输送；当表压超过 0.1MPa 时即为高压输送，其输送速度较低，管道磨损小，物料破碎率低，耗气量小，适合于长距离、大批量输送。

（3）混合式。混合式气力输送系统就是将吸送式和压送式相结合后的输送系统，该输送方式结合了吸送式和压送式各自的优点，在同一系统中既有正压又有负压，能够满足较为复杂的工艺要求，其输送量和输送距离都相应得到提高。混合式气力输送的布置见图 6-10。

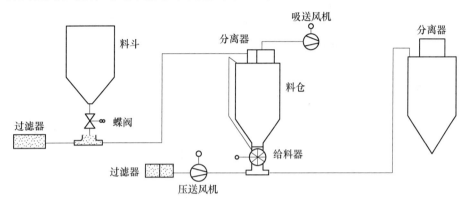

图 6-10　压送式气力输送简图

B　按流动状态分类

按流动状态不同，气力输送可以分为稀相气力输送、浓相动压气力输送、浓相静压气力输送。

（1）稀相气力输送。稀相输送属于颗粒悬浮输送，在经济速度线右边，靠高速气流所形成的动能来携带物料，其气速约在 15m/s 以上，末端气速可达到 20~40m/s，料气比一般在 10 以下，整个系统的压力损失也比较小。典型稀相输送系统布置见图 6-11。

（2）浓相动压气力输送。气流速度在 8~15m/s 之间，物料在管内已不再均匀分布，而呈密集状态，但管道并未被物料堵塞，因而仍然依靠空气的动能来输送，称为浓相动压输送。

这类流动状态的气送装置有：高压压送、高真空吸送和流态化输送。料气比的变化范围很大，高压压送与高真空吸送的料气比大致在 15~50 之间，流动状态呈脉动集团流。而对于易充气的粉料，料气比可高达 200 以上，呈流态化输送。

（3）浓相静压气力输送。物料密集而栓塞管道，依靠气流的静压来推送物料，称为浓相静压气力输送。可分为柱流和栓流两种。

柱流气力输送：密集状物料连绵不断地充塞管道内而形成料柱，其运动

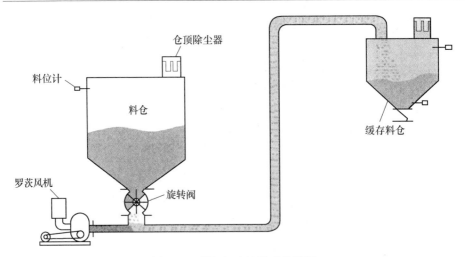

图 6-11　稀相气力输送系统简图

速度较低，一般仅 0.2~2m/s，仅能用于 30m 以内的短距离输送。

栓流气力输送：人为地把料柱预先切割成较短的料柱，输送时气栓与料栓相间分开，从而可以提高料栓速度、降低输送压力、减少动力消耗以及增加输送距离，是目前最好的中距离输送方法。

对于稀相输送，被输送物料的质量流量与输送气体的质量流量之比较小，物料颗粒的间距较大，输送气体的压力较低，输送速度较大。稀相输送一般适用于被输送物料的质量和粒度较小、干燥和易流动、输送距离较短的场合。在稀相气力输送过程中，由于物料尺度很小，悬浮速度也很小，悬浮压降所占比例很小，固气速度比约等于 1，因此可近似假设物料和气流两者的速度相等，将悬浮压降包括在摩擦压降中，此时颗粒体的输送可视为气固混合为一体的输送。

为了克服稀相气力输送的不足，浓相气力输送技术随之产生。低速浓相输送技术具有许多优点。首先，因其输送速度低，故能耗大大降低，仅为动压气送的 35%~60%，可实现最少的管道磨蚀和物料破损，而高浓度可使耗气量少，这一优点对于输送防爆、防燃和因保留香味而必须采用昂贵惰性气体作输送介质时就显得更为突出；其次，因耗气量少而使输送终端的料、气分离比较容易，空气过滤设备也就小得多，降低了成本；再次，粒子的静电荷减少有助于防止诸如粉尘爆炸和压降逐渐增加的问题。因此，低速浓相气力输送是当前气力输送技术发展的趋势[3]。

6.3.1.5　气力输送的基本流型

气力输送中的气固两相流由于受两相物性（如流体密度、黏度，颗粒密度，粒径分布、形状、大小以及相界面张力等）、操作条件（如输送量、流体速度、固相含量、操作温度、压力等）和过程环境（过程设备的形状、大小、相对位置及方向）等影响，其流型是多种多样的。以气固水平输送为例，随着输送气体速度的变化，大体包括悬浮流、管底流、疏密流、脉动流、部分流和栓塞流等不同的流型。而不同的流型有完全不同的流动规律和相间阻力、壁面阻力规律。一般说来，在一种流型下得到的流动规律不能随意推广到别的流型，可见两相流动非常复杂。

流型主要是随气流速度及气流中所含物料量的不同而发生变化。从现象来看，有悬浮运动和集团（塞状）运动两大类。而悬浮运动又可分为均匀流、管底流、疏密流等，集团流动则又分为集团流、塞状流、部分流。通常，当管道内气流速度很快而物料量又很少时，物料颗粒基本上接近均匀分布，并在气流中呈完全悬浮状态前进，此时称为均匀流。随着气流速度逐渐减小，物料量有所增多，作用于颗粒上的气流推力也就减小，使颗粒移动速度相应减慢，加上颗粒间可能发生碰撞，部分颗粒逐渐下沉接近管底，物料分布变密，但所有物料仍然前进，此时称为管底流。气流速度再进一步减小时，可以看到颗粒呈层状沉积在管底，这时气流及一部分颗粒在它的上部空间通过。在沉积层的表面，有的颗粒在气流作用下也会向前滑移。当气流速度再低或者物料量更多时，大部分较大的颗粒会失去悬浮能力，不仅出现颗粒停滞在管底，在局部地方甚至会产生堆积成为疏密流。气流通过堆积的物料颗粒上部的狭窄通道时，速度加快，在瞬间又将堆积的颗粒吹走。颗粒的这种时停时走的现象是交替进行的。也会发现局部堆积的颗粒突然充满整个管道截面，此时就是出现堵管现象，使物料在管道中不再前进。产生疏密流的原因是由于各颗粒的形状和大小不同，加速度也不相同，因而各颗粒之间便产生速度差。悬浮运动的颗粒数量增多时，速度不同的颗粒相互碰撞的机会就增多。速度快的小颗粒追击碰撞速度慢的大颗粒，致使速度减小，这样，由于后继的颗粒继续追击碰撞，就产生了速度比较缓慢的颗粒体群。因此，颗粒体群越密集，速度就越慢，从而逐步形成集团流。

当疏密流继续发展，颗粒体群的堆积就要增加，从而速度减小，因此，与管壁接触部分的颗粒体便失去浮力而开始滑动。这种情况再急剧发展，颗粒体群就处于堆积状态，只能靠空气静压推动向前移动。这样的流动形式通常称为集团流或塞状流。这种流动比悬浮流更复杂，会呈现集团流、塞状流、部分流。集团流运动时堆积的物料上部被气流吹掉而以此向前流动。塞状流则在集团前后空气压差的作用下强行流动。在这两种流动状态下，力的作用方式以及同管壁的摩擦等，与悬浮运动时完全不同。

集团流发生在水平管或其附近的倾斜管中，这是因为管中的颗粒体群没有浮力的缘故，在垂直管中，只要是连续输送，粒体的浮力便被空气阻力的一部分所补偿，所以不会形成集团流。因此，在水平管道中发生的集团流，在垂直管道中就分散成为疏密流。浓相时还会形成部分流。这是一种过渡的现象，特别在输送管径过大或集团流的上部颗粒被吹走的情况下容易发生。实际的输送中，物料的实际流动状态一般都是这几种形式混合、交替出现的流动情况较多。

6.3.1.6　气力输送的设计及主要参数

尽管 20 世纪中后期物料的气力输送技术得到了迅速的发展，但对输送系统的设计仍是以经验为主，如果设计中所涉及的物料与已有成熟经验的物料的性能相差较大时，往往要通过试验乃至较大规模的试验来确认最终设计的结果，这就使成本大大增加。

气力输送是在一定的条件下进行的，根据物料的特性、生产工艺、输送效率和经济性等因素，正确选择气力输送类型是提高气力输送效率的关键。任何一种气力输送系统都不是通用的，都有它特定的适用范围[4]。

如何选择高效率、高效益的输送系统呢？根据经验和理论总结，在选择气力输送系统时应从下面几个方面考虑：

（1）输送物料的特性。在选择输送系统之前，首先应该了解物料的特性，如物料的种类、粒度、密度、水分、破碎性、摩擦角、黏性以及毒性等。如果输送的物料与氧气会发生反应，则要采用惰性气体如氮气进行输送。如果物料具有毒性，则最好考虑使用负压的真空系统。当输送的物料对温度敏感时，就有必要在输送管道中设置一个热交换器。当以往的一些经验不能应用时，进行输送测试可以对解决潜在的问题提供比较有价值的依据。总之，只有在比较透彻地了解各种物性以后，才能作出最佳的选择。

（2）输送距离。输送距离决定输送管的管长、直管与弯管的个数，这些参数选取好坏对输送系统的效率有直接影响。对于负压系统而言，工作压力范围不仅限制了输送率，而且还限制了输送距离。在长距离、高输送比输送的情况下，常因管道的压损而降低空气能量，引起输送能力的下降和局部管道的堵塞。这时可以考虑在管道中途设置增压器或助推器，通过补充能量来提高输送的压力，或者使用正、负压混合系统进行输送。

（3）输送量。输送时间内的最大输送量和平均输送量。

（4）供料和卸料方式。

气力输送设计计算和试验研究的主要参数有：

（1）料气输送比。料气输送比通常指重量（或质量）流量比，即通过管道截面的物料与空气的流量比，简称料气比，可用下面公式计算：

$$\mu = \frac{G_s}{G} \tag{6-1}$$

式中　G——空气流量；

　　　G_s——物料流量。

料气比有时不用流量比表示，而采用1m管长上物料与空气的容积比表示。容积比又称为体积分数，用 σ 表示，计算公式为：

$$\sigma = \frac{G_s/\gamma_s}{G/\gamma} = \frac{G_s\gamma}{G\gamma_s} = \mu\frac{\gamma}{\gamma_s} \tag{6-2}$$

G、G_s 可以采用流量的瞬时值，也可采用某一时间间隔的平均值表示。

若管内颗粒的平均速度为 u，则处于1m管道长度上的物料量 q_s 的计算公式为：

$$q_s = \frac{G_s}{u} \tag{6-3}$$

对于1m管长以上的空气量 q 的计算公式为：

$$q = \frac{G}{v} \tag{6-4}$$

式中　v——气流速度。

1m管长以上的物料与空气的流量比，称为管道内的真实输送比 μ_0，其计算公式为：

$$\mu_0 = \frac{q_s}{q} = \frac{G_s}{G}\frac{v}{u} = \mu\frac{1}{u/v} = \frac{\mu}{\phi} \tag{6-5}$$

式中　ϕ——料气速度比。

由式（6-1）可见，料气比的物理意义是表征空气流量所能输送物料的数量，但不能表征物料输送的真实情况。然而，一旦选定料气比以后，可由式（6-1）根据输送量计算输送所需的空气量。料气比是气力输送系统的重要参数。

（2）管内气流速度。空气流量由料气比与输送量的关系算出以后，一旦选定管内的气流速度，便可计算输送管径。因此，气流速度 v，也称视在气流速度，是另一个重要的参数。但由于物料占据了管道一定的截面面积 A_s，而管道的截面面积为 A，则空气通过净面积 A_p（$A_p = A - A_s$）的真实速度 v_a 要比视在速度高，因而有：

$$v = \frac{G}{\gamma A} \tag{6-6}$$

$$v_a = \frac{G}{\gamma(A - A_s)} \tag{6-7}$$

取式（6-6）与式（6-7）之比，得：

$$\frac{v}{v_a} = \frac{A}{A_p} = 1 + \frac{A_s}{A_p} = 1 + \mu \frac{\gamma}{\gamma_s} \frac{v_a}{u} \tag{6-8}$$

因而：

$$v = \frac{v_a}{1 + \mu \dfrac{\gamma}{\gamma_s} \dfrac{v_a}{u}} \tag{6-9}$$

这些关系表明，气流的真实速度 v_a 总是大于气流的视在速度 v。当管道某一截面上物料增多时，物料占据的面积增加，从而使气流速度增加，物料便自动加速。

在工程上，当料气比不大时，v_a 接近于 v，因而其差值可以忽略，直接取视在速度为管内气流速度。

（3）管内混合物的密度和空隙率。由料气比和气流速度可导出这两个参数。

管内物料的密度和混合物的密度：管内单位容积内物料的重量，即管内物料容重、密度计算公式为：

$$\gamma_{as} = \frac{G_s}{Au} = \frac{q_s}{A} = \frac{\mu v \lambda}{u} \tag{6-10}$$

$$\rho_{as} = \frac{G_s}{Aug} = \mu \frac{\rho}{\phi} \tag{6-11}$$

管内单位容积内的空气量，即管内空气容重 λ_a 计算公式为：

$$\lambda_a = \frac{G}{Av} = \frac{q}{A} = \lambda \frac{A_p}{A} \tag{6-12}$$

管内混合物的容重为：

$$\lambda_m = \gamma_{as} + \lambda_a = \frac{G_s}{Au} + \frac{G}{Av} = \frac{C}{A}\left(\frac{\mu}{u} + \frac{1}{v}\right) = \gamma \frac{A_p}{A}(\mu_0 + 1) \tag{6-13}$$

当料气比很小、管道净面积 A_p 可近似为 A 时，则有：

$$\gamma_m = \gamma(\mu_0 + 1) \tag{6-14}$$

管内空隙率 ε：固气混合浓度越高，管内空隙度便越小。取长度等于粒径 d_s 管段，其体积 V_b 为 $V_b = \frac{\pi D^2}{4} d_s$，设 n 个颗粒在管道截面上均匀分布，则有：

$$\mu_0 = \frac{G_s}{\left(\dfrac{\pi}{4} D^2 d_s - \dfrac{\pi d_s^3}{6} n\right)\gamma} = \frac{\dfrac{\pi d^3}{6}\gamma_s n}{\left(\dfrac{\pi}{4} D^2 d_s - \dfrac{\pi d_s^3}{6} n\right)\gamma} \tag{6-15}$$

或者：

$$n = \frac{3\mu_0 D^2 \gamma}{2d_s^2(\gamma_s - \mu_0\gamma)} \tag{6-16}$$

因此可得：

$$\varepsilon = \frac{V_b - V_s n}{V_b} = \frac{\dfrac{\pi}{4}D^2 d_s\left(1 - \dfrac{\mu_0\gamma}{\gamma_s + \mu_0\gamma}\right)}{\dfrac{\pi}{4}D^2 d_s} = 1 - \frac{\mu_0\gamma}{\gamma_s + \mu_0\gamma} \tag{6-17}$$

由于 $\mu_0\gamma \ll \gamma_s$，因而可近似地表示为：

$$\varepsilon = 1 - \frac{\mu_0\gamma}{\gamma_s} = 1 - \frac{\mu}{\phi}\frac{\gamma}{\gamma_s} \tag{6-18}$$

6.3.2 工程案例

近年来，随着钢铁企业环保全面治理工作的开展，气力输送技术在钢铁企业得到推广应用，成为钢铁企业超低排放中除尘灰运输环节的可行技术。图 6-12~图 6-19 为气力输送技术在首钢京唐、太钢、沙钢、山钢日照基地、江苏永钢、东海特钢、天钢联合特钢、淮钢等钢铁企业应用的现场照片。

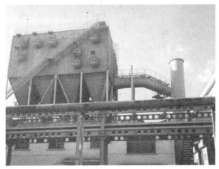

图 6-12　首钢京唐气力输送系统应用现场图

图 6-13　太钢气力输送系统应用现场图

图 6-14　沙钢气力输送系统应用现场图

图 6-15 山钢日照基地气力输送系统应用现场图

图 6-16 江苏永钢气力输送系统应用现场图

图 6-17　东海特钢气力输送系统应用现场图

图 6-18　天钢联合特钢气力输送系统应用现场图

图 6-19　淮钢气力输送系统应用现场

参 考 文 献

[1] 马志强 . 货运车辆管理及监测系统设计［D］. 哈尔滨：哈尔滨理工大学，2018.

[2] 李全钢 . 宣钢汽运预报管理系统的开发与应用［J］. 电子技术与软件工程，2017（4）：62.

[3] 李洪江 . 气力输送系统经济性能分析［D］. 青岛：青岛科技大学，2013.

[4] 林江 . 气力输送系统流动特性的研究［D］. 杭州：浙江大学，2004.

7 超低排放技术集成与管理

近年来，随着钢铁行业整合升级和市场急剧变化，如何确保企业长期稳定生产、经济和环境效益共同提高，成为企业面临的难题。钢铁行业的环保涉及脱硫、脱硝、有组织粉尘治理、无组织粉尘治理、焦化无组织 VOCs 治理等诸多问题。因此，急需一种在满足国家环保政策要求的同时，又能将超低排放技术集成的一套完整管控和管理体系。本章重点介绍超低排放技术集成与管理的智慧环保技术平台搭建和卓越环保绩效管理。

7.1 智慧环保

智慧环保是提升钢铁企业环境、效益和综合竞争实力，推进钢铁绿色和协调发展的必经之路。对于钢铁工业而言，智慧环保是将先进生产技术、先进环保治理技术和新一代信息技术的有机融合，贯穿于钢铁生产和环保治理的各个环节及相应系统的优化集成，实现钢铁制造和环保治理的数字化、网络化和智能化，不断提升钢铁企业的环境、效益和综合竞争实力，推进钢铁绿色和协调发展。先进环保治理技术是传统环保治理工艺不断升级改造，吸收信息技术和现代管理等方面的成果，并将其综合应用于环保治理各个环节，实现优质、高效、低耗、清洁、绿色和智能生产。新一代信息技术主要以互联网、大数据、人工智能为代表。智慧环保面向工业应用，不仅仅是以追求绿色发展为目的，而是更加注重提高企业本身的竞争实力，以改善环境和提高效益为中心，以提高企业的综合竞争实力。

基于钢铁企业生产和环保治理现状，继续深化环保治理集成化，根据现有环保相关生产和治理系统的全部数据现状，确定囊括所有环保设施及相关生产过程数据的超低排放智慧环保项目。智慧环保项目的突出特点是打通全厂物流运输系统、生产控制系统和环保治理系统的数据壁垒。现有数据不再是沉睡的记录，而是基于各个生产工序特征所赋予系统之间互联及管理纽带。环保管理将不仅仅局限于现有治理措施的运行和记录，而是更加注重于生产系统和物流系统的深度匹配，提升节能降耗水平，优化生产过程节奏，成为提升环保绩效管理和辅助生产的智能化全局管理平台。

智慧环保的理念和目标不仅是为了满足政策要求，更大的作用是发挥平台的智能化优势实现环保管理的演进。基于更大范围多个系统的数据融合，能够利用数据分析手段精准地发现表层问题的深层原因，找出污染和管理问题背后的源发机制，从而透视全厂环保相关各个系统节点的潜在风险和管理疏失，在环保治理、生产工艺优化和物流系统调配等多个维度及时汇报问题症结和关键信息，基于环保治理、生产工艺优化和物流系统调配等多个维度的快速精准问题定位，为智慧环保系统提供初始问题信息，并快速调动智能化决策分析系统，指导解决全范围的环保问题，最终形成闭环并不断迭代出庞大的问题数据库和解决方案策略库，形成囊括全厂节点且不断升级的运行、管理和维护平台。

7.1.1 智能化环保系统功能

超低排放智能环保管理系统基于钢铁企业环保信息化现状，旨在通过平台系统集成解决现存数据相互孤立的问题，打通生产、治理、能耗的数字信息。系统可根据登录用户需求展示相应的数据模块和分析功能，包含数据实时监测、报表统计、超标统计和生产环保联动分析等主要功能模块。智能化环保系统功能主要包括7个模块，分别为系统基础配置、集成数据管理、数据实时监测、数据报表统计、数据超标统计、生产环保联动分析和门禁及物流系统统一管理。

7.1.1.1 系统基础配置

系统基础配置管理功能主要对系统运行所需要的一些基础信息进行定义和配置，包括用户信息、系统参数、功能菜单、能源基础信息等。这些基础信息将支撑其他业务功能的运行，所以放置在一个功能模块中进行统一配置和管理，并且只由具有管理员权限的用户进行操作，既保障了系统的安全，又增强系统的灵活性和扩展性。

（1）用户信息定义功能。可以添加、修改、删除部门信息、用户信息、角色信息，其中，角色是指系统某些功能访问权限的逻辑总称，当用户拥有某一角色时便具有这些系统功能的访问权限，这将极大地方便系统管理员对众多用户的权限分配。

（2）系统基础配置功能。可以修改系统的显示菜单，包括可以修改菜单的描述、归属关系及前后顺序；可以配置默认密码、报表生成延迟时间等系统参数；可以编辑系统首页显示内容。

（3）环保信息定义功能。可以添加、修改、删除自动采集点、在线监测站、计量单位、部门等信息，当用户将来需要新增在线监测站和监测参数时，通过配置方式即可实现，无需修改程序代码。

（4）文档存储管理功能。用户可以在系统中定义树形结构的文件夹目录，并可以将相关的文件资料上传到系统中进行统一的归档管理，用户可以快速查找到这些文件并进行下载。例如，用户可以将环保管理相关规章制度、环保设施电子资料、环保应急预案等文件上传到系统中进行保存，当需要查找资料时，可以通过关键字快速检索到。

（5）系统运行管理功能。可以查看系统各后台服务程序的运行情况，例如数据采集服务程序是否正常采集到数据，数据累积服务程序是否正常累积出小时数据、日数据、月数据，报表生成服务程序是否自动生成报表等，便于系统管理员进行系统维护；可以查看每一位登录系统的用户对系统所进行的重要操作，例如某一用户在什么时间通过哪个 IP 地址访问系统，并进行了报表修改等操作，便于系统管理员对系统进行安全核查，保障系统安全运行。

7.1.1.2　集成数据管理

为了更好地支撑超标报警和联动分析等功能，系统必须对数据采集、计算、存储有优化和管理功能，并能支持海量的数据存储和快速的数据查询。系统数据管理具有以下功能：（1）秒级的数据采集容纳，至少支持实时监控数据接入频率为 $5\sim10s$；（2）系统每分钟记录一条数据，且分钟级以上的数据将长期存储归档；（3）系统实时计算每小时的平均值、最大值、最小值并进行存储；（4）系统实时计算每日的平均值、最大值、最小值并进行存储；（5）系统实时计算每月的平均值、最大值、最小值并进行存储；（6）系统的界面打开时间小于 3s，报表查阅时间小于 6s。

7.1.1.3　数据实时监测

在系统界面上用户可以自主添加无组织排放、有组织排放和生产设施监测点以及监测参数。系统以厂区三维空间总图为背景，显示各个排放监测点的总体排放情况，排放监测点中的监测参数超过国家规定的超低排放标准值时，该监测点图标将显示为红色并闪烁提示，双击监测点图标将弹出窗口显示该监测点所有监测参数的实时数据。该功能使用户对全厂监测站点一目了然，便于进行统一监控。排放数据实时监测模块具有以下功能：（1）用户自定义排放监测点，可添加、修改、删除排放监测点；（2）用户自定义各排放监测点的监测参数，可设置监测参数的报警阈值，当参数超限时进行报警提示；（3）可查看实时和历史的报警记录；（4）可对所有排放监测点进行集中监控，当任一监测点中的任一监测参数超标时进行报警提示；（5）可实时显示各监测点的监测参数数据，数据可实时刷新。

7.1.1.4 数据报表统计

以多种格式的报表，灵活多样地展示各监测点的数据统计情况，例如：以日报方式统计每个监测点每个参数的小时平均值，以月报方式统计各监测点的超低排放时间占比，直观显示是否满足国家对超低排放的评价要求，帮助企业对自身是否已经实现超低排放进行总体评估，系统中详细周全的数据将可以作为评估依据之一。排放数据报表统计具有以下功能：（1）提供各排放监测点所有参数的日统计报表；（2）提供各排放监测点所有参数的月统计报表；（3）提供各排放监测点的超低排放时间统计对比分析报表；（4）提供全厂超低排放汇总统计报表。

7.1.1.5 数据超标统计

系统详细记录每个有组织排放监测点的每个监测参数的超标情况，数据记录频次为分钟。用户可以快速搜索出某一时间段内哪个监测参数的排放超标了，查询结果可以导出到 Excel 中，对于超标记录，双击该条记录可以通过弹出窗口方式显示与该超标参数相关的生产过程信息和环保设备运行信息。排放数据超标统计模块具有以下功能：（1）详细记录每一排放监测点每一监测参数每分钟的超标记录，统计超标时长；（2）可以将超标记录与相关的生产过程信息和环保设备运行信息进行对比分析；（3）可以任意添加多条数据曲线进行对比分析；（4）统计结果可以导出到 Excel 中，趋势曲线可以保存为图片。

7.1.1.6 生产环保联动分析

可以将有组织排放监测点的监测参数的数据趋势曲线、环保设备的电流曲线、生产过程记录等信息进行联动分析，从而可以判断出环保设备是否根据生产节奏进行开启。例如：当某一监测参数在某一时间点或某一时间段排放超标时，系统分析与之关联的除尘风机是否在出铁记录时间之前 1 个小时已经开启（除尘风机是否开启可通过其每分钟的电流值或者功率值进行判断）。此类关联分析可帮助用户快速定位排放超标的原因，便于及时处理和事后总结分析，提高管理效率。

生产环保联动分析模块具有以下功能：（1）用户可自定义排放监测参数与相关生产过程数据及环保设施运行参数的关联性，自定义各种联动分析规则；（2）可快速查询出排放超标情况，并进行关联分析，给出分析结果，帮助用户分析超标原因；（3）可根据生产记录查询出所有未根据生产节奏运行相关环保设施的情况，并进行预警分析；（4）可统计环保设备的运行时间和运行率，对生产过程进行匹配对比分析。

7.1.1.7　门禁及物流系统统一管理

可以将厂区门禁及物流运输管理系统统一纳入智慧化环保系统进行管理。当车辆进入厂区时，能够通过门禁系统判断车辆排放标准，对应车牌及运送物料信息，并上传至智慧化管理系统中，用于后续查询、汇总及分析。当车辆在厂区内运送物料时，对厂区内车辆进行实时监控，对污染违规行为实时监控，对发现的污染行为上传至智慧化管理系统，用于后续查询、汇总、分析与考核。门禁及物流系统统一接入智慧化环保系统中后，智慧化环保系统可具备以下功能：（1）可通过智慧化环保系统进行门禁系统车辆实时动态监控、管理，可对进出车辆数量、排放信息统计汇总，并提供统计报表；（2）可对厂区内物流运输车辆违规行为进行实时查询、统计汇总，可提供具体车辆信息，提高企业管理考核效率。

7.1.2　数据采集及智能化管控

数据采集及智能化管控部分，主要以某钢铁企业现场的实际情况为例，重点对其相应的环保设施数据进行采集，包括除尘设施数据采集、脱硫设施数据采集和脱硝设施数据采集，以及烟气在线监测数据采集。

7.1.2.1　环保设施数据采集

（1）脱硫脱硝设施及数据情况采集。某钢铁企业脱硫脱硝设施数据及采集情况如表7-1所示。

表 7-1　某钢铁企业脱硫脱硝设施数据及采集

分厂	环保设施现状		环保设施数据采集现状				
	点位	环保设施	环保设施数据采集方向	参数是否存在	是否有系统	是否进公司系统	是否需新增传感器
焦化厂	焦炉烟气	SDS 脱硫+SCR脱硝	脱硫：脱硫入口浓度	否	否	否	是
			脱硫：压力	入口压力有数据，有系统；出口没有			
			脱硫：脱硫效率	否	否	否	是
			脱硫：脱硫剂添加量	是	是	否	否
			脱硫：排灰量	否	否	否	是

分厂	环保设施现状		环保设施数据采集现状				
	点位	环保设施	环保设施数据采集方向	参数是否存在	是否有系统	是否进公司系统	是否需新增传感器
焦化厂	焦炉烟气	SDS脱硫+SCR脱硝	脱硝：入口氮氧化物浓度、压力、温度	否	否	否	是
			脱硝：加热炉煤气流量、加热后烟气温度、催化剂床层压差、氨水罐液位、氨泵流量、喷氨量	是	是	否	否
1号竖炉	竖炉焙烧烟气	石灰石膏法脱硫	脱硫：脱硫入口浓度	是	是	是	否
			脱硫：压力、脱硫效率	是	是	是	否
			脱硫：脱硫剂添加量、排脱硫石膏量	否	否	否	是
2号竖炉	1号、2号竖炉焙烧烟气	石灰石膏法脱硫	脱硫：脱硫入口浓度	是	是	否	否
			脱硫：压力	是	是	否	否
			脱硫：脱硫效率	是	是	否	否
			脱硫：脱硫剂添加量	手动	否	否	是
			脱硫：排脱硫石膏量	手动	否	否	是
1号烧结机	烧结机头	活性焦一体化	脱硫脱硝：烟气入口温度、脱硫脱硝出入口二氧化硫和氮氧化物浓度、压力	是	是	是	否
			脱硫脱硝：脱硫脱硝效率	是	是	否	是
			脱硫脱硝：活性炭/焦添加量	是	是	是	否
			脱硫脱硝：排焦量、床层压差	否	否	否	是
			脱硫脱硝：氨水罐液位、氨泵流量、喷氨量	是	是	是	否
2号烧结机	1号、2号烧结机头	活性焦一体化	脱硫：脱硫入口浓度、压力	是	是	是	否
			脱硫：脱硫效率	是	是	否	否
			脱硫：脱硫剂添加量、排灰量	手动	否	否	是

分厂	环保设施现状		环保设施数据采集现状				
	点位	环保设施	环保设施数据采集方向	参数是否存在	是否有系统	是否进公司系统	是否需新增传感器
2号烧结机	1号、2号烧结机头	活性焦一体化	脱硝：入口氮氧化物浓度、压力、温度、氨水罐液位、氨泵流量、喷氨量	是	是	是	否
			脱硝：加热炉煤气流量、加热后烟气温度	是	是	是	否
			脱硝：催化剂床层压差	否	否	否	是
3号烧结机	烧结机头	活性焦一体化	脱硫：脱硫入口浓度、压力	是	是	是	否
			脱硫：脱硫效率、脱硫剂添加量、排灰量	是	是	否	否
			脱硝：入口氮氧化物浓度、压力、温度、氨水罐液位、氨泵流量、喷氨量	是	是	是	否
			脱硝：加热炉煤气流量、加热后烟气温度、催化剂床层压差	是	是	否	否

（2）除尘设备现状与数据情况采集。某钢铁企业全厂除尘设施数据采集情况如表 7-2 所示。

表 7-2　某钢铁企业全厂除尘设施数据采集

厂区	分厂	除尘设施数据采集				
		除尘设施数据采集方向	参数是否存在	数据是否有系统	是否进公司系统	是否需新增传感器
白灰厂	白灰一厂	除尘器进口流量	否	否	否	是
		压差	是	是	是	否
		排放烟气流量	否	否	否	是
		温度	是	是	是	否
		含氧量	是	是	是	否
		颗粒物	否	否	否	是
		二氧化硫	否	否	否	是
		氮氧化物	否	否	否	是

厂区	分厂	除尘设施数据采集				
		除尘设施数据采集方向	参数是否存在	数据是否有系统	是否进公司系统	是否需新增传感器
白灰厂	白灰二厂	除尘器进口流量	否	否	否	是
		压差	否	否	否	是
		排放烟气流量	否	否	否	是
		温度	否	否	否	是
		含氧量	否	否	否	是
		颗粒物	否	否	否	是
		二氧化硫	否	否	否	是
		氮氧化物	否	否	否	是
	白灰三厂	除尘器进口流量	否	否	否	是
		压差	是	是	是	否
		排放烟气流量	否	否	否	是
		温度	是	是	是	否
		含氧量	否	否	否	是
		颗粒物	否	否	否	是
		二氧化硫	否	否	否	是
		氮氧化物	否	否	否	是
	白灰四厂	除尘器进口流量	否	否	否	是
		压差	是	是	是	否
		排放烟气流量	否	否	否	是
		温度	是	是	是	否
		含氧量	否	否	否	是
		颗粒物	否	否	否	是
		二氧化硫	否	否	否	是
		氮氧化物	否	否	否	是
焦化厂	焦化厂	推焦风机转速	是	是	焦化厂DCS系统	否
		推焦风门开度（反馈）	否	否		是
		装煤风机转速	是	是		否
		装煤风门开度（反馈）	是	是		否

厂区	分厂	除尘设施数据采集				
		除尘设施数据采集方向	参数是否存在	数据是否有系统	是否进公司系统	是否需新增传感器
焦化厂	焦化厂	干熄焦风机转速	是	是	已传至PLC系统，未传至DCS	部分只有频率，没有转速数据。需报转速传感器，需实现PLC与DCS通讯
		干熄焦风门开度（反馈）	是	是		
		焦炭转运风机转速	是	是		
		焦炭转运风门开度（反馈）	是	是		
		静电：一次电压、一次电流，二次电压、二次电流	是	是	是	否
球团厂	1号竖炉	静电：一次电压、一次电流，二次电压、二次电流	是	是	是	否
	2号竖炉	静电：一次电压、一次电流，二次电压、二次电流	是	是	否	否
	3号竖炉	风机转速、风门开度	是	是	否	除单点除尘器外，每台都有PLC系统；部分现场没有仪表需新加，没有进PLC，需放光缆连接
		静电：一次电压、一次电流，二次电压、二次电流	是	否	否	无法读取，需加传感器
烧结2厂	3号烧结	喂料口、地沟皮带除尘器风门开度（反馈）	全开	否	否	否
		配一皮带、一混除尘器	计划改为湿式除尘器，现况同1号铺底料除尘器			
		1号铺底料皮带、破煤带除尘器风机转速、风门开度	是	面板	否	否
		2号铺底料皮带除尘器风机转速、风门开度	全频	否	否	否
		静电：一次电压、一次电流，二次电压、二次电流	是	是	否	否
	5号烧结机	风机转速	否	否	否	是
		风门开度（反馈）	否	否	否	是
		静电：一次电压、一次电流，二次电压、二次电流	是	是	否	否

厂区	分厂	除尘设施数据采集				
		除尘设施数据 采集方向	参数是否 存在	数据是否 有系统	是否进 公司系统	是否需 新增传感器
一炼铁	1 号 高炉	除尘系统压差（进口压力）	是	电柜显示	否	否
		除尘系统压差（出口压力）	是	电柜显示	否	需配一次仪表 及 PLC 模块
		流量	是	是	是	否
		喷吹压力	是	压力表显示	否	需配一次仪表 及 PLC 模块
		炉前除尘器风量	是	是	否	否
		风机转速	是	电柜显示	否	需配一次仪表 及 PLC 模块
		含尘量	是	是	是	否
	2 号 高炉	除尘系统压差（进口压力）	是	电柜显示	否	需配一次仪表 及 PLC 模块
		除尘系统压差（出口压力）	是	电柜显示	否	需配一次仪表 及 PLC 模块
		流量	是	是	是	否
		喷吹压力	是	压力显示	否	需配一次仪表 及 PLC 模块
		炉前除尘器风量	是	是	否	否
		风机转速	是	电柜显示	否	需配一次仪表 及 PLC 模块
		含尘量	是	是	是	否
二炼铁	3 号 高炉	除尘系统压差（进口压力）	否	否	否	是
		除尘系统压差（出口压力）	否	否	否	是
		流量	否	否	否	是
		喷吹压力	否	否	否	是
		炉前除尘器风量	否	否	否	是
		风机转速	否	否	否	是
		含尘量	否	否	否	是
	4 号 高炉	除尘系统压差（进口压力）	否	否	否	是
		除尘系统压差（出口压力）	否	否	否	是
		流量	否	否	否	是
		喷吹压力	否	否	否	是

厂区	分厂	除尘设施数据采集				
		除尘设施数据采集方向	参数是否存在	数据是否有系统	是否进公司系统	是否需新增传感器
二炼铁	4号高炉	炉前除尘器风量	否	否	否	是
		风机转速	否	否	否	是
		含尘量	否	否	否	是
	5号高炉	除尘系统压差（进口压力）	否	否	否	是
		除尘系统压差（出口压力）	否	否	否	是
		流量	否	否	否	是
		喷吹压力	否	否	否	是
		炉前除尘器风量	否	否	否	是
		风机转速	否	否	否	是
		含尘量	否	否	否	是
炼钢厂	一钢厂	一次除尘：				
		除尘器出口风量	是	是	否	否
		进口压力	只有压差数据，有独立系统，未进公司系统			
		出口压力				
		风机运行参数（开度、电流、转子温度）	是	是	否	否
		在线监测颗粒物浓度	是	是	否	否
		二次除尘：				
		除尘器出口风量	是	是	否	否
		进口压力	是	是	否	否
		出口压力	是	是	否	否
		风机运行参数（开度、电流、转子温度）	是	是	否	否
		在线监测颗粒物浓度	是	是	否	否
	二钢厂	一次除尘：				
		除尘器出口风量	否	否	否	需新增流量计
		进口压力	是	是	否	否
		出口压力	是	是	否	否
		风机运行参数（开度、电流、转子温度）	是	是	否	否
		在线监测颗粒物浓度	是	是	否	否

续表 7-2

厂区	分厂	除尘设施数据采集				
		除尘设施数据采集方向	参数是否存在	数据是否有系统	是否进公司系统	是否需新增传感器
炼钢厂	二钢厂	二次除尘:				
		除尘器出口风量	否	否	否	需新增流量计
		进口压力	是	是	否	否
		出口压力	是	是	否	否
		风机运行参数（开度、电流、转子温度）	是	是	否	否
		在线监测颗粒物浓度	是	是	否	否
		三次除尘:				
		进口压力	是	是	否	否
		出口压力	是	是	否	否
		风机运行参数（开度、电流、转子温度）	是	是	否	否
轧钢	中厚板	出口风量	否	否	否	是
		进口压力、出口压力	否	否	否	是
		风机开度	是	否	否	是
		风机运行参数（转速、电流）	否	否	否	是
		在线监测颗粒物浓度	否	否	否	是
	热轧卷板	出口风量	否	否	否	是
		进口压力、出口压力	否	否	否	是
		风机运行参数	否	否	否	是
		在线监测颗粒物浓度	否	否	否	是
	高线	出口风量	否	否	否	是
		进口压力、出口压力	否	否	否	是
		风机运行参数	否	否	否	是
		在线监测颗粒物浓度	否	否	否	是

（3）烟气在线监测数据采集。某钢铁企业全厂烟气在线监测系统数据采集如表 7-3 所示。

表7-3　某钢铁企业全厂烟气在线监测系统数据采集

厂区	分厂	在线排放数据采集
白灰厂	白灰一厂	目前正在采购并安装在线分析仪，安装完毕后纳入本系统采集范围
	白灰二厂	
	白灰三厂	
	白灰四厂	
焦化厂	焦化厂	（1）干熄焦除尘出口。厂家：聚光，型号：CEMS-2000，监测参数：颗粒物、二氧化硫。 （2）烟囱1号、2号脱硫后。型号：CEMS-2000L，监测参数：颗粒物、二氧化硫、氮氧化物、氧气、烟气压力、烟气流。 （3）装煤、出焦除尘后。厂家：聚光，型号：Synspec. PM，监测参数：颗粒。 （4）脱硫进口。厂家：石家庄瑞澳科技，型号：RO-23A，监测参数：颗粒物、二氧化硫、氮氧化物、氧气、烟气压力、烟气流量、烟气温度。 （5）脱硫出口。厂家：石家庄瑞澳科技，型号：RO-23A，监测参数：颗粒物、二氧化硫、氮氧化物、氧气、烟气压力、烟气流量、烟气温度。 （6）脱硝进口。厂家：石家庄瑞澳科技，型号：RO-23A，监测参数：颗粒物、二氧化硫、氮氧化物、氧气、烟气压力、烟气流量、烟气温度。 （7）生化水处理在线。厂家：聚光，型号：氰化物SIA-2000、挥发酚SIA-2000、氨氮NH3N-2000、COD、COD-2000
球团厂	1号竖炉	在线进口检测：CEMS-2000，聚光科技（杭州）股份有限公司，二氧化硫、氮氧化物、颗粒物、温度、压力、流速（量）、氧气。 在线出口检测：YSB，青岛佳明测控科技股份有限公司，二氧化硫、氮氧化物、颗粒物、温度、压力、流速（量）、氧气
	2号竖炉	新区竖炉有脱硫进口、出口两个检测点位，检测参数有颗粒物、二氧化硫、氮氧化物，设备型号：CEMS-2000-RM，厂家：聚光科技
烧结厂	1号烧结机	在线检测有机头和机尾。机头在线监测参数包括烟气量、含氧量、颗粒物、二氧化硫、氮氧化物、温度、压力。厂家：聚光科技，设备型号：CEMS-2000。 机尾在线检测包括颗粒物、温度、压力、流速、湿度。厂家：青岛佳明科技，设备型号：JMSLD
	2号烧结机	（1）1号机尾除尘，参数是单尘，型号：YSB-D-LSS，厂家：青岛佳明。 （2）2号机尾除尘，参数是单尘，型号：YSB-D-LSS，厂家：青岛佳明。 （3）脱硫脱硝进口，参数是全参数，型号：CEMS-2000，厂家：聚光科技。 （4）脱硫脱硝出口，参数是全参数，型号：CEMS-2000L，厂家：聚光科技
	3号烧结机	（1）机尾除尘，参数是单尘，型号：YSB-D-LSS，厂家：青岛佳明。 （2）脱硫脱硝进口，参数是全参数，型号：CEMS-2000，厂家：聚光科技。 （3）脱硫脱硝出口，参数是全参数，型号：CEMS-2000L，厂家：聚光科技

厂区	分厂	在线排放数据采集
一炼铁	1号高炉	中普二铁厂共有4个在线监测点：1~2号高炉槽下除尘在线监测，1~2号高炉出铁除尘在线监测。 在线参数有：烟尘含量、O_2含量、烟气温度、烟气压力、瞬时流量。
	2号高炉	PLC使用的是西门子SMART：CPUSR30288-1SR30-0AA0；EMAM06288-3AM06-0AA0；EMAM06288-3AM06-0AA0；EMAQ02288-3AQ02-0AA0。 监测设备型号：JMSLD。 监测设备厂家：青岛佳明科技
二炼铁	1号高炉	6号高架料仓、槽上槽下除尘，7号高架料仓、槽上槽下除尘，8号高架料仓、槽上槽下除尘；6号高炉铁水包、重力放灰除尘，7号高炉铁水包、重力放灰除尘，8号高炉铁水包、重力放灰除尘。厂家：河北主辰环保科技有限公司，型号：RO-27。
	2号高炉	
	3号高炉	6号高炉出铁场、炉顶、后渣除尘，7号高炉出铁场、炉顶、后渣除尘，8号高炉出铁场、炉顶、后渣除尘；厂家：青岛佳明，型号：W5100HB-111
炼钢厂	一钢厂	有5个在线监测点： （1）1、2号转炉二次除尘监测； （2）4号转炉二次除尘监测。 厂家：石家庄瑞澳科技有限公司。 型号：RO-23A。 监测参数：烟尘浓度、氧气浓度、烟气温度、烟气静压、烟气湿度、烟气流速
	二钢厂	二炼钢共有两处在线监测： 监控点名称：1号转炉二次除尘； 设备名称：烟气连续监测系统； 监测设备生产商：青岛佳明科技有限公司； 设备型号：JMSLD； 监测参数：颗粒物、温度、压力、流速（量）、湿度。 监控点名称：2号转炉二次除尘； 设备名称：烟气连续监测系统； 监测设备生产商：青岛佳明科技有限公司； 设备型号：JMSLD； 监测参数：颗粒物、温度、压力、流速（量）、湿度
轧钢	中厚板	无
	热轧卷板	
	高线	
发电厂	1号TRT	在线监测干烟气流量、氧含量、颗粒物、二氧化硫、氮氧化物，焦炉煤气流量、转炉煤气流量不涉及此机组，高炉煤气流量、发电机功率可通过OPC软件采集到能源大厅

续表 7-3

厂区	分厂	在线排放数据采集
发电厂	2 号 TRT	在线监测干烟气流量、氧含量、颗粒物、二氧化硫、氮氧化物，焦炉煤气流量、转炉煤气流量不涉及此机组，高炉煤气流量、发电机功率可通过 OPC 软件采集到能源大厅
	3 号 TRT	在线监测干烟气流量、氧含量、颗粒物、二氧化硫、氮氧化物，焦炉煤气流量、转炉煤气流量不涉及此机组，高炉煤气流量、发电机功率可通过 OPC 软件采集到能源大厅
	老区 12MW 电厂	在线监测干烟气流量、氧含量、颗粒物、二氧化硫、氮氧化物，焦炉煤气流量、转炉煤气流量不涉及此机组，高炉煤气流量、发电机功率可通过 OPC 软件采集到能源大厅
	新区 25MW 电厂	在线监测干烟气流量、氧含量、颗粒物、二氧化硫、氮氧化物，焦炉煤气流量不涉及此机组，高炉煤气流量、转炉煤气流量、发电机功率可通过 OPC 软件采集到能源大厅
	新区 65MW 电厂	在线监测干烟气流量、氧含量、颗粒物、二氧化硫、氮氧化物（可直接加串口装置采集在线监测装置数据，也可通过 OPC 能源网关采集现场 DCS 系统数据），高炉煤气流量、焦炉煤气流量、发电机功率可通过 OPC 软件采集到能源大厅。厂商：聚光科技，型号：CEMS-2000
	5 万 1 号机组	焦炉煤气流量不涉及，在线监测干烟气流量、氧含量、颗粒物、二氧化硫、氮氧化物（可直接加串口装置采集在线监测装置数据，也可通过 OPC 能源网关采集现场 DCS 系统数据），高炉煤气流量、发电机功率可通过 OPC 软件采集到能源大厅。厂商：聚光科技，型号：CEMS-2000
	5 万 2 号机组	在线监测干烟气流量、氧含量、颗粒物、二氧化硫、氮氧化物（可直接加串口装置采集在线监测装置数据，也可通过 OPC 能源网关采集现场 DCS 系统数据），高炉煤气流量、焦炉煤气流量、转炉煤气流量（转炉煤气流量计是安装在转炉煤气管道母管处，计量的是 2 号、3 号机总量）、发电机功率可通过 OPC 软件采集到能源大厅。厂商：聚光科技，型号：CEMS-2000
	5 万 3 号机组	在线监测干烟气流量、氧含量、颗粒物、二氧化硫、氮氧化物（和 2 号机组公用），高炉煤气流量、焦炉煤气流量、发电机功率可通过 OPC 软件采集到能源大厅。厂商：聚光科技，型号：CEMS-2000
	干熄焦电厂	在线监测干烟气流量、氧含量、颗粒物、二氧化硫、氮氧化物，焦炉煤气流量、转炉煤气流量、高炉煤气流量不涉及此机组，发电机功率可通过 OPC 软件采集到能源大厅
	老区 3 千电厂	在线监测干烟气流量、氧含量、颗粒物、二氧化硫、氮氧化物，焦炉煤气流量、转炉煤气流量、高炉煤气流量不涉及此机组，发电机功率可通过 OPC 软件采集到能源大厅
	老区 8 千电厂	在线监测干烟气流量、氧含量、颗粒物、二氧化硫、氮氧化物，焦炉煤气流量、转炉煤气流量、高炉煤气流量不涉及此机组，发电机功率可通过 OPC 软件采集到能源大厅

7.1.2.2　生产过程数据采集

生产过程数据采集如表 7-4 所示。

表 7-4　生产过程数据采集

| 厂区 | 分厂 | 生产过程数据采集 | | | | | |
		生产过程数据采集需求		参数是否存在	是否有系统	是否进公司系统	是否需新增传感器
白灰厂	白灰一厂	生产启停（任选一项）	压力	是	是	是	否
			上燃烧温度	是	是	是	否
			下燃烧温度	是	是	是	否
			皮带启停	是	是	否	否
			振动筛启停	是	是	否	否
		生产负荷（任选一项）	煤气总管流量	是	是	是	否
			驱动氮气总管流量	是	是	是	否
	白灰二厂	生产启停（任选一项）	压力	是	是	是	否
			上燃烧温度	是	是	是	否
			下燃烧温度	是	是	是	否
			皮带启停	是	是	否	否
			振动筛启停	是	是	否	否
		生产负荷（任选一项）	煤气总管流量	是	是	是	否
			驱动氮气总管流量	是	是	是	否
	白灰三厂	生产启停（任选一项）	压力	是	是	是	否
			上燃烧温度	是	是	是	否
			下燃烧温度	是	是	是	否
			皮带启停	是	是	否	否
			振动筛启停	是	是	否	否
		生产负荷（任选一项）	煤气总管流量	是	是	否	否
			驱动氮气总管流量	是	是	否	否
	白灰四厂	生产启停（任选一项）	压力	是	是	是	否
			上燃烧温度	是	是	是	否
			下燃烧温度	是	是	是	否
			皮带启停	是	是	否	否
			振动筛启停	是	是	否	否
		生产负荷（任选一项）	煤气总管流量	是	是	是	否
			驱动氮气总管流量	是	是	是	否

厂区	分厂	生产过程数据采集					
		生产过程数据采集需求		参数是否存在	是否有系统	是否进公司系统	是否需新增传感器
焦化厂	焦化厂	生产启停和负荷	装煤开始时间	是	是	是	否
			装煤结束时间	是	是	是	否
			推焦开始时间	是	是	是	否
球团厂	1号竖炉	生产启停（任选一项）	冷风流量或冷风压力	是	是	是	否
			工艺设备（烘干机、润磨机、造球机、生筛等）启停	是	是	否	否
			皮带启停	是	是	否	否
		生产负荷	生球秤量	是	是	是	否
	2号竖炉	生产启停（任选一项）	冷风流量或冷风压力	是	是	否	否
			工艺设备（烘干机、润磨机、造球机、生筛等）启停	是	是	否	否
			皮带启停	是	是	否	否
		生产负荷	生球秤量	是	是	否	否
烧结厂	1号烧结机	生产启停（任选一项）	主抽风机风门	是	是	是	否
			主抽风机频率	是	是	是	否
			进口压力	是	是	是	否
			温度	是	是	是	否
			流量	是	是	是	否
			烧结机机速	是	是	是	否
			皮带启停	是	是	否	否
		生产负荷	混合料皮带秤量	是	是	是	否
			烧结上料量	是	是	是	否
	2号烧结机	生产启停（任选一项）	主抽风机转速	否	否	否	是
			主抽风机频率	是	是	是	否
			烧结机机速	是	是	是	否
			皮带启停	是	是	否	否
			工艺设备启停	是	是	否	否
		生产负荷	混合料皮带秤量	是	是	否	否
			成品皮带秤量	是	是	否	否

厂区	分厂	生产过程数据采集					
		生产过程数据采集需求		参数是否存在	是否有系统	是否进公司系统	是否需新增传感器
烧结厂	3号烧结机	生产启停（任选一项）	主抽风机风门	否	否	否	是
			主抽风机转速	是	是	否	否
			主抽风机频率	是	是	是	否
			皮带启停	是	是	否	人工操作
			烧结机机速	是	是	是	否
		生产负荷	混合料皮带秤量	是	是	否	否
			烧结上料量	是	是	是	否
一炼铁	1号高炉	生产启停（任选一项）	出铁开始时间	手写	否	否	是
			出铁结束时间	手写	否	否	是
			皮带启停	是	是	否	否
			振动筛启停	是	是	否	否
			高炉冷风压力	是	是	是	否
		生产负荷	出铁量	是	手写	否	否
			矿槽称量斗量	是	是	否	否
	2号高炉	生产启停（任选一项）	出铁开始时间	手写	否	否	是
			出铁结束时间	手写	否	否	是
			皮带启停	是	是	否	否
			振动筛启停	是	是	否	否
		生产负荷	出铁量	是	手写	否	否
			矿槽称量斗量	是	是	是	否
二炼铁	3号高炉	生产启停（任选一项）	出铁开始时间	手写	否	否	是
			出铁结束时间	手写	否	否	是
			工艺设备启停	是	是	否	否
			高炉冷风压力	是	是	是	否
		生产负荷	矿槽称量斗量	是	是	否	否
			出铁量	手写	（炼钢厂有数据）	否	是
	4号高炉	生产启停（任选一项）	出铁开始时间	手写	否	否	是
			出铁结束时间	手写	否	否	是
			工艺设备启停	是	是	是	否
			高炉冷风压力	是	是	是	否

厂区	分厂	生产过程数据采集		参数是否存在	是否有系统	是否进公司系统	是否需新增传感器
		生产过程数据采集需求					
二炼铁	4号高炉	生产负荷	矿槽称量斗量	是	是	是	否
			出铁量	手写	（炼钢厂有数据）	否	是
	5号高炉	生产启停（任选一项）	出铁开始时间	手写	否	否	是
			出铁结束时间	手写	否	否	是
			工艺设备启停	是	是	是	否
			高炉冷风压力	是	是	是	否
		生产负荷	矿槽称量斗量	是	是	是	否
			出铁量	手写	（炼钢厂有数据）	否	是
炼钢厂	一钢厂	生产启停	精炼开始时间	是	是	否	否
			精炼结束时间	是	是	否	否
		生产启停	铁水倒罐记录				
			倒铁时间	是	是	否	否
			倒完时间	是	是	否	否
		生产启停	炼钢 PES 系统中转炉炼钢记录				
			吹氧开始时间	是	是	否	否
			吹氧结束时间	是	是	否	否
		生产负荷	总氧耗量	是	是	否	否
		生产启停	兑铁水开始时间	手写	否	否	是
			兑铁水结束时间	手写	否	否	是
		生产启停	加废钢开始时间	手写	否	否	是
			加废钢结束时间	手写	否	否	是
		生产启停（任选一项）	长流程及关键工艺设备（辅料上料）				
			皮带启停	有	有	否	否
			振动筛启停	有	有	否	否
	二钢厂	生产启停	精炼开始时间	是	是	否	否
			精炼结束时间	是	是	否	否
		生产启停	铁水倒罐记录				
			倒铁时间	是	是	否	否
			倒完时间	是	是	否	否

厂区	分厂	生产过程数据采集					
		生产过程数据采集需求		参数是否存在	是否有系统	是否进公司系统	是否需新增传感器
炼钢厂	二钢厂	生产启停	转炉炼钢记录				
			吹氧开始时间	有	有	否	否
			吹氧结束时间	有	有	否	否
		生产负荷	总氧耗量	有	有	否	否
		生产启停	兑铁水开始时间	手写	否	否	是
			兑铁水结束时间	手写	否	否	是
		生产启停	加废钢开始时间	手写	否	否	是
			加废钢结束时间	手写	否	否	是
		生产启停（任选一项）	长流程及关键工艺设备（辅料上料）				
			皮带启停	有	有	否	否
			振动筛启停	有	有	否	否
轧钢	中厚板	生产启停及负荷（任选一项）	粗轧机（计数、批号）	是	是	否	否
			精轧机（计数、批号）	是	是	否	否
	热轧卷板	生产启停及负荷（任选一项）	粗轧机（计数、批号）	是	是	否	否
			精轧机（计数、批号）	是	是	否	否
	高线	生产启停及负荷（任选一项）	粗轧机（计数、批号）	是	是	否	否
			精轧机（计数、批号）	是	是	否	否

7.1.3　数据接入及环保智慧平台搭建

7.1.3.1　环保智慧平台搭建思路

在完成所有补充数据的采集条件基础上，统计整理所有需采集数据的数据接口类型和通讯协议情况，以及设备提供负责厂商信息。针对所有环保设施和相关生产数据制定情况汇总表，进而完成所有数据接入条件统计。根据所有环保设施和相关生产数据的数据接口类型和通讯协议情况汇总表，制定差异化的接入方案，明确不同类型和厂家的数据接入方式，整理接入所需要的硬件配置清单，提前完成接入设备采购。

根据数据采集需要和各设备相关参数的接入方案，进行智慧环保平台的硬件配置，达到满足数据的采集、接入、存储、运算、展示等功能所需要的设备。智慧环保平台软件配置及搭建主要任务包括：（1）根据实际需要和相关数据的存储情况，分别从全厂能源系统、各分厂 PLC 系统、各设备电柜、设备单体，通过数据接口或者传感器采集所需数据；（2）使这些数据在生产及治理的全过程中形成可流动的数据流；（3）将生产数据、污染行为数据、环境监测数据、治理设备运行数据形成大数据关联；（4）后期根据企业远景规划及业务需求，进一步开发人工智能算法，通过大数据逐步实现生产、污染的智能化治理，最终实现生产全过程智能化超低排放治理。

针对无组织粉尘治理，通过建立无组织排放源清单，通过配置料棚智能综合管控治系统、皮带长流程智能管控治系统、厂区环境智能管控治系统和无组织排放管控治智慧平台，建设全厂无组织排放管控治一体化系统工程。该系统采用大数据、机器视觉、源解析、扩散模拟、污染源清单等先进技术，通过智能图像识别定位技术识别生产动态、网格化监测系统获取无组织粉尘浓度分布、大数据技术机器分析无组织粉尘的产生以及变化特点，智能管控不同阶段产生的无组织粉尘，达到尘源点万点互联、平台智能决策、闭环联动治理等效果，实现无组织粉尘信息化、系统化、智能化和无人化管控，在提高除尘效率的同时降低企业投资及运维成本。

门禁及物流系统数据接入主要任务：通过对接技术及数据协议，将企业的门禁系统数据接入至智慧环保系统中统一管理。根据入厂车辆、车牌信息、排放标准、违规行为等不同类别提供实时监控、查询、统计汇总、分析报表等业务功能，实现全厂超低排放评估监测时对门禁系统的管理要求。将生产数据、污染物指标和治理设备运行数据形成大数据关联，通过监管平台随时掌握厂区污染物排放浓度高的点位，进而精准管控，降低人力物力消耗，同时提高治污效率。

7.1.3.2　环保智慧平台搭建方案

（1）平台定位。"平时"：综合环保监测及管理协调联动体系。一是在环保管理工作中融入信息化智能观念；二是提升对不确定性预警事件的综合研判能力。"战时"：可视、科学、快速响应的应急调度体系。一是实现对应急可视化科学管理；二是实现快速调度反馈场的可视、可控；三是实现信息报送的扁平化和科学性。智能化综合管理平台工作状态如图 7-1 所示。

（2）平台建设原则和注意事项。1）平台建设原则：平台建设应坚持管理体系与技术系统并重。应建立和完善企业环保管理工作体系，形成上下对应、管理高效、协调精准的信息化动态管理体系，以制度的完善促进综合管理平台建设的标准化和信息化。应尽快制定平台建设、平台运行与管理的相关规章制度，强调信息化、智能化管理理念，充分发挥综合管理平台在日常运行监测管理及快速响应处理过程中的作用。2）平台建设注意事项：完善管理制度体系，规范平台运行管理；融合各方数据资源，强化信息综合管理能力；借

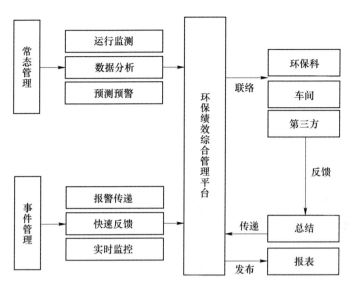

图 7-1 智能化综合管理平台工作状态

助无组织排放管控优势，推动其他环保数据整合，打造可视、灵活、实时响应的综合管理体系；打造立体工作模式，强化运行监测和快速反馈管理保障。

（3）平台建设构架。环保智慧平台构架如图 7-2 所示。

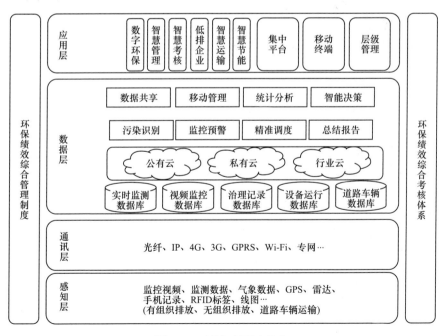

图 7-2 环保智慧平台构架

平台总体将实现功能设计：综合智能管理与快速反馈。综合管理模块：有组织排放管理、无组织排放管理、道路运输管理。快速反馈模块：实时监测、监控预警、智能决策、精准调度、移动管理和污染识别。环保智慧平台实现功能如图7-3所示。

01 实时监测	02 监控预警	03 智能决策	04 精准调度
实时数据管理：包括监测数据信息接收、汇总统计、接收告报、响应指令、协调调度和汇总、数据查询等 业务指标管理：包括值班到岗管理、信息沟通管理、文档数据管理和电话录音管理、绩效考核管理等	监控预警应具备实时信息获取、信息查询检索、信息统计等功能，监测的信息包括有组织排放监测、无组织排放监测、道路运输监测等功能 预警管理应具备排放异常、污染预警、违规捕获等事件的识别与评估、反馈上报等功能	应具备事件跟踪、事件分析、综合查询、预案支持、事件模拟、综合管控分析、精准调度分析、最佳平衡路线分析、制定方案、决策标绘、事件评估、快速反馈情况分析等功能	精准调度应具备如下功能： 情况综合管理：包含情况接收、情况处理、情况综合显示和综合分发 快速反馈管理：包含任务分析、跟踪计划、方案推演、生成命令、命令执行、行动掌控和效果评估

图 7-3　环保智慧平台实现功能

（4）环保智慧平台建设基础和建设路径。采集现场环保设施监测数据和关键参数，与无组织排放智能管控平台数据接口完成对接，集成至管控平台，同时结合全厂建立的环保管理绩效考核制度，实现全厂环保绩效智能化管理平台建设。环保智慧平台建设路径如图7-4所示。

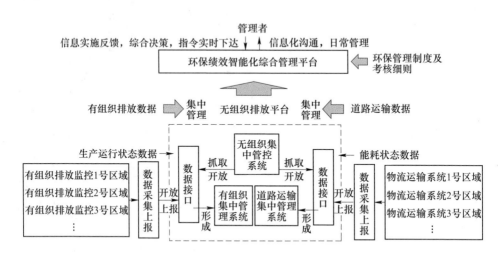

图 7-4　环保智慧平台建设路径

7.1.3.3　环保智慧平台搭建内容

（1）平台融合升级，数据获取如表7-5所示。

表 7-5 数据获取方式和预计数量

类型	数据	获取方式	预计数量
综合分析基础数据	基础数据	购买内部资源，免费获取公开资源	至少保障 1 年周期数据，最好累加存储
	气象数据	购买内部资源，免费获取公开资源	至少保障 1 年周期数据，最好累加存储
	污染数据	购买内部资源，免费获取公开资源	至少保障 1 年周期数据，最好累加存储
厂区环保管理监测数据	生产状态及能耗数据	加设生产启停数据采集模块，能源信息直接收集内部数据	生产启停状态、设备能耗数据
	有组织排放监测数据	直接收集内部数据	至少保障 1 年周期数据，最好累加存储
	无组织排放监测数据	直接收集内部数据	至少保障 1 年周期数据，最好累加存储
	道路运输监测数据	部署监控系统，直接收集内部数据	视频监控数据至少保障 3 个月历史数据，污染违规识别、粉尘烟羽识别等系统，至少保障 1 年周期数据

（2）生产启停数据采集模块。各生产工艺节点的生产设施和环保设施配备相应启停状态数据采集模块；配备生产启停数据和环保设备运转数据统一；配备相应服务器存储资源保证至少 1 年数据记录；应对超低排放企业检查提供完整证据链。涉及的生产工艺主要为焦炭、烧结、竖炉和高炉等，设备类型为分配柜接收器 I/O 口、电路模块及无线传输。

（3）网络、服务器建设和人员登记考核。依照现有的有组织排放、无组织排放、道路运输数据分布情况，无组织排放监测数据集中程度最高，因此需要打通各区域到无组织排放集中管控平台间的网络通讯布设；实现有组织排放监测数据、道路车辆运输监控数据采集传递。建立环保绩效智能化综合管理平台，配套大屏端、移动端等接收终端，系统中配套人员等级注册系统，所有环保管理考核制度及奖励处罚细则都要纳入环保绩效管理平台中；适用对象包括：企业内部生产人员、企业内部环保管理人员、企业道路运输人员、企业外部第三方机构人员等；需配套人员信息数据管理服务器资源。人员登记考核系统如图 7-5 所示。

7.2 卓越环保绩效管理

为全面落实钢铁企业超低排放意见要求，全流程、全方位地实现污染物排放的稳定、持续达标已成为钢铁企业实现可持续绿色发展的必由之路。本

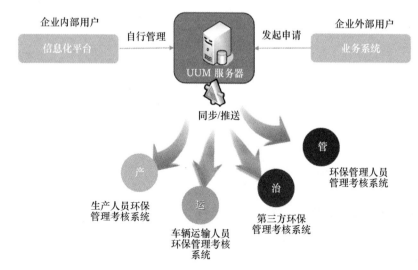

图 7-5　人员登记考核系统

节以某钢铁企业为例，在对该钢铁行业环保现状进行调研的基础上，对钢铁企业实施超低排放改造过程中存在的环保共性问题进行分析，并结合实践经验创新性地提出卓越环保绩效管理体系，从工艺装备、组织管理、采购销售、物流运输、信息化等多个方面对钢铁企业实现超低排放提出可行路径。

7.2.1　钢铁企业环保治理中存在的问题

7.2.1.1　环保装备水平未达超低要求

近年来，随着国家对环保重视程度的加大，在持续严格的环保态势下，要求钢铁企业加大对环保设施的硬件改造力度，虽然企业环保治理水平得到大幅改善，但距离全方位达到超低排放要求仍有一定差距。因此，钢铁企业需要比照政策文件对全厂范围内的各个环保节点进行全面梳理，并选择合理有效的环保工艺装备及设备厂家对未满足要求的点位进行升级改造。但对于钢铁企业，特别是一些民营企业而言，由于缺乏相应的环保专业人员和技术研究积累，对新的环保工艺技术和设备厂商缺少有效的甄别手段，导致项目迟迟不能投产或投产后达不到预期效果，严重阻碍了企业的超低排放改进进程。

7.2.1.2　环境保护意识薄弱

即使在当前持续高压的环保态势下，部分钢铁企业仍把降本增效、加快生产作为获取企业效益的第一要务，在薪酬激励方面也形成了与产量、利润直接挂钩的考核评价体系，这导致现场人员往往为了保产而忽视环保。随着政府政策的引导、民众环保意识的提升以及行业对高质量绿色发展的迫切需求，环保已成为未来政府压减低质过剩钢铁产能的重要考量因素，环保不达标就意味着企业限产、停产，甚至关停退出。因此，钢铁企业必须要改变原有"重生产、轻环保"的固有理念，首先在领导高层强化环保战略意识，其次通过一系列改革举措扭转现场人员的旧有观念，把环保放在与生产同等重要的位置。

7.2.1.3 环保管理体系不健全

钢铁企业高质量绿色发展不仅体现在环保硬件改造上，更体现在环保软实力的提升中。目前，钢铁企业在环保管理上尚未形成一套完备的管控体系，环保管理缺位已成为制约企业环保绩效水平提升的重要原因。一是企业对于重大环保事项缺少科学的决策机制，"拍脑袋式"的环保决策屡见不鲜；二是照搬的环保制度和考核办法使得企业内部矛盾不断激化，"粗放式"的管理使得环保工作难以为继；三是以外部沟通协调和迎检接待为主的"外联式"的业务模式疲于应对政府检查，而难以有效激发企业内生动力，推动企业环保管理体系变革。因此，钢铁企业需要根据自身实际情况，同时结合行业先进经验，把建立环保管控体系当做高质量绿色发展的重要抓手。

7.2.1.4 环保人员素质待提升

环保人员的技能和专业水平一定程度上影响了企业的环保治理和管控水平。目前，钢铁企业环保管理工作的开展和环保设备的使用维护更多依托外协单位（如环保管家、环保设备厂商、环保监测公司、运维托管公司等），而缺少自有的环保专业团队。因此，钢铁企业应通过扩大招聘渠道、提高薪资待遇、加大培训力度等方式，多措并举不断充实和培养企业自己的环保人才队伍，在提高环保人员专业水平的同时，推动企业绿色发展和综合竞争力的提升。

7.2.2 卓越环保绩效管理体系的建立

为全面达到超低排放要求，钢铁企业应从源头减量、过程控制、末端治理多个方面进行全面优化，同时辅以先进的管理手段和工具方法，确保污染物持续稳定地达标排放，环保治理成本得以有效控制。冶金工业规划研究院充分发挥自身咨询服务机构的优势，在深入参与钢铁行业和企业超低改造的进程中，结合自身对钢铁产业全流程工艺技术与先进管理模式的深入了解，将技术与管理、顶层设计与一线实施、人工监管与智能管控进行融合,建立了一套为钢铁企业量身定制的卓越环保绩效管理体系,并从工艺装备、组织管理、景观线路、采购销售、物流运输、信息化等多个方面全面助力钢铁企业达到超低排放要求。

7.2.2.1　环保装备升级满足超低要求

先进污染防治技术配套是实现卓越环保绩效管理的前置条件。钢铁企业应建立完备的污染防治技术装备,通过原料场与皮带输料及转运过程中无组织控制、烧结机头烟气除尘、脱硫脱硝末端治理、高炉煤气精脱硫源头治理、热风炉与热处理炉低氮燃烧改造、焦炉烟囱脱硫脱硝与干熄焦二氧化硫治理、化产区域 VOCs 管控、环境质量监测与无组织管控治一体化联动设施建立等手段,实现硬核实力理论具备达到超低排放的基础条件。

7.2.2.2　物流过程控制实现清洁运输

钢铁企业由于工艺流程长、冶炼工序多等原因导致厂内倒运量大,因此如何实现物流中的清洁运输对于钢铁企业无组织管控达标有着重要意义。钢铁企业需要在对厂内物流运输量、物流运输线路、物流运输方式等进行综合考虑的基础上,结合经济效益原则,通过全密闭皮带通廊、管状皮带、气力输送等方式减少厂内铁精粉、块状物料与粉状物料的汽车倒运频次与总量,提高物料清洁运输比例,有效缓解厂区内无组织管控压力,并消除区域内移动源造成的大气污染排放,解决企业目前最为棘手的汽运污染问题。

7.2.2.3　管理优化提升确保稳定达标

环保设备的投入仅仅只是提高环保水平的前提条件,而持续的管理优化才是企业高质量环保的根本抓手。企业应从文化战略、制度规范、组织架构、人员优化、薪酬考核、教育培训等方面全面加强环保管理水平,确保污染物排放持续稳定达标。一是建立企业环保文化、制定环保战略,通过加强顶层设计实现科学管理和决策;二是完善管理制度、制定操作规范,为环保管理和检查考核提供依据;三是优化环保组织架构,构建分层管理、责权分明的环保组织管控体系;四是对环保岗位进行梳理,制定环保岗位职责及操作规范,加大培训力度,增强环保人员综合素养,提高工作效率;五是优化环保指标体系,建立责任明确、正向激励的多层级环保考核体系。

7.2.2.4　采购源头控制减少污染排放

优化原料结构是企业减排的关键。钢铁企业对大宗原辅燃料中有害元素的限制使用与厂内物流结构优化将使全厂污染物排放总量保持在可控范围内，其中原辅燃料中的污染物减量将有效缓解后续末端治理设施的运行压力，对环保设施顺行与整体能耗、物耗控制起到关键性作用。

7.2.2.5　销售模式调整打造绿色品牌

企业应在销售过程中倡导绿色营销理念，即在销售过程中，在充分满足消费需求、争取适度利润和发展水平的同时，将企业自身利益、消费者利益和环境保护利益三者统一起来，以此为中心，在售前、售中、售后服务过程中注重环境保护和资源节约，通过缩小销售半径、提高货运比、提高直供比等方式降低钢材外发过程中对环境造成的污染。

7.2.2.6　信息系统建设实现智慧管控

运用智能化的环保管控手段，有助于企业加强对环保数据分析和环保绩效考核的力度。企业可通过建立环保绩效智能化综合管理平台，对有组织排放、无组织排放、道路运输、生产运行状态、能耗等数据进行有机融合，形成全厂环保"一张图"，并通过实时的监控预警和智能化的决策分析，实现精准调度和精准考核。

7.2.2.7　构建卓越环保绩效指标体系

钢铁企业全面实现超低排放是一个稳步推进并长效保持的过程，需要制定一套全面的环保绩效指标体系对企业环保水平进行科学评价，从而找到差距、补足短板。为此，我们在大量行业调研和辅助实施的过程中，从工艺装备、管理、信息化、采购、销售、物流等方面选取了与环保相关的关键指标，构建了卓越环保绩效指标体系。为确保指标体系先进性和可达性，我们在辅助企业实施的过程中运用 PDCA 的管理方法持续对指标项、指标权重、指标要求进行优化调整。

随着环保政策的引导和企业环保意识的提升，全面实现超低排放是钢铁企业高质量绿色发展的必由之路。钢铁企业应进一步提高对环保工作的重视程度，可按照卓越环保绩效管理框架，从工艺装备、组织管理、景观线路、采购销售、物流运输、信息化等方面，系统地对自身环保现状进行调研和分析，并在此基础上制定全面解决方案，同时运用卓越环保绩效指标体系定期对企业环保工作进行评价和考核，找到薄弱环节并加以改进，助力企业成为卓越环保绩效管理的示范工厂。

7.2.3　卓越环保绩效管理案例分析

卓越环保绩效管理涉及环保装备升级、物流过程控制、管理优化提升、采购源头控制、销售模式调整、信息系统建设、卓越环保绩效体系构建等 7 方面内容。本节以环保阿米巴管理优化提升为例，介绍在确保污染物排放持续稳定达标的情况下，如何从制度规范、组织架构、人员优化、薪酬考核、教育培训等全面提升环保管理水平，建立责任明确、正向激励的环保考核体系。

7.2.3.1　环保阿米巴组建的意义

（1）加强现场管理，实现达标排放。将主要环保业务和人员从分厂中剥离，加强现场管控，避免因生产而忽视环保，全面提升现场环保治理和管控水平。主要体现在确保环保设施的正常开启和运行，保证在线监测数据真实、不超标，加强对环保设施的维护保养，杜绝因不恰当操作、不放灰等人为因素而造成的设备损坏，从而实现现场环保治理水平的提升。

（2）优化成本费用，实现精细化环保管理。利用内部资源，通过整体规划、整合发展，将资源和装备优势转化为经济效益。主要体现在加强现场管理，通过提高设备养护费用占比，延长设备使用寿命；发挥环保专业化和规模化效应，降低环保设施运行中的物耗和能耗；提高劳效，通过专业化人员管理，进一步精简环保人员数量。

（3）强化自主经营，培养环保专业人才。通过设立环保阿米巴实现对现场环保人员的集中管控，在环保设施运维管理方面形成"集中控制—专业点检—检测诊断—检修维护—故障抢修—监控运行—指标优化"保姆式服务模式，建立具有市场化服务意识的环保运维管理团队；发挥集中管控的规模效应，逐渐收回外包环保类业务，自主开展环境监测、酚氰废水处理等环保业务，进一步提高现场人员环保专业水平，形成专业化运行的环保监测运营团队；加强对现有无组织管控一体化平台数据的分析和挖掘，实现环保智能化管控，打造具备信息化管理经验、数据分析经验、环保专业技能的环保数据分析团队；通过环保阿米巴经营实现自主经营，培养具备管理和经营意识的环保管理团队。

7.2.3.2　环保阿米巴组织划分

（1）环保阿米巴组织划分原则。一级环保阿米巴组织划分以"职能优先"为原则，将与环保相关的业务（现阶段主要是废气治理）统一纳入环保阿米巴；二级环保阿米巴组织划分以"区域优先"为原则，由于各分厂涉及的环保节点多少存在较大差异，部分涉及环保节点较少的工序如单独配置一套环保维护及检修人员不利于降低成本，因此将一定区域内的环保业务和人员进行整合构建二级环保阿米巴；三级环保阿米巴组织划分以"客户优先"为原则，将服务对象作为划分维度，成立三级环保阿米巴。

（2）环保阿米巴组织核算形态。环保阿米巴现阶段以服务内部分厂为主，因此将环保阿米巴作为"成本型"的阿米巴；环保阿米巴在确保环保治理达标的前提下，对环保运维成本和费用进行有效控制；对环保阿米巴进行考核时，不仅应考核成本控制情况，还必须考核环保排放达标情况。

7.2.3.3　环保阿米巴人员配置和费用分摊

（1）环保阿米巴人员配置原则。环保阿米巴人员配置采用"设备定编法"和"业务分工定编法"相结合的方式，按照设备台数和环保业务流程开展环保人员定岗定编工作；设备方面，按照脱硫脱硝、除尘设施、洗车机、抑尘设施（雾炮、天雾、雾帘）等对人员进行划分；业务方面，按照环保职能设立具体的环保岗位，并按照各岗位的工作量开展定岗定编工作。

（2）环保阿米巴管理费用分摊原则。各级管理费用按照人员维度确定分摊比例；公司管理费用分摊总金额 =（环保阿米巴人数/公司定员总人数）×（当年公司管理费用/12）；巴内管理费用总金额 = 环保部管理人员工资+办公费+福利费+安全费+其他。

7.2.3.4　环保阿米巴交易规则及定价

（1）环保阿米巴交易规则。环保阿米巴交易结构如图7-6所示。

（2）环保阿米巴内部定价。由于环保业务主要服务于普阳内部单位，环保阿米巴内部定价采用"成本推算"的方式，即"成本定价法"；环保服务定价 =（备品备件消耗+物料消耗+能源动力费+固废处置费+污水处理费+运维人工费+设备折旧费+管理费用分摊+其他环保费用)/当月产量+合理利润；合理利润 = 各项环保成本×5%。

（3）环保阿米巴服务标准及包赔规则。各级环保阿米巴应确保污染物项目排放达到超低评级要求；各级环保阿米巴应确保除尘设施收尘效果良好，现场无明显烟尘；各级环保阿米巴应确保料棚内的无组织抑尘设施在铲车喂料、汽车装卸料期间正常开启运行；各级环保阿米巴应确保洗车机清洗每辆驶离料棚的车辆，并确保足够的清洗市场；因生产原因造成环保设施不能按计划进行检修而导致污染物排放超标的，相关责任及处罚由分厂承担；导致

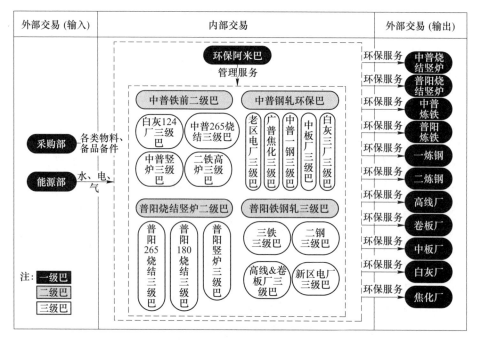

图 7-6　环保阿米巴交易结构图

设备损坏的，由分厂负责对环保设施进行修理。

7.2.3.5　环保阿米巴绩效考核

可采用双重考核的方式，具体考核办法：双重考核通过考核经营服务能力和环保治理能力，以奖金的形式激励员工，具体奖金计算公式：净利润增加额×提奖比例×考核系数。分档利润目标：按照成本利润率设立分档利润目标，其中低档3%、1档10%、2档15%、3档20%、4档25%、5档30%；提奖金额：按照人均奖金计算提奖金额，其中1档4500元、2档8000元、3档13000元、4档17000元、5档25000元；提奖比例：根据提奖金额和净利润增加额倒算提奖比例，由于环保人员基数大且以确保环保达标为主要目标，盈利要求相对弱化，因此该提奖比例高于生产；考核系数：考核系数按照百分制原则设立，环保部每月对环保阿米巴的考核系数进行打分。

环保阿米巴绩效考核标准如表7-6所示。通过设立环保阿米巴绩效考核标准，从制度规范、组织架构、人员优化、薪酬考核等方面全面加强环保管理水平，建立责任明确、正向激励的环保考核体系。

表7-6 环保阿米巴绩效考核标准

考核指标	考核内容	考 核 标 准	基础分值
污染物排放	废气排放	大气污染物排放每小时均值不满足超低评级要求，发现一次扣除2分	20
	废水排放	生化水处理悬浮物超过70mg/L，石油类超过2.5mg/L，COD超过150mg/L；氰化物超过0.20mg/L； pH值为6~9，氨氮超过25mg/L；挥发酚超过0.30；发现一次扣除2分； 酚氰废水未经处理达到GB 16171车间排放口间接排放浓度限值直接排入综合处理厂造成出水水质指标不满足回用标准要求的，发现一次扣除6分（不设计废水排放的，该部分分值划入废气排放）	10
重点工作	环保整改	未严格按照环保科及环保监督检查组整改指令按期完成整改，一次扣除2分	10
	物流运输	运输车辆装卸料未开启抑尘措施，一次扣除2分； 驶离料棚车辆不清洗车轮，一次扣除1分	10
	迎检及停限产	未按照环保科要求组织迎检工作，一次扣除4分； 政府部门现场检查中发现问题，一次扣除4分	12
	在线监测	在线监测数据小时均值不满足国家与河北省超低排放限值要求，一次扣除5分	10
	环保设施	环保设施未按操作规范进行运营、维护及巡检，扣除2分； 环保设施未与生产设施同步运行或私自拆除环保设施，扣除5分； 环保设施因故障停用或部分停用未及时上报，扣除2分； 环保设施未按计划检修，扣除5分； 除尘器积灰不清灰而造成排放超标或卸灰产生无组织扬尘污染，一次扣除2分	10
	施工管理	新、扩、改建、项目未按照"三同时"要求执行，露天施工场地未采取防尘措施，扣除4分	4
日常管理	统计报送	未按规定上报公司各项环保报表及临时安排的任务报表，一次扣除1分	3
	会议培训	环保阿米巴每月组织至少召开两次环保专题培训，未完成扣除3分	3
	环保台账	未建立环保设施运行台账并按要求报送环保科，扣除1分	3
	项目管理	所有环保项目必须取得公司环评批复，未取得批复私自开工，扣除2分	2
	环保体系	环保管理制度、环保岗位职责、操作规范、应急预案不完善，扣除3分	3

续表 7-6

考核指标	考核内容	考 核 标 准	基础分值
加分项	环保设施	环保设施正常运行，奖励 2 分	—
	在线监测	在线监测数据每小时均值满足超低排放要求，奖励 3 分	—
一票否决项	在线设备	未经环保科批准，私自插拔在线监测设备的，当月考核结果计 0 分	—
	环境污染事故	发生重大环境污染事故，当月考核结果计 0 分	—
合　计			100

参 考 文 献

[1] 王旭. 烧结烟气脱硝工艺的探讨 [J]. 资源节约与环保, 2017, 35 (9): 7~8.

[2] 朱俊杰, 张发有. 烧结烟气联合脱硫脱硝工艺路线分析 [J]. 工业安全与环保, 2014, 40 (7): 96~98.

[3] 周茂军. 大型烧结机烟气净化工艺方案比较与分析 [J]. 世界钢铁, 2014 (2): 9~14.